電磁波工学エッセンシャルズ

━━ 基礎からアンテナ・伝送線路まで ━━

左貝潤一 著

共立出版

まえがき

　電磁波を工学に応用する学問である電磁波工学は，19世紀以降，通信・放送やエネルギー，計測などを通して社会に多大の貢献をしてきている。電磁波工学は，電波領域に着目して伝送線路やアンテナを含めて体系化された，普遍的な内容を含む学問領域である。この分野は今後もますます重要となり，電気系の学生にとって不可欠な学問的素養になると思われる。

　歴史を振り返ると，1844年に発明された電信機によるモールス信号で，有線による情報伝達が可能になった。1864年にはマクスウェルにより電磁波の存在が予言され，1888年にヘルツにより電磁波の存在が実証された。これにより，無線でも情報伝達ができるようになり，有線と無線の技術的基盤が揃った。

　20世紀に入ると，とりわけ第2次世界大戦を契機として，皮肉にもレーダなどのマイクロ波技術が大きく進展した。1948年のトランジスタの発明に端を発した半導体技術は，ディジタル技術との親和性がよく，放送や通信においてアナログからディジタルへの変換を促し，今日の電磁波工学の隆盛を支えている。

　20世紀後半になると，衛星通信や電波望遠鏡などにより，地球上だけでなく宇宙規模での情報の送受信ができるようになった。近年では，地球から遥かかなたの宇宙へ探査機「はやぶさ」を送り，地球への帰還を果たしている。これも無線による微弱信号の受信技術やディジタル技術がなければ不可能なことである。以上の技術は，電磁波の中でも電波の利用によるものである。

　1970年代には光ファイバ通信が実用化され，伝送線路として銅以外に，誘電体である石英を材料とする光ファイバが用いられるようになった。これは電波よりも高周波の光波を用いて情報を伝送する社会インフラを支えている。

　無線技術は，放送やマイクロ波通信だけでなく，今や移動体通信（携帯電話）や無線LAN，GPSなどを通して私たちの身近なところまで普及し，生活形態

をも変えている。エネルギー利用に関しては，電子レンジからマイクロ波送電などなども考えられるようになっている。

　電磁波工学では，電磁波の基礎理論の扱いや特性理解，およびアンテナや伝送線路などの応用との橋渡しに習熟することが重要となる。電磁波は電磁界からなっており，これを扱う主要な方法は次の3つに大別される。

　(1) マクスウェル方程式を用いた電磁界の扱い。

　(2) 電磁ポテンシャルを用いた電磁界の扱い。

　(3) 分布定数線路と電磁波解析の類似性に着目した扱い。

上記 (1)，(2) はこの分野の伝統的手法で，古くから出版されている書籍ではこれらに依拠した記述がなされているが，数学的なハードルが多少上がる。(3) は電磁界特性を電気回路とのアナロジーで扱う理論であり，高周波化する回路とのマッチングがよい。また，回路理論に習熟している電気系学生にとって取り組みやすい利点がある。本書では，従来の電磁波工学の伝統を守りつつ，これら3つの手法を有機的に結びつけた記述を目指している。

　本書は講義録に加筆したものであり，特徴は以下の通りである。

(i) 従来の電磁波工学のオーソドックスな枠組みを残しつつ，分布定数線路による扱いも含めて体系化している。

(ii) 理解を助けるため，要所で内容のポイントや式が意味する点などを，箇条書きで示している。

(iii) 例題や演習問題を通して，電磁波工学の基礎が理解できるようにしている。また，演習問題にはできるだけ詳しい解答をつけて学習の便を図っている。特に計算問題により各種特性値の次元が把握できるように配慮している。

(iv) 損失がある媒質中での電磁波特性を第4章と第5章などで記述している。

(v) 講義時間の都合で初学者では省いても差し支えない，多少高度な内容や細かい内容は，章や節の後半に配置して，学習上支障が出ないように工夫している。

　本書を出版するにあたり，終始お世話になった共立出版(株)の関係各位に厚くお礼を申しあげる。

2020 年 7 月

　　　　　　　　　　　　　　　　　　　　　　　左貝潤一

第4章 損失がある媒質での電磁波 45

第5章 平面波の反射と透過 61

第6章 分布定数線路 85

第7章 電磁ポテンシャル 105

目　　次

第1章 概　　論

　電磁波はマクスウェルがその存在を予言し，その後実証されて，現在，日常生活のさまざまな面で役立っている。本章では，まず，電磁波工学の応用に関連して，その歴史や電磁波の一般的性質を周波数（波長）と関連づけて説明し，さらに具体的な応用との関連にも言及する。その後，マクスウェル方程式の誕生の経緯と意義を説明する。

§1.1　電磁波工学の応用

1.1.1　歴　　史

　電磁波は電界と磁界が互いに新たな成分を誘起しながら伝搬する波動である。マクスウェル（Maxwell）は，それまでに知られていたファラデー（Faraday）の電磁誘導の法則，アンペール（Ampère）の法則，電束と磁束に関するガウス（Gauß）の法則に，変位電流の概念を加えてこれらを統合し，今日マクスウェル方程式と呼ばれる式により，電磁波の存在を1864年に理論的に予言した。その存在はヘルツ（Hertz）による電気振動実験で1888年に実証された。

　電波を用いた無線通信はマルコーニ（Marconi）により1896年に行われ，その基礎が築かれた。その後のイギリスの海峡横断や大西洋横断の通信実験により，電波による遠隔通信の実用性が実証された。この頃，国内においても通信省電気試験所で通信の研究開発が開始された。1904年にはフレミング（Fleming）により2極真空管が，1906年にはドフォレスト（DeForest）により3極真空管が発明され，電磁波の発振・増幅ができるようになった。このようなハード面での進展は，電磁波工学の発展を後押しした。第2次世界大戦を契機として，皮肉にも情報伝達の手段として，レーダなどのマイクロ波技術が大きく進歩した。

　戦後は，1948 年のトランジスタの発明に端を発した半導体技術が進展し，機器が電子管から電子素子にとって代わられるようになった。LSI・VLSI などの集積化技術は，機器の高周波化や小型・軽量化，低価格化などに寄与している。また，半導体技術はディジタル化技術と親和性がよく，放送や通信，計測などの分野においてアナログからディジタル技術への変換を促し，今日の電磁波工学の隆盛を支えている。

　空間を伝送媒体とする**無線**（wireless）の利点は，アンテナを備えた端局を設置するだけで放送や通信を行えることである。そのため，有線通信が多く利用されている現代でも，その有用性を活かして，船舶・航空機通信，移動体通信（携帯電話），列車電話，離島通信，衛星通信などで使用されている。とりわけ携帯電話の普及は目覚ましく，無線は現代の日常生活に深く浸透している。

1.1.2　電磁波の呼称と性質および利用

　電磁波の呼び方は便宜上，周波数によって異なる。周波数の低いほうから順に，電波，光波（波長が 10 nm～数 100 μm 程度），X 線（波長が 0.01～数 10 nm 程度），γ 線（波長が 0.01 nm 以下）などと分類されているが（**図 1.1**），境界は必ずしも明確ではない。これらの電磁波は周波数によって性質や応用範囲が大きく異なる。周波数範囲が多くの桁にわたるので，桁を表す SI（Systèm International）での接頭語を付録に示す。

　本書が主として対象とする**電波**（radiowave）は，法律により周波数が $3\,\mathrm{THz} = 3 \times 10^{12}\,\mathrm{Hz}$ 以下（波長が 0.1 mm 以上）の電磁波と規定されている。混信防止のため，電波の周波数割り当てなどの管理業務は国（日本では総務省）が行っており，割り当ての詳細は総務省のホームページで公開されている。

　低周波側は**長波**（LF 帯：low frequency），**中波**（MF 帯：middle frequency），**短波**（HF 帯：high frequency）と呼ばれているが，これらの呼称は電波が未開拓の時代の名残である。技術の進歩により高周波化が進むと，VHF 帯（very —），UHF 帯（ultra —）のように "high" の頭にさまざまな接頭語を付与して，周波数帯を区別している。マイクロ波帯の定義は分野により異なるが，通信ではおおむね 3～30 GHz（波長がおおむね 1～10 cm）である。高周波側には SHF 帯（super —）や EHF 帯（extremely —）があり，遠赤外線はテラ

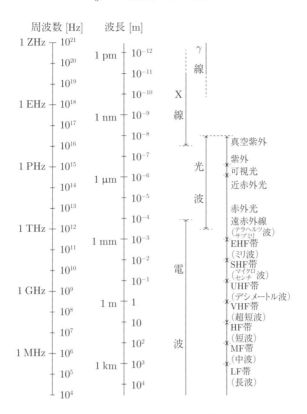

図 **1.1**　電磁波の周波数・波長と呼称

ヘルツ波とも呼ばれ，近年注目を浴びている。

　電磁波の周波数（波長）に関する一般的性質と具体的応用との関連は，以下のようにまとめられる（**表 1.1**）。

(i) 波長が長く（つまり低周波数に）なるほど回折が起こりやすく，電波が山岳や建物などの障害物の陰まで届くようになる。この低指向性はラジオやテレビなどの放送，超長距離通信，あるいは建物内でも使用する移動体通信にとって都合がよい。

(ii) 周波数が高く（つまり波長が短く）なるほど，指向性（つまり直進性）がよくなり，無駄な電力を減らせる。高指向性は，見通し内通信（障害物のない

表 1.1 電磁波の主な利用

呼び名	周波数帯 [Hz]	主な応用例
中波（MF 帯）	300 k～3 M	AM ラジオ放送，船舶・航空通信
短波（HF 帯）	3 M～30 M	IC カード，船舶・航空通信，短波放送
超短波（VHF 帯）	30 M～300 M	FM ラジオ放送，テレビ放送
デシメートル波 （UHF 帯）	300 M～3 G	テレビ放送，移動体通信，無線 LAN，GPS，電子レンジ
センチ波 （SHF 帯）	3 G～30 G	マイクロ波通信，移動体通信，衛星通信，無線 LAN，レーダ
ミリ波（EHF 帯）	30 G～1 T	無線 LAN，電波天文
近赤外	300 T 近傍	光ファイバ通信

場所での直進波の送受信），GPS（global positioning system），指向性を必要とするアンテナ，レーダなどにとって望ましい。

(iii) 搬送波として利用する周波数が高くなるほど，相対的な帯域幅が広くとれ，多くのチャネル数をとれる。この性質は多くの情報を送る通信にとって都合がよい。電波を利用する移動体通信や無線 LAN（local area network）では利用者数の増加に伴い，情報容量を確保するため高周波帯に移行している。また，1970 年代以降に進展した光ファイバ通信では，画像情報の送受信やインターネットの普及に貢献している。

(iv) 高周波帯（SHF・EHF 帯）では天候や地形・建物等の環境条件の影響により伝搬損失が大きくなる。一方，低周波帯（VHF・UHF 帯）では伝搬損失が小さい。衛星通信では衛星に搭載できる機器重量の制限のため，この性質に基づき上り（地上から衛星）に高周波，下りに低周波があてがわれている。

(v) 短波長の電磁波は伝送線路に閉じ込めることができ，**有線**（wired）での利用が可能となる。マイクロ波帯では平行線路，同軸線路，導波管などが使用され，波長 1 μm（300 THz）近傍の近赤外領域では，光ファイバ通信で光導波路や光ファイバの誘電体伝送路が使用されている。

§1.2 マクスウェル方程式の意義

1.2.1 マクスウェル以前と以後の電磁界の基本方程式

マクスウェルが，それまでに知られていた電磁気法則から，電磁波の存在を理論的に予言する際に導入した変位電流の意義を以下で説明する。

任意の閉曲面から出る電流（＝単位時間当たりの電荷の移動量）は，その内部にある電荷の減少量に等しいから，電流密度を $\boldsymbol{J}$，電荷密度を ρ とすると，これらは連続の方程式

$$\frac{\partial \rho}{\partial t} + \operatorname{div} \boldsymbol{J} = 0 \tag{1.1}$$

を満たす必要がある。ところで，電流と磁界の関係を記述するアンペールの法則の微分形式は，磁束密度を $\boldsymbol{B}$ とすると，

$$\nabla \times \frac{\boldsymbol{B}}{\mu_0} = \boldsymbol{J} \tag{1.2}$$

で書ける。ただし，μ_0 は真空の透磁率である。この式の両辺の div をとると，

$$\frac{1}{\mu_0} \operatorname{div}(\nabla \times \boldsymbol{B}) = \operatorname{div} \boldsymbol{J} \tag{1.3}$$

と書ける。上式の左辺は，付録の式 (A.9) により恒等的に 0 だから $\operatorname{div} \boldsymbol{J} = 0$ となり，これは電荷密度の時間変化がまったくないことを意味し，式 (1.1) と矛盾する。

そこで，マクスウェルは次の実験をした。2 枚の平行金属板の間をプラスとマイナスの電極でつなぎ，直流電圧を加えると，電荷が蓄積されるだけで間に電流が流れない。しかし，交流電圧を加えると電流が流れた。この事実から，（時間的に変動する）交流電圧により金属板間に変動する電界が生じ，これにより未知の電流が流れていると考えた。この未知の電流を**変位電流**（displacement current）と呼び，$\partial \boldsymbol{D}/\partial t$（$\varepsilon_0 \partial \boldsymbol{E}/\partial t$：真空中，$\varepsilon_0$：真空の誘電率）で表す。

アンペールの法則の式 (1.2) の右辺に $\partial \boldsymbol{D}/\partial t$ を付加すると，これは

$$\nabla \times \frac{\boldsymbol{B}}{\mu_0} = \boldsymbol{J} + \varepsilon_0 \frac{\partial \boldsymbol{E}}{\partial t} \tag{1.2'}$$

のように書き換えられる．式 (1.2′) の両辺の div をとり，時空間の微分順序を
入れ換えると，次式を得る．

$$\frac{1}{\mu_0}\mathrm{div}\,(\nabla \times \boldsymbol{B}) = \mathrm{div}\,\boldsymbol{J} + \varepsilon_0\mathrm{div}\,\frac{\partial \boldsymbol{E}}{\partial t} = \mathrm{div}\,\boldsymbol{J} + \varepsilon_0\frac{\partial}{\partial t}(\mathrm{div}\boldsymbol{E}) \quad (1.3')$$

式 (1.3′) 最右辺第 2 項目に電束に関するガウスの法則 $\mathrm{div}\,\boldsymbol{E} = \rho/\varepsilon_0$ を代入す
ると，式 (1.3′) が $\mathrm{div}\,\boldsymbol{J} + \partial\rho/\partial t = 0$ と書け，これは連続の方程式 (1.1) を満
たす．つまり，変位電流を導入することにより，連続の方程式と矛盾しない方
程式群が得られた．この方程式群が真空中におけるマクスウェル方程式である．

1.2.2　マクスウェル方程式の意義

　マクスウェル方程式は電磁波の存在を予言した業績だけでなく，次に列挙す
るように，派生する多くの有益な面をもっている．

(i) それまで知られていた電磁界に関する式に変位電流の概念を導入することに
より，連続の式を満たすようにして，電磁波の存在を予言した．

(ii) 高周波になると伝導電流よりも変位電流の寄与が大きくなるので，広い周
波数範囲をもつ電磁波特性を定量的に議論する上で，変位電流は不可欠である．

(iii) 波長が零（$\lambda \to 0$）の極限では，電磁波が光線の形で記述できることが明
らかとなった．これにより，電磁波がすでに進展していた幾何光学とも整合が
とれるようになった．また，波動と幾何光学との関連性が，量子力学の誕生に
おいて大きな役割を果たした．

(iv) 20 世紀初頭に量子論が誕生する過程で，力学や電磁気学が再検討された．
そのとき力学の分野では，微視的な世界ではニュートン（古典）力学が成り立た
ず，量子力学にとって代わられた．電磁気学を基礎とするマクスウェル方程式
は，量子論でも成立するが，この場合には電磁界を量子化しておく必要がある．

(v) 前節で説明したように，電磁波を利用した技術が通信分野を始めとして，日
常生活の多くの場面で活用されている．

第2章 電磁波の基礎

　本章では，電磁波全般の基礎的内容を説明し，以降の議論の土台とする。まず，1次元の電磁波に基づき，電磁波の基本パラメータを紹介する。次に，媒質中での電磁波の振舞いを示すため，マクスウェル方程式と構成方程式を説明する。その後，1次元の平面電磁波を導き，その基本的な性質を説明して，一般的なマクスウェル方程式の扱いの準備をする。さらに，等方性媒質における3次元波動方程式を説明した後，具体的な応用でよく現れる球面波を説明する。最後には，特性が異なる境界面での電磁界の接続に必要な境界条件を述べる。

　本章では，議論をわかりやすくするため，損失がない場合の電磁波を扱い，損失がある媒質での電磁波の振舞いは第4章で説明する。

§2.1 電磁波の基本パラメータ

　電磁波は厳密にはマクスウェル方程式から導かれるが，本節では以降の理解をしやすくするため，1次元の電磁波の波形を既知として（式 (2.35), (2.35′) 参照）電磁波の基本パラメータを説明する。

　電磁波が z 方向に伝搬するとして，時刻 t での電界や磁界の基本形は

$$\psi = A\cos(\omega t \mp kz), \quad \psi = A\sin(\omega t \mp kz) \tag{2.1}$$

のような余弦波または正弦波で表される。ここで，A は振幅を表す。電磁波は

$$\psi = A\exp[j(\omega t \mp kz)] \tag{2.2}$$

のように，複素数で表示されることが多い。その理由は，複素表示では特性計算が楽になるからである（§3.3, 演習問題 3.6 参照）。

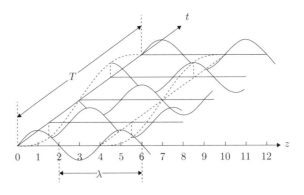

図 **2.1** 波動の時空間波形
T：周期，λ：波長

式 (2.1), (2.2) は，時間 t や位置 z に対して周期的に変動する波動を表している。これらにおける $(\omega t \mp kz)$ を**位相**（phase）と呼ぶ。位相が一定な波動の面を**波面**（wave-front）または**等位相面**と呼ぶ。位相が 2π の整数倍だけ異なる状態は同位相にあるという。

波動の波形例を図 **2.1** に示す。横軸を z 軸，斜めの軸を t 軸としている。波形は t 軸を固定するとき z 軸に対して周期的に変動し，また z 軸を固定するとき斜め上方向に対して周期的に変動する。周期的現象である波動が，単位時間当たりに振動する回数を**周波数**（frequency）または振動数と呼び，f または ν で表す。周波数を位相角で表したものを**角周波数**（angular frequency）または角振動数と呼び，ω で表す。角周波数と周波数は，

$$\omega = 2\pi f \tag{2.3}$$

で関係づけられる。周波数と角周波数は，真空中でも媒質中でも不変である。式 (2.1), (2.2) で表されるような，単一の周波数からなる電磁波を**単色波**（monochromatic wave）と呼ぶ。

式 (2.1), (2.2) で波動の位置 z を固定するとき，時刻 t から同位相にある隣接時刻までに要する時間を**周期**（period）と呼び，これを T で表す。$\omega[(t+T)-t] = \omega T = 2\pi$ より，周期は

$$T = \frac{2\pi}{\omega} = \frac{1}{f} \tag{2.4}$$

で表せる。式 (2.1), (2.2) で時刻 t を固定するとき,波動の位置 z から同位相にある隣接位置までの距離を**波長**(wavelength)と呼び,λ で表す。$k[(z+\lambda)-z] = k\lambda = 2\pi$ より,波長は

$$\lambda = \frac{2\pi}{k} \tag{2.5}$$

で表せる。k は,後に示す結果も利用すると,次のように書き表せる。

$$k = \frac{2\pi}{\lambda} = \frac{\omega}{v} \tag{2.6}$$

k は,単位距離当たりに含まれる波の数を表すので,**波数**(wavenumber)と呼ばれる。電波領域では波長が長く,単位距離たとえば 1 m 当たりに含まれる波の数が少ないので,k を単位距離当たりの位相変化 $\beta\,[\mathrm{rad/m}]$ で表示して**位相定数**(phase constant)とも呼ぶ(例題 2.1 参照)。

式 (2.4), (2.5) を式 (2.1), (2.2) に代入すると,電磁波の波形が

$$\psi = \left\{ \begin{array}{c} \cos \\ \sin \end{array} \right\} \left[2\pi \left(\frac{t}{T} \mp \frac{z}{\lambda} \right) \right], \quad \psi = \exp \left[j2\pi \left(\frac{t}{T} \mp \frac{z}{\lambda} \right) \right] \tag{2.7a,b}$$

でも表せ,周期 T や波長 λ の物理的意味がわかりやすくなる。

電磁波の速度や波数,波長は真空中と媒質中で異なる値をとる。媒質中での電磁波の伝搬速度 v,つまり波面の速度は,時間 δt の間に進む波面の距離 δz を考え,$\omega\delta t - k\delta z = 0$,$v = \delta z/\delta t$ より,式 (2.3), (2.5) を利用して,

$$v = \frac{\omega}{k} = f\lambda \tag{2.8}$$

で表される。この単色波での波面速度は**位相速度**(phase velocity)と呼ばれ,v_{p} でも表される。

真空中の光速(light velocity of vacuum)は実測値に基づいた定義値であり,

$$c \equiv \frac{1}{\sqrt{\varepsilon_0 \mu_0}} = 2.99792458 \times 10^8\,\mathrm{m/s} \fallingdotseq 3.0 \times 10^8\,\mathrm{m/s} \tag{2.9}$$

で表される。ここで, ε_0 は**真空の誘電率**（permittivity of vacuum）, μ_0 は**真空の透磁率**（permeability of vacuum）であり, 次式で定義されている。

$$\varepsilon_0 = 8.854188 \times 10^{-12}\,\text{F/m}\ (= 10^7/4\pi c^2) \tag{2.10}$$

$$\mu_0 = 1.256637 \times 10^{-6}\,\text{H/m}\ (= 4\pi \times 10^{-7}) \tag{2.11}$$

μ_0 も実測値に基づいた定義値である。媒質中と真空中での電磁波の速度を同形とするため, 真空での値に下付き添え字 0 を付すと, 式 (2.8) に対応する式は

$$c = f\lambda_0 \tag{2.12}$$

で書ける。光速の c は「速い」を意味するラテン語 celer に由来する。空気中での光速は真空中とほぼ同じ値である。電磁波の一種である光の速度は, 観測系の速度によらず常に一定値を示し, これは光速度不変の原理と呼ばれる。

【**例題 2.1**】真空中の電磁波について, 次の各問いに答えよ。
① 周波数 $100\,\text{MHz}$ の電波の波長 λ, 位相定数 β, 周期 T を求めよ。
② 波長 $500\,\text{nm}$ の光波の周波数 f, 波数 k, 周期 T を求めよ。
[解]　① 波長は式 (2.12) より $\lambda = c/f = 3.0 \times 10^8/(100 \times 10^6) = 3.0\,\text{m}$, 位相定数は式 (2.6) より $\beta = 2\pi/\lambda = 2\pi/3.0 = 2.09\,\text{rad/m}$, 周期は式 (2.4) より $T = 1/f = 1/(100 \times 10^6) = 10^{-8}\,\text{s} = 10\,\text{ns}\,[\text{ナノ秒}]$。
② 周波数は $f = 3.0 \times 10^8/(500 \times 10^{-9}) = 6.0 \times 10^{14}\text{Hz} = 600\,\text{THz}\,[\text{テラヘルツ}]$, 波数は $k = 2\pi/\lambda = 2\pi/(500 \times 10^{-9}) = 1.26 \times 10^7\,\text{m}^{-1}$, 周期は $T = 1/(6.0 \times 10^{14}) = 1.67 \times 10^{-15}\,\text{s} = 1.67\,\text{fs}\,[\text{フェムト秒}]$ となる。

§2.2　媒質中のマクスウェル方程式と構成方程式

　マクスウェルは, §1.2 で説明したように, 当時知られていた電界と磁界に関する電磁気法則に新たに変位電流の考えを導入して, 電磁波が存在することを予言した。本節では, 媒質中でのマクスウェル方程式を示した後, 媒質中での電磁界を関係づける構成方程式を説明する。その後, 誘電体や導電体などの媒質中における電磁気量を, 巨視的および微視的に説明する。

2.2.1 マクスウェル方程式と連続の方程式

電磁波の伝搬を記述する**マクスウェル方程式**（Maxwell's equations）は，媒質中での伝搬も含めると，SI 単位系（Systèm International d'Unitès）で，

$$\nabla \times \boldsymbol{E} = -\frac{\partial \boldsymbol{B}}{\partial t} \qquad : ファラデーの電磁誘導法則 \qquad (2.13\mathrm{a})$$

$$\nabla \times \boldsymbol{H} = \frac{\partial \boldsymbol{D}}{\partial t} + \boldsymbol{J} \qquad : アンペールの法則 \qquad (2.13\mathrm{b})$$

$$\mathrm{div}\boldsymbol{D} = \rho \qquad\qquad : 電束に関するガウスの法則 \qquad (2.13\mathrm{c})$$

$$\mathrm{div}\boldsymbol{B} = 0 \qquad\qquad : 磁束に関するガウスの法則 \qquad (2.13\mathrm{d})$$

で表せる。ここで，$\boldsymbol{E}\,[\mathrm{V/m}]$ は電界，$\boldsymbol{H}\,[\mathrm{A/m}]$ は磁界，$\boldsymbol{D}\,[\mathrm{C/m^2}]$ は電束密度，$\boldsymbol{B}\,[\mathrm{T=Wb/m^2}:テスラ]$ は磁束密度，$\boldsymbol{J}\,[\mathrm{A/m^2}]$ は電流密度，$\rho\,[\mathrm{C/m^3}]$ は電荷密度を表す。電流密度 $\boldsymbol{J}$ には，外部電流 $\boldsymbol{J}_{\mathrm{ex}}$，伝導電流 $\boldsymbol{J}_{\mathrm{c}}$，分極電流 $\boldsymbol{J}_{\mathrm{p}}$，磁化電流 $\boldsymbol{J}_{\mathrm{m}}$ 等があり，これらは電荷密度 ρ と要因ごとに式 (2.14) の関係を満たす。

マクスウェル方程式 (2.13a,b) により，電界が時空間的に変化すると，これは磁束や磁界の変化を誘起し，さらに磁界の変化は電束や電界の変化を引き起こす。このようにして，電磁界が互いに新たな成分を誘起しながら伝搬する波動が生まれる。この波動を**電磁波**（electromagnetic wave）と呼ぶ。

電荷の移動が電流となるから，電流密度 $\boldsymbol{J}$ と電荷密度 ρ の間には不可分な関係があり，これらは**連続の方程式**（equation of continuity）

$$\frac{\partial \rho}{\partial t} + \mathrm{div}\boldsymbol{J} = 0 \qquad\qquad (2.14)$$

で関係づけられる。式 (2.14) は**電荷保存則**を表し，任意の閉曲面から出る電流の流束が，その内部にある電荷の減少量に等しいことを意味する。

2.2.2 構成方程式

マクスウェル方程式 (2.13) に含まれる電束密度 $\boldsymbol{D}$ と磁束密度 $\boldsymbol{B}$ に，誘電体では**電気分極**（electric polarization）$\boldsymbol{P}\,[\mathrm{C/m^2}]$ が，磁性体では**磁化**（magnetization）$\boldsymbol{M}\,[\mathrm{T}]$ が関与する。EH 対応単位系を用いると，これらは

$$D \equiv \varepsilon_0 E + P \tag{2.15}$$

$$B \equiv \mu_0 H + M \tag{2.16}$$

で関係づけられる。導電体では，式 (2.13b) における J が**伝導電流**

$$J_{\mathrm{c}} \equiv \sigma E \tag{2.17}$$

で表される。ここで，σ [S/m] は**導電率**（conductivity）または**電気伝導度**（electric conductivity）と呼ばれる。

　物質の性質との関係を記述する式 (2.15)-(2.17) は**構成方程式**（constitutive equations）または物質方程式と呼ばれる。マクスウェル方程式と構成方程式を連立させて解くことにより，媒質中の電磁波の振舞いを知ることができる。

2.2.3　電気分極と磁化

　電気分極 P および磁化 M は，電磁波が媒質に入射するとき，電磁波を形成する電界 E や磁界 H が媒質中に新たに生じさせる巨視的な電磁気量であり，これらが新しい電磁波の発生源となる。

(1)　電気分極と磁化の巨視量

　媒質への入射電界や磁界がそれほど大きくなく，また媒質が等方性（isotropic）であるとき，電気分極は電界 E に，磁化は磁界 H に比例するとして，

$$P = \varepsilon_0 \chi_{\mathrm{e}} E \tag{2.18a}$$

$$M = \mu_0 \chi_{\mathrm{m}} H \tag{2.18b}$$

で記述できる。比例係数 χ_{e} を**電気感受率**（electric susceptibility），χ_{m} を**磁化率**（magnetic susceptibility）という。式 (2.18a,b) を式 (2.15)，(2.16) に代入して，電束密度 D と磁束密度 B を

$$D = \varepsilon\varepsilon_0 E, \quad \varepsilon = 1 + \chi_{\mathrm{e}} \tag{2.19a}$$

$$B = \mu\mu_0 H, \quad \mu = 1 + \chi_{\mathrm{m}} \tag{2.19b}$$

で表すとき，ε を物質の**比誘電率**（relative dielectric permittivity），μ を物質の**比透磁率**（relative magnetic permeability）と呼び，これらは無次元である。

比誘電率 ε や比透磁率 μ は物質の分極機構で決まり，一般には周波数に依存する。真空では $\boldsymbol{P}$ と $\boldsymbol{M}$ が存在しないので $\varepsilon = \mu = 1$ である。自然界の物質では $\varepsilon \geqq 1$, $\mu \geqq 1$ で，磁性体などを除くと，$\mu = 1$ のことが多い。空気中では $\varepsilon = \mu = 1.0$ として差し支えない。異方性物質（物質の性質が電磁波の伝搬方向によって異なる）では ε や μ をテンソルで表す必要がある。光波領域では，後述するように $\sqrt{\varepsilon\mu}$ がちょうど屈折率 n なので，ε や μ がよく用いられる。比誘電率を ε_{r}，比透磁率を μ_{r} と表示し，媒質中での値を，式 (2.19) での $\varepsilon\varepsilon_0$ をセットとして媒質の誘電率 $\varepsilon\,[\mathrm{F/m}]$，$\mu\mu_0$ を媒質の透磁率 $\mu\,[\mathrm{H/m}]$ とする書物もある。

(2)　電気分極と磁化の微視的起源

原子や分子内で，正負の電荷が対になるものを**電気双極子モーメント**（electric dipole moment）といい，$\mu_{\mathrm{e}}\,[\mathrm{C\,m}]$ で表す。単位体積当たりの電気双極子モーメントを**電気分極**または誘電分極と呼ぶ。通常は全体で電気的に中性でも，外部電界が加わると，正負電荷の釣り合いがくずれ，中性ではなくなる。このとき，分極に起因する電流が生じ，この分極電流密度 $\boldsymbol{J}_{\mathrm{p}}$ と分極電荷密度 ρ_{p} が

$$\boldsymbol{J}_{\mathrm{p}} \equiv \frac{\partial \boldsymbol{P}}{\partial t}, \quad \rho_{\mathrm{p}} = -\mathrm{div}\boldsymbol{P} \tag{2.20a}$$

で表せる。これらは連続の方程式 (2.14) を満たしている。

磁気の起源は，原子や分子内における電子の歳差運動による**磁気モーメント**（magnetic moment）と考えられ，これを $\mu_{\mathrm{m}}\,[\mathrm{Wb\,m}]$ で表し，単位体積当たりの磁気モーメントを**磁化**と呼ぶ。通常は，全体の磁気は不規則分布により平均化されて零となる。磁性体などで外部磁界が印加されると，各電子が特定の方向を向いて全体として磁気を帯び，電流が流れる。この磁化電流密度 $\boldsymbol{J}_{\mathrm{m}}$ は

$$\boldsymbol{J}_{\mathrm{m}} \equiv \frac{\nabla \times \boldsymbol{M}}{\mu_0} \tag{2.21}$$

で表せる。これを連続の方程式に代入して付録の式 (A.9) を適用すると，恒等的

に $\mathrm{div} \boldsymbol{J}_\mathrm{m} = \mathrm{div}(\nabla \times \boldsymbol{M})/\mu_0 \equiv 0$ となり，磁荷に相当するものは存在しない。

§2.3　1 次元波動：媒質中での平面電磁波

本節では波動をより簡単に扱える 1 次元を対象として，マクスウェル方程式から電磁波がどのようにして導かれるかを知るとともに，1 次元波動の性質を調べる。これは，一般的な 3 次元の波動方程式を導く際の指針ともなる。

2.3.1　1 次元波動方程式の導出

媒質が無損失（つまり電流と電荷が存在しない $\boldsymbol{J} = \rho = 0$）とし，比誘電率 ε と比透磁率 μ が媒質中で一様とする。デカルト座標系で電磁界が z 座標のみに依存するものとすると，$\partial/\partial x = \partial/\partial y = 0$ と書ける。このとき，式 (2.13c) は

$$\frac{\partial E_z}{\partial z} = 0 \tag{2.22}$$

と書け，E_z は空間的に一定値をとる。また，式 (2.13b) の z 成分より

$$(\nabla \times \boldsymbol{H})_z = \frac{\partial H_y}{\partial x} - \frac{\partial H_x}{\partial y} = \varepsilon\varepsilon_0 \frac{\partial E_z}{\partial t} = 0$$

だから，E_z は時間的にも常に一定値となる。変動場を対象とする際には，時空間的に一定値をとるものは意味がないので，$E_z = 0$ とおく。

式 (2.13a) を成分ごとに書き下した結果は，次のようになる。

$$(\nabla \times \boldsymbol{E})_x = \frac{\partial E_z}{\partial y} - \frac{\partial E_y}{\partial z} = -\frac{\partial E_y}{\partial z} = -\mu\mu_0 \frac{\partial H_x}{\partial t} \tag{2.23a}$$

$$(\nabla \times \boldsymbol{E})_y = \frac{\partial E_x}{\partial z} - \frac{\partial E_z}{\partial x} = \frac{\partial E_x}{\partial z} = -\mu\mu_0 \frac{\partial H_y}{\partial t} \tag{2.23b}$$

$$(\nabla \times \boldsymbol{E})_z = \frac{\partial E_y}{\partial x} - \frac{\partial E_x}{\partial y} = -\mu\mu_0 \frac{\partial H_z}{\partial t} = 0 \tag{2.23c}$$

式 (2.23a,b) で電界成分 E_x と E_y が現れているが，簡単のため $E_y = 0$ とおくと，式 (2.23a) が零となる。このとき，式 (2.23a,c) より，H_x と H_z の時間変化が常に零となる。式 (2.13d) より，H_z の空間的変化がないことが導かれる。よって，E_z 成分を零としたのと同じ理由により，$H_x = H_z = 0$ とおける。

次に式 (2.13b) を成分ごとに書き，$H_x = 0$ を利用すると次式を得る。

$$(\nabla \times \boldsymbol{H})_x = \frac{\partial H_z}{\partial y} - \frac{\partial H_y}{\partial z} = -\frac{\partial H_y}{\partial z} = \varepsilon\varepsilon_0 \frac{\partial E_x}{\partial t} \qquad (2.24\text{a})$$

$$(\nabla \times \boldsymbol{H})_y = \frac{\partial H_x}{\partial z} - \frac{\partial H_z}{\partial x} = \varepsilon\varepsilon_0 \frac{\partial E_y}{\partial t} = 0 \qquad (2.24\text{b})$$

$$(\nabla \times \boldsymbol{H})_z = \frac{\partial H_y}{\partial x} - \frac{\partial H_x}{\partial y} = \varepsilon\varepsilon_0 \frac{\partial E_z}{\partial t} = 0 \qquad (2.24\text{c})$$

非零成分の E_x と H_y の相互作用を記述する式 (2.23b)，(2.24a) を改めて書くと，

$$\frac{\partial E_x}{\partial z} = -\mu\mu_0 \frac{\partial H_y}{\partial t}, \quad -\frac{\partial H_y}{\partial z} = \varepsilon\varepsilon_0 \frac{\partial E_x}{\partial t} \qquad (2.25\text{a,b})$$

となり，電磁界の零成分は $E_y = E_z = H_x = H_z = 0$ となる。

式 (2.25a) の両辺を z で偏微分した式と式 (2.25b) の両辺を t で偏微分した式から H_y を消去，あるいは式 (2.25a) を t で偏微分した式と式 (2.25b) を z で偏微分した式から E_x を消去することにより次式を得る。

$$\varepsilon\varepsilon_0\mu\mu_0 \frac{\partial^2 \psi}{\partial t^2} - \frac{\partial^2 \psi}{\partial z^2} = \frac{1}{v^2}\frac{\partial^2 \psi}{\partial t^2} - \frac{\partial^2 \psi}{\partial z^2} = 0 \quad (\psi = E_x, H_y) \quad (2.26)$$

ここで，v は次式で定義される，電磁波の媒質中での伝搬速度である。

$$v \equiv \frac{c}{\sqrt{\varepsilon\mu}} \qquad (2.27)$$

式 (2.26) は，比誘電率 ε と比透磁率 μ が一様な等方性媒質中で，1 次元波動を形成する電磁界成分 E_x と H_y の時空間的変化を記述する微分方程式で，**波動方程式**（wave equation）と呼ばれる。E_x と H_y に対する波動方程式が同形の式を満たす。

式 (2.23a,b) で簡単のため $E_x = 0$ とおくと，上と同様にして，E_y と H_x が式 (2.26) を満たすことが導ける（演習問題 2.4 参照）。

式 (2.27) での v は，式 (2.8) で示した媒質中の伝搬速度，c は式 (2.9) で定義した真空中の光速である。自然界の物質では，媒質中での電磁波の伝搬速度は真空中よりも遅い。式 (2.27)，(2.8) より，$c = f\lambda\sqrt{\varepsilon\mu}$ と書ける。これを式 (2.12) と比較すると，媒質中と真空中での波長，波数の関係が次式で表せる。

$$\lambda = \frac{\lambda_0}{\sqrt{\varepsilon\mu}}, \quad k = \sqrt{\varepsilon\mu}k_0 = \omega\sqrt{\varepsilon\varepsilon_0\mu\mu_0} = \frac{\omega}{v}, \quad k_0 = \frac{\omega}{c} \qquad (2.28)$$

式 (2.28) で添え字 0 は，真空中での値を示す。この式は，媒質中での波長は真空中よりも短くなり，媒質中での波数は真空中よりも大きくなることを表す。

式 (2.27) において

$$n = \sqrt{\varepsilon\mu} \qquad\qquad\qquad\qquad (2.29)$$

は屈折率（refractive index）と呼ばれる。つまり，屈折率は比誘電率 ε と比透磁率 μ の積の平方根に一致する。光波領域では実質的に $\mu = 1.0$ なので，$n = \sqrt{\varepsilon}$ とおいても差し支えない。

【1 次元波動のまとめ】

(i) 伝搬方向の電磁界成分である E_z と H_z はともに存在しない。すなわち，一様媒質中の電磁波は**横波**（transverse wave）である。伝搬方向の電磁界成分をもたない電磁波を **TEM 波**（transverse electric-magnetic wave）と呼ぶ。

(ii) 式 (2.25) は，電界成分 E_x の時空間的変化が，磁界成分 H_y の時空間的変化を引き起こし，相互に影響を及ぼしながら電磁波が伝搬することを示す（図 **2.2**）。電磁波の振舞いを記述する波動方程式は式 (2.26) で表される。

(iii) 電界成分 E_x と磁界成分 H_y は互いに直交し，かつ伝搬方向とも直交している（これより，一様媒質中の波動の伝搬方向 s が $\boldsymbol{E} \times \boldsymbol{H}$ に比例することが予測できる）。

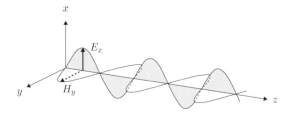

図 **2.2**　1 次元波動（TEM 波）の伝搬

2.3.2 1 次元波動の導出

波動方程式 (2.26) の解を，変数分離法を用いて以下で求める。解が時間 t と空間座標 z に対して独立に変化するものとして，

$$E_x = \psi_t(t)\psi_z(z) \tag{2.30}$$

とおく。これを式 (2.26) に代入し，両辺を $\psi_t\psi_z$ で割ると次式を得る。

$$\frac{1}{\psi_z}\frac{d^2\psi_z}{dz^2} - \frac{1}{v^2}\frac{1}{\psi_t}\frac{d^2\psi_t}{dt^2} = 0 \tag{2.31}$$

上式の第 1 項は z だけ，第 2 項は t だけの関数だから，両関数が常に成り立つためには，各項が定数でなければならない。

このときの分離定数を $-k^2$（k：この段階では物理的意味は不明だが，実は媒質中の波数）とおくと，式 (2.31) より次の 2 式を得る。

$$\frac{d^2\psi_z}{dz^2} + k^2\psi_z = 0, \quad \frac{d^2\psi_t}{dt^2} + v^2k^2\psi_t = 0 \tag{2.32a,b}$$

式 (2.32a) より形式解 $\psi_z = \exp(\pm jkz)$ を得る。式 (2.32b) で角周波数 ω を用い，解を $\psi_t = \exp(\pm j\omega t)$ とおいて式 (2.32b) に代入し，式 (2.27) を利用すると，k と ω が

$$k^2 = \frac{\omega^2}{c^2}\varepsilon\mu = \omega^2\varepsilon\varepsilon_0\mu\mu_0 \tag{2.33}$$

で関係づけられる。式 (2.33) を式 (2.32a) に代入すると，次のように書ける。

$$\frac{d^2\psi}{dz^2} - \gamma^2\psi = 0, \quad \gamma^2 \equiv -\omega^2\varepsilon\varepsilon_0\mu\mu_0 \tag{2.34}$$

式 (2.34) は位置に関する微分方程式で，後述する伝送線路方程式とも密接な関係がある（§6.4 参照）。

これらより，波動方程式 (2.26) の一般解が

$$E_x = \exp[\pm j(\omega t \mp kz)] \tag{2.35}$$

で書ける。一般解の和，差も解となるから，式 (2.35) の 2 つの解の和・差より

$$E_x = \cos(\omega t \mp kz), \quad E_x = \sin(\omega t \mp kz) \tag{2.35$'$}$$

が得られる。式 (2.35) は，t と z の順序を変えて，

$$E_x = \exp[j(kz \mp \omega t)] \tag{2.35$''$}$$

と書く流儀もある。三角関数表示よりも複素表示が使われることが多い。

　磁界成分 H_y も E_x と同じ時空間変動因子をもつとして，$E_x = E_{x0}\exp[j(\omega t - kz)]$，$H_y = H_{y0}\exp[j(\omega t - kz)]$ とおく（E_{x0}, H_{y0}：振幅）。これらを式 (2.25a,b) に代入した結果に式 (2.28) の波数 k を用いると，電磁界成分の振幅比が

$$\frac{E_{x0}}{H_{y0}} = \eta \tag{2.36}$$

$$\eta \equiv \sqrt{\frac{\mu}{\varepsilon}}\, Z_0 = \frac{\omega\mu\mu_0}{k} = \frac{k}{\omega\varepsilon\varepsilon_0} \tag{2.37}$$

$$Z_0 \equiv \sqrt{\frac{\mu_0}{\varepsilon_0}} = 120\,\pi\,\Omega = 377\,\Omega \tag{2.38}$$

$$Y_0 \equiv \frac{1}{Z_0} = 2.65 \times 10^{-3}\,\mathrm{S}\,[ジーメンス] \tag{2.39}$$

で表せる。ここで，η は**波動インピーダンス**（wave impedance），Z_0 は**真空インピーダンス**（impedance of free space），Y_0 は**真空アドミタンス**と呼ばれる。空気中では，波動インピーダンスを真空インピーダンスと同一視（$\eta = Z_0$）してもよい。式 (2.36) は，電界と磁界の振幅比が時間と位置に依存しない一定値となり，この比が真空インピーダンスに比例することを示す。このことは，電界 [V/m] を電圧，磁界 [A/m] を電流と見なすと，電磁波が電気回路の考えで扱えることを示唆している（§6.4 参照）。

2.3.3　波動の基本的性質

　式 (2.35) は，波動方程式 (2.26) の解が

$$\psi = f_1(t - z/v) = f_2(z - vt) \quad (\psi = E_x, H_y) \tag{2.40a}$$

と

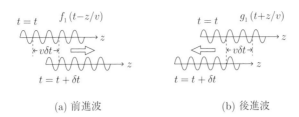

(a) 前進波　　　　　　　　(b) 後進波

図 **2.3**　前進波と後進波
v：波動の伝搬速度

$$\psi = g_1(t + z/v) = g_2(z + vt) \tag{2.40b}$$

の 1 次結合で与えられることを意味する。実際，式 (2.40) を式 (2.26) に代入して解であることが確認できる。式 (2.40a) は，$z - vt$ が一定値を示すならば，たとえ z と t の組合せが異なっても，波面も常に一定であることを示す。つまり，$z - vt$ が一定値の時空間では，同一の波面となる。波面が伝搬方向に垂直な波動を**平面波**（plane wave）と呼び（§3.1 参照），いまの式がこれに該当する。

いま，波動の時刻 t における瞬時波形を $f_1(t - z/v)$ とする。ある時刻 t から時間が δt 経過すると，波動はその間に，位置 z から距離 $\delta z = v\delta t$ ぶんだけ進む（**図 2.3**）。このとき，時刻 t での波形 $f_1(t - z/v)$ は，時間 δt 経過後には

$$f_1\left(t + \delta t - \frac{z}{v}\right) = f_1\left(t - \frac{z - \delta z}{v}\right) \tag{2.41}$$

で表される。式 (2.41) は，時間 δt 経過後の波形が，時刻 t における瞬時波形を，z の正方向に $\delta z = v\delta t$ だけ平行移動したものと等しいことを表す。よって，式 (2.40a) は**前進波**（進行波）を意味する。

一方，式 (2.40b) は，時間 δt 後の波動は，位置が $\delta z = v\delta t$ だけ前の場所と同一波面となることを意味し，これは**後進波**（後退波）を表す。

【**例題 2.2**】比誘電率の値はポリエチレンが 2.3 程度，テフロンが 2.0 程度である。これらの物質からなる一様媒質について，波動インピーダンスと電磁波の伝搬速度を求めよ。比透磁率を 1 とする。

[解] 波動インピーダンスは式 (2.37) を用いて，ポリエチレンでは $\eta = 120\pi\sqrt{1/2.3} = 249\,\Omega$，テフロンでは $267\,\Omega$ となる。伝搬速度は式 (2.27) を

用いて，ポリエチレンでは $v = 3.0 \times 10^8/\sqrt{2.3} = 1.98 \times 10^8\,\mathrm{m/s}$，テフロンでは $v = 2.12 \times 10^8\,\mathrm{m/s}$ となる。

§2.4 無損失等方性媒質での 3 次元波動方程式

本節では，無損失（$\boldsymbol{J} = \rho = 0$）等方性媒質中における 3 次元波動方程式を導出する。比誘電率 ε と比透磁率 μ はともに時間に依存せず，空間的に緩やかに変化するもの（ε と μ の 1 波長当たりの変化が微小）とする。

マクスウェル方程式 (2.13a) を μ で割った後に両辺の rot をとった式と，式 (2.13b) の両辺を t で偏微分した式から $\boldsymbol{H}$ を消去すると，次式が得られる。

$$\mathrm{rot}\left(\frac{1}{\mu}\mathrm{rot}\boldsymbol{E}\right) = -\varepsilon\varepsilon_0\mu_0\frac{\partial^2\boldsymbol{E}}{\partial t^2} \tag{2.42}$$

式 (2.42) 左辺で μ の微小な空間変化と，付録の式 (A.2)，(A.6) を用いて

$$\varepsilon\varepsilon_0\mu\mu_0\frac{\partial^2\boldsymbol{E}}{\partial t^2} + \mathrm{grad}(\mathrm{div}\boldsymbol{E}) - \nabla^2\boldsymbol{E} = 0 \tag{2.43}$$

を得る。これに式 (2.13c) より得られる $\mathrm{div}\boldsymbol{E} = 0$ を第 2 項に代入すると，これが消失する。磁界 $\boldsymbol{H}$ に対しても，式 (2.13a,b) から $\boldsymbol{E}$ を消去した式に式 (2.19b) を適用すると，上と同様の手順で，形式的に電界と同じ式を得る。

以上をまとめると，比誘電率と比透磁率の空間変化が緩やかなとき，等方性媒質での電界 $\boldsymbol{E}$ と磁界 $\boldsymbol{H}$ に対する微分方程式は，同形の次式で表される。

$$\varepsilon\varepsilon_0\mu\mu_0\frac{\partial^2\boldsymbol{\Psi}}{\partial t^2} - \nabla^2\boldsymbol{\Psi} = \frac{1}{v^2}\frac{\partial^2\boldsymbol{\Psi}}{\partial t^2} - \nabla^2\boldsymbol{\Psi} = 0$$
$$(\boldsymbol{\Psi}(\boldsymbol{r},\,t) = \boldsymbol{E},\boldsymbol{H}) \tag{2.44}$$

ここで，$\boldsymbol{r}$ は位置ベクトルを表す。参考のため，ラプラシアン ∇^2 のいくつかの座標系に対する具体的表現を付録の式 (A.13) に示す。式 (2.44) は，電界と磁界の成分ごとの微分方程式で書けることを表し，これを**スカラー波動方程式**（scalar wave equation）と呼ぶ。1 次元での波動方程式 (2.26) を導く際に，ε と μ が空間的に一様としたが，実は本節のように，これらの空間変化が緩やかな場合にも成立することを付言しておく。

電磁界が一定の角周波数 ω で変動する場合，式 (2.44) で時間変動項を $\Psi \propto \exp(j\omega t)$ とおくと，次式が得られる。

$$\nabla^2 \Psi(\boldsymbol{r}) + |\boldsymbol{k}|^2 \Psi(\boldsymbol{r}) = 0, \quad |\boldsymbol{k}|^2 = \varepsilon\mu\frac{\omega^2}{c^2} = \varepsilon\mu k_0^2 \tag{2.45}$$

式 (2.45) は電磁波の位置 $\boldsymbol{r}$ に関する情報を含み，**ヘルムホルツ方程式**（Helmholtz equation）と呼ばれる。$\boldsymbol{k}$ は媒質中の**波数ベクトル**であり，その向きは波面の伝搬方向に一致し，大きさ $|\boldsymbol{k}|$ は単位距離当たりに含まれる波の数を表す。電磁波の各種特性および性質が式 (2.44) や式 (2.45) を出発式として導けるので，これらの方程式は重要である。

等方性媒質での式 (2.44) の解は，1 次元波動と同様にして，時間 t と位置ベクトル $\boldsymbol{r}$ に関する変数分離法で求められる。ここではその解のみを示すと，

$$\Psi = \exp[j(\omega t \mp \boldsymbol{k} \cdot \boldsymbol{r}) \quad (\Psi = \boldsymbol{E}, \boldsymbol{H}) \tag{2.46}$$

で得られる。ここで，ω は角周波数，$\boldsymbol{k}$ は大きさ $|\boldsymbol{k}| = \omega/v$ で波動の伝搬方向を向く媒質中の波数ベクトルである。1 次元波動と異なり，この場合は波数部分がベクトルで表される。式 (2.46) の複号のうち，$-(+)$ は前進（後進）波を表す。

無損失等方性媒質中の平面電磁波は，次のようにも表せる。

$$\Psi = \Psi(\boldsymbol{r} \cdot \boldsymbol{s} - vt) \quad (\Psi = \boldsymbol{E}, \boldsymbol{H}) \tag{2.47}$$

ただし，$\boldsymbol{s} = \boldsymbol{k}/|\boldsymbol{k}|$ は伝搬方向の単位ベクトルを表す。これらを式 (2.13a-d) に適用すると，電界 $\boldsymbol{E}$，磁界 $\boldsymbol{H}$，波数ベクトル $\boldsymbol{k}$，$\boldsymbol{s}$ が次式で関係づけられる。

$$\boldsymbol{E} = \frac{1}{\omega\varepsilon\varepsilon_0}\boldsymbol{H} \times \boldsymbol{k} = \eta\boldsymbol{H} \times \boldsymbol{s} \tag{2.48a}$$

$$\boldsymbol{H} = -\frac{1}{\omega\mu\mu_0}\boldsymbol{E} \times \boldsymbol{k} = -\frac{1}{\eta}\boldsymbol{E} \times \boldsymbol{s} \tag{2.48b}$$

$$\boldsymbol{k} = \frac{\omega\varepsilon\varepsilon_0}{|\boldsymbol{H}|^2}\boldsymbol{E} \times \boldsymbol{H} = \frac{k^2}{\omega\mu\mu_0|\boldsymbol{H}|^2}\boldsymbol{E} \times \boldsymbol{H} \tag{2.48c}$$

$$\boldsymbol{s} = \frac{1}{\eta}\frac{\boldsymbol{E}}{|\boldsymbol{H}|} \times \frac{\boldsymbol{H}}{|\boldsymbol{H}|} \tag{2.48d}$$

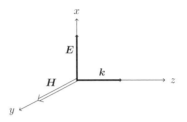

図 2.4　電磁波における電磁界と波数ベクトル
　　　　　等方性媒質では電界 $\boldsymbol{E}$, 磁界 $\boldsymbol{H}$, 波数ベクトル $\boldsymbol{k}$ が右手系をなす。$\boldsymbol{s} = \boldsymbol{k}/|\boldsymbol{k}|$

ただし，η は波動インピーダンスである。式 (2.48a,b) は 1 次元波動での式 (2.36) を 3 次元に拡張したものである。式 (2.48) は，図 **2.4** に示すように，ベクトル $\boldsymbol{E}$, $\boldsymbol{H}$, $\boldsymbol{k}$ が右手系をなすことを示す。等方性媒質の場合，電磁波エネルギーは $\boldsymbol{k}$ 方向に伝搬する（§3.3 参照）。

　式 (2.48a,b) と $\boldsymbol{s}$ との内積をとると，次式が成立する。

$$\boldsymbol{E} \cdot \boldsymbol{s} = 0, \quad \boldsymbol{H} \cdot \boldsymbol{s} = 0 \tag{2.49a,b}$$

【式 (2.48)，(2.49) が意味すること】

(i) 電界ベクトルと磁界ベクトルが互いに直交する。

(ii) 電界・磁界ベクトルが，ともに電磁波の進行方向と直交する。

上記性質は，一様な等方性媒質中での電磁波が**横波**であることを示す。

　これまでに示した電磁界の表現は，基本的に時間変化の仕方には制限なく適用できるものである。電磁波工学では，正弦的な時間変化をする電磁界を扱うことが多く，交流回路理論との対応がよい取り扱いをされる場合がある。角周波数 ω の電界 $\boldsymbol{E}$ の瞬時値が

$$\boldsymbol{E}(\boldsymbol{r}, t) = \sqrt{2}\boldsymbol{e}(\boldsymbol{r}) \cos(\omega t + \theta) \tag{2.50a}$$

で表されるとき，上式は複素数を用いて次のようにも表示される。

$$\boldsymbol{E}(\boldsymbol{r}, t) = \sqrt{2}\boldsymbol{E}'(\boldsymbol{r}) \exp(j\omega t), \quad \boldsymbol{E}'(\boldsymbol{r}) = \boldsymbol{e}(\boldsymbol{r}) \exp(j\theta) \tag{2.50b}$$

ここで，$\boldsymbol{E}'(\boldsymbol{r})$ は波動の振幅 $\boldsymbol{e}(\boldsymbol{r})$ と位相 θ を含むものでフェーザ（phasor）と

呼ばれ，その絶対値 $|e(r)|$ は実効値に相当する。上記の表現は H，D，B 等の電磁気量にも適用する。フェーザ表示が電磁界理論の分野で特に有用となるのは，エネルギーに関係する諸量を対象とするときである（§3.3 参照）。

【例題 2.3】 式 (2.48d) のもつ物理的意味を説明せよ。

[解] ε と μ の空間的変化が緩やかな媒質中では，電磁波は電界ベクトル E と磁界ベクトル H に直交する方向，つまり波数ベクトル $k(s)$ の向きに伝搬する。また，$|E|$ と $|H|$ の大きさの比が波動インピーダンス η に一致するから，伝搬方向の単位ベクトル s では，その比 η のぶんだけ割っておく必要がある。

§2.5 球面波

　ある点を中心として四方八方に広がっていく，波面の形状が球面をなす波動は**球面波**（spherical wave）と呼ばれる（図 **2.5**，§3.1 参照）。球面波の例として，微小ダイポールから発した，波源から十分離れた位置での放射電磁界（8.3.2 項参照）や，静かな水面に小石を投げ入れたときに着水点を中心として広がっていく波紋などがある。

　波動 Ψ が波源からの距離 r だけの関数のときの波動方程式を求める。式 (2.44) における ∇^2 に，付録の式 (A.13) 最下段で $\partial/\partial\theta = \partial/\partial\varphi = 0$ を適用して，まず

$$\nabla^2\Psi = \Psi''(r) + \frac{2}{r}\Psi'(r) = \frac{1}{r}\frac{\partial^2(r\Psi)}{\partial r^2} \tag{2.51}$$

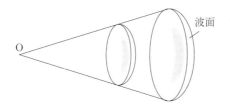

図 2.5 球面波の伝搬
　　　　波面は波源 O を中心とした球面をなし，振幅は伝搬距離 r に反比例する。

を得る。式 (2.51) を式 (2.44) に代入して

$$\varepsilon\varepsilon_0\mu\mu_0\frac{\partial^2\Psi}{\partial t^2} - \frac{1}{r}\frac{\partial^2}{\partial r^2}(r\Psi) = 0$$

と書ける。これの両辺に r を掛けると，次のように書ける。

$$\varepsilon\varepsilon_0\mu\mu_0\frac{\partial^2(r\Psi)}{\partial t^2} - \frac{\partial^2}{\partial r^2}(r\Psi) = \frac{1}{v^2}\frac{\partial^2(r\Psi)}{\partial t^2} - \frac{\partial^2}{\partial r^2}(r\Psi) = 0 \quad (2.52)$$

式 (2.52) における $(r\Psi)$ は，1 次元の波動方程式 (2.26) を満たしている。

したがって，式 (2.40a,b) を利用すると，球面波の解は $r\Psi(r,t) = f(r - vt)$ または $r\Psi(r,t) = g(r + vt)$ で表される。これらを書き直すと，次式を得る。

$$\Psi(r,t) = \frac{f(r-vt)}{r}, \quad f = \exp\left[j(\omega t - kr)\right] \quad (2.53a)$$

$$\Psi(r,t) = \frac{g(r+vt)}{r}, \quad g = \exp\left[j(\omega t + kr)\right] \quad (2.53b)$$

関数 f と g の具体形では式 (2.35) を利用した。式 (2.53a) は，波源の中心 O から遠ざかるに従って，振幅が中心からの距離 r に反比例して減少する，外向き球面波を表す。この波動のエネルギーは振幅の 2 乗に反比例し，球面波の面積が距離 r の 2 乗に比例するから，式 (2.53a) の形はエネルギー保存則を反映している。式 (2.53b) は，r の大きな位置から中心に向かう，内向き球面波を表す。

§2.6 不連続面での境界条件

比誘電率 ε や比透磁率 μ が一様な媒質中では，波動方程式から導かれた電磁界は媒質内で連続的に変化する。しかし，ε や μ がある面を境として異なるとき，電磁界の変化の仕方は自明ではない。この不連続面における電磁界の変化の仕方を記述するものを**境界条件**（boundary condition）という。

不連続面の説明図を**図 2.6** に示す。電界 $\boldsymbol{E}$ はファラデーの電磁誘導法則 (2.13a) を満たすから，同図 (a) のように不連続面を含む領域で積分路をとると，ストークスの定理（付録の式 (A.10)）を用いて次式が導ける。

$$\int_S (\mathrm{rot}\boldsymbol{E}) \cdot \boldsymbol{b}\,dS = \int_C \boldsymbol{E} \cdot d\boldsymbol{r} = -\int_S \frac{\partial\boldsymbol{B}}{\partial t} \cdot \boldsymbol{b}\,dS$$

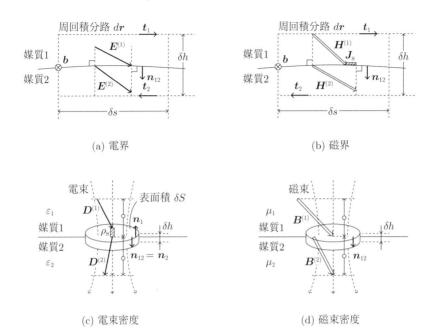

(a) 電界

(b) 磁界

(c) 電束密度

(d) 磁束密度

図 **2.6** 電磁界に対する境界条件
ε：比誘電率，μ：比透磁率，J_s：表面電流密度，ρ_s：表面電荷密度

ただし，b は方形面に垂直な方向の単位ベクトル，dS は方形に関する面積分，dr は方形の外周に沿った線積分を表す。厚さ δh が十分薄く，積分路の距離 δs が十分微小なとき，上式で E と $\partial B/\partial t$ は定数と見なせ，次式で近似できる。

$$(E^{(1)} \cdot t_1 + E^{(2)} \cdot t_2)\delta s \fallingdotseq -(\partial B/\partial t) \cdot b\,\delta s\delta h$$

ただし，$t_i(i = 1, 2)$ は境界面における接線方向の単位ベクトルであり，上付き ( ) 内は媒質を区別する。$\delta h \to 0$ の極限では上式右辺が消失して $t_2 \fallingdotseq -t_1$ となり，$E^{(2)} \cdot t_1 = E^{(1)} \cdot t_1$ に $t_1 = -b \times n_{12}$ および付録の式 (A.3) を用いて，

$$n_{12} \times E^{(2)} = n_{12} \times E^{(1)} \tag{2.54}$$

が成り立つ。ただし，n_{12} は境界面に垂直な媒質 1 から 2 に向かう単位ベクトルである。

　次に，磁界 $\boldsymbol{H}$ はアンペールの法則 (2.13b) を満たし，電界の場合と同様にしてストークスの定理を用いる。さらに，電流密度 $\boldsymbol{J}\,[\mathrm{A/m^2}]$ を $\int \boldsymbol{J}\,dV = \int \boldsymbol{J}_\mathrm{s}\,dS$ で定義した表面電流密度 $\boldsymbol{J}_\mathrm{s}\,[\mathrm{A/m}]$ に変換すると，次式を得る（同図 (b) 参照）。

$$(\boldsymbol{H}^{(1)}\cdot\boldsymbol{t}_1 + \boldsymbol{H}^{(2)}\cdot\boldsymbol{t}_2)\delta s \fallingdotseq (\partial\boldsymbol{D}/\partial t)\cdot\boldsymbol{b}\,\delta s\delta h + \boldsymbol{J}\cdot\boldsymbol{b}\,\delta s\delta h$$
$$= (\partial\boldsymbol{D}/\partial t)\cdot\boldsymbol{b}\,\delta s\delta h + \boldsymbol{J}_\mathrm{s}\cdot\boldsymbol{b}\,\delta s$$

上式で $\delta h \to 0$ として次式が導ける。

$$\boldsymbol{n}_{12}\times\boldsymbol{H}^{(2)} = \boldsymbol{n}_{12}\times\boldsymbol{H}^{(1)} + \boldsymbol{J}_\mathrm{s} \tag{2.55}$$

　電束密度 $\boldsymbol{D}$ はガウスの法則 (2.13c) を満たすから，同図 (c) の微小円筒内での体積積分に対してガウスの定理（付録の式 (A.11)）を適用すると，

$$\int_V \mathrm{div}\boldsymbol{D}\,dV = \int_S \boldsymbol{D}\cdot\boldsymbol{n}\,dS = \int_V \rho\,dV$$

が成立する。ただし，$\boldsymbol{n}$ は円筒表面での外向き単位法線ベクトルである。円筒厚 δh を十分薄くすると，円筒はほとんど面と見なせるから，電荷密度 $\rho\,[\mathrm{C/m^3}]$ の代わりに表面電荷密度 $\rho_\mathrm{s}\,[\mathrm{C/m^2}]$ が $\int \rho\,dV = \int \rho_\mathrm{s}\,dS$ で定義できる。側壁の寄与を無視すると，

$$(\boldsymbol{D}^{(1)}\cdot\boldsymbol{n}_1 + \boldsymbol{D}^{(2)}\cdot\boldsymbol{n}_2)\delta S = [(\boldsymbol{D}^{(2)} - \boldsymbol{D}^{(1)})\cdot\boldsymbol{n}_{12}]\delta S = \rho_\mathrm{s}\,\delta S$$
$$(\boldsymbol{n}_2 = \boldsymbol{n}_{12} = -\boldsymbol{n}_1)$$

つまり，次式が成り立つ。

$$\boldsymbol{D}^{(2)}\cdot\boldsymbol{n}_{12} = \boldsymbol{D}^{(1)}\cdot\boldsymbol{n}_{12} + \rho_\mathrm{s} \tag{2.56}$$

　最後に，磁束密度 $\boldsymbol{B}$ はガウスの法則 (2.13d) を満たし，電束密度の場合と同様にして円筒厚 δh を限りなく薄くして壁の寄与を無視すると（同図 (d) 参照），

$$\boldsymbol{B}^{(2)}\cdot\boldsymbol{n}_{12} = \boldsymbol{B}^{(1)}\cdot\boldsymbol{n}_{12} \tag{2.57}$$

が成り立つ。

【境界条件のまとめ】

(i) 式 (2.54) は，電界 E [V/m] の境界面に対する接線成分（tangential component）が連続であることを意味する。

(ii) 式 (2.55) は，磁界 H [A/m] の接線成分が表面電流密度 J_s [A/m] ぶんだけ変化することを表す。これは図 2.6(b) に示すように，電流と磁界（磁力線）が不可分であることを反映している。電流がない場合には，磁界の接線成分が連続となるように接続する。

(iii) 式 (2.56) は，電束密度 D [C/m^2] の法線成分（normal component）が表面電荷密度 ρ_s [C/m^2] ぶんだけ不連続となることを示す。これは閉じた面を通る電束密度が，面内の電荷に依存することを反映している。

(iv) 式 (2.57) は，磁束密度 B [T] の法線成分が連続となることを示す。

第 2 媒質が**完全導体**（perfect conductor：導電率 $\sigma = \infty$），たとえば金属の場合，表皮効果（4.2.2 項参照）により電磁界が媒質内に入らないから，上式で $E^{(2)} = H^{(2)} = D^{(2)} = B^{(2)} = 0$ となる。よって，第 1 媒質で電界の接線成分と磁界の法線成分が零，電界の内向き法線成分が $\rho_s/\varepsilon\varepsilon_0$，磁界の接線成分が J_s となる。

特に，誘電体のように，媒質が非磁性で無損失とみなせる場合，電流密度 J や電荷密度 ρ を含まないから，境界条件では次の諸量が境界面で連続となる。① 電界 E の接線成分，② 磁界 H の接線成分，③ 電束密度 D の法線成分，④ 磁束密度 B の法線成分。

媒質中で不連続面があるときは，波動方程式から形式的に得られる解のうち，上記の境界条件を満たすものだけが物理的に意味をもつ。

ほかに物理的意味からよく用いられる条件は，解があらゆる場所で有界となることである。特に，原点や無限遠で解が発散しない場合がよく現れる。

【電磁波の基礎のまとめ】

(i) 電磁波は電界 E と磁界 H が互いに新たな成分を誘起しながら伝搬する波動である。

(ii) 真空中や媒質中における電磁波の振舞いは，マクスウェル方程式 (2.13) を解いて求めることができ，これは電界 E，磁界 H，電流密度 J，電荷密度 ρ を

関係づけている。

(iii) 媒質中では，電束密度 D，磁束密度 B，電流密度 J は構成方程式 (2.15)-(2.17) を満たす。D，B はそれぞれ E，H と，式 (2.19a,b) で関係づけられている。

(iv) 電磁波は光と同じ速度で伝搬し，速度 v，周波数 f，波長 λ は式 (2.8) を満たす。

(v) 電磁波は，無損失等方性媒質では電界 E と磁界 H の振動方向が直交し，これらに直交する方向に伝搬する横波となる。電界と磁界の比は，式 (2.37) の波動インピーダンス η で表せる。

(vi) 比誘電率 ε と比透磁率 μ が 1 波長当たりの距離で緩やかに変化する無損失等方性媒質中では，電磁波を形成する電界 E と磁界 H は波動方程式 (2.44) を解いて求められる。特に，1 次元の波動では式 (2.26) を解けばよい。

(vii) 時間軸で正弦的に変動する電磁波は，ヘルムホルツ方程式 (2.45) を解いて求められる。

(viii) 比誘電率 ε や比透磁率 μ がある面を境界として異なるとき，不連続面での電磁界成分は境界条件を満たす必要がある。

【演習問題】

2.1 周波数 1 GHz の電波が比誘電率 2.25，比透磁率 1.0 の一様媒質中を z 軸方向に伝搬するとき，電界を $E = A\cos(\omega t - \beta z)$ で表す。このとき，次の問いに答えよ。
① 角周波数 ω と位相定数 β の値を求めよ。
② 周期 T と波長 λ の値を求めよ。
③ 上記 E に対応する磁界の具体的表式を示せ。
2.2 真空中で z 軸方向に伝搬する電磁波が

$$E_x = \pi \cos\left[\pi \times 10^8 \left(t - \frac{z}{c}\right)\right] [\text{V/m}], \quad E_y = 0, \quad E_z = 0$$

で表されているとき，下記の各値を求めよ。
① 周波数，波数（または位相定数），② 磁界成分。
2.3 式 (2.37) で表される各辺が同一の次元になることを示せ。
2.4 1 次元波動に関する式 (2.23) で $E_x = 0$，$E_y \neq 0$ とおくとき，式 (2.23), (2.24)

のそれぞれから次式が導けることを示せ。

$$\frac{\partial E_y}{\partial z} = \mu\mu_0 \frac{\partial H_x}{\partial t}, \quad \frac{\partial H_x}{\partial z} = \varepsilon\varepsilon_0 \frac{\partial E_y}{\partial t}$$

また，E_y と H_x が式 (2.26) を満たすことを確認せよ。

2.5 一様媒質中を z 軸方向に伝搬する電磁波の磁界成分が

$$H_x = -\sin(2 \times 10^9 t - 10.5z)\,[\mathrm{A/m}]$$
$$H_y = \sin(2 \times 10^9 t - 10.5z)\,[\mathrm{A/m}]$$
$$H_z = 0$$

で表されるとき，次の各値を求めよ。ただし，比透磁率を 1 とする。

① 周波数，伝搬速度，比誘電率，② 電界成分，③ 電束密度成分。

2.6 波動方程式に関する次の問いに答えよ。

① 平面電磁波 $E = f(\boldsymbol{s} \cdot \boldsymbol{r} \pm vt)$ が波動方程式 (2.44) を満たすことを示せ。ただし，$\boldsymbol{s}$ は波面法線方向の単位ベクトル，$\boldsymbol{r}$ は位置ベクトル，v は位相速度である。

② 原点からの距離を r として，球面波 $E = g(r \pm vt)/r$ が波動方程式 (2.52) を満たすことを示せ。

第3章　電磁波伝搬の基本概念

　本章では，電磁波全般に関係する重要な概念を説明する。最初に説明するホイヘンスの原理は，波動伝搬を扱う際の基礎となるもので，平面波と球面波との関連にも言及する。次に，一般に多くの周波数成分からなる電磁波の伝搬速度である位相速度と群速度の違いを説明する。その後，電磁波で運ばれるエネルギーと密接な関係のあるポインティングベクトルを紹介する。最後に，電磁波の振動方向に偏りがあることを記述する，偏波の区別と性質を説明する。基本概念に属する電磁波の基本パラメータは，すでに §2.1 で説明した。

§3.1　ホイヘンスの原理

　波動の伝搬を考える指導原理として，**ホイヘンスの原理**（Huygens' principle）がある。これによると，図 **3.1**(a) に示すように，ある波面（1 次波面）が存在

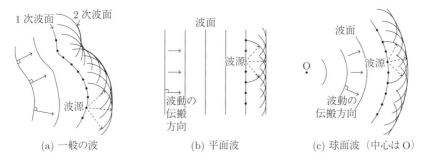

(a) 一般の波　　　　　(b) 平面波　　　　　(c) 球面波（中心は O）

図 **3.1**　ホイヘンスの原理による波面伝搬の様子
波面と波動の伝搬方向が直交している。

するとき，この波面上の各点が新たな波源となって，波動の伝搬速度に応じて
伝搬して素波面を作り，その包絡面が次の波面（2 次波面）を形成する。波動
は，これを繰り返して順次伝搬することになる。この原理を適用することによ
り，波動固有のさまざまな現象を半定量的に理解できる。

　比誘電率と比透磁率が一様な媒質中で，初期の波面が平面のとき，ホイヘン
スの原理を適用すると，2 次波面もまた初期波面に平行な平面となる（同図 (b)
参照）。このように，波面が平面をなして伝搬する波動を**平面波**と呼ぶ。平面波
の振幅は伝搬方向に垂直な面で均一であり，伝搬によっても変化しない。たと
えば，伝搬方向の電磁界成分をもたない TEM 波は平面波の一種である。

　平面波は数学的な解として存在するが，無限の広がりをもつため電磁波エネ
ルギーが無限大となり，物理的には存在し得ない。しかし，① 平面波は数学的
な扱いが容易，② 物理的に有用な結果が得られる（第 5 章参照），③ 実在する
電磁波が平面波の合成で記述できる（10.3.4 項参照）などの理由により，平面
波による議論は有益である。

　一様媒質中の波面で，点 O を中心として球面を描いて広がっていく波動を**球
面波**と呼び（同図 (c) 参照），これもホイヘンスの原理で説明がつく。球面波の
振幅は，式 (2.53) で示したように，波源からの距離に反比例して減衰する。た
とえば，微小長の電流源から発する電磁波で，波源から十分離れた位置で示す
放射電磁界がこれに該当する（8.3.2 項参照）。

§3.2　位相速度と群速度

　単一の周波数からなる電磁波を単色波と呼び，この伝搬速度である位相速度
を式 (2.8) で示した。一般の電磁波は多くの周波数成分を含み，これを**多色波**
と呼ぶ。本節では多色波における伝搬速度である位相速度と群速度を説明する。

　多色波の振舞いを一般的に考えるのは大変なので，まず，これらのうちで一
番簡単な例として，等振幅の 2 周波の場合を考える。第 2 章で述べたように，
波数 k と位相定数 β は同じ物理的内容を表すが，本章では波数 k を用いる。

　2 周波の角周波数と波数をそれぞれ ω_i，k_i $(i = 1, 2)$，振幅を A とし，とも
に前進波で z 軸方向に伝搬しているとする。このとき，式 (2.1) での個別波動を

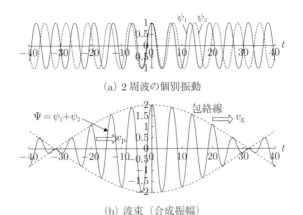

(a) 2 周波の個別振動

(b) 波束（合成振幅）

図 **3.2** 2 周波による合成振幅
v_p：位相速度，v_g：群速度

$$\psi_1 = A\cos\left(\omega_1 t - k_1 z\right), \quad \psi_2 = A\cos\left(\omega_2 t - k_2 z\right) \tag{3.1}$$

で表す。これら 2 周波の合成振幅は，三角関数に関する和積の公式を用い，

$$\begin{aligned} \Psi &= \psi_1 + \psi_2 \\ &= 2A\cos\left[\frac{(\omega_1 + \omega_2)t - (k_1 + k_2)z}{2}\right]\cos\left[\frac{(\omega_1 - \omega_2)t - (k_1 - k_2)z}{2}\right] \end{aligned}$$
$$\tag{3.2}$$

で書ける。式 (3.2) で，第 2 項は第 1 項に比べて緩やかに変化する包絡線を表す。この様子を個別振動とともに**図 3.2** に示す。包絡線で表される波動を**波束**（wave packet）または**波連**（wave train）と呼ぶ。

合成波の振幅が最大となるのは，2 周波の位相が揃うときであり，この最大振幅の伝搬速度を**群速度**（group velocity）と呼び，v_g で表す。式 (3.2) 第 2 項において，ある時空間 t, z での両波の位相差が $(t + \delta t)$, $(z + \delta z)$ でも保存されれば，波形は変わらずに伝搬する。この条件は

$$(\omega_1 t - k_1 z) - (\omega_2 t - k_2 z) = [\omega_1(t + \delta t) - k_1(z + \delta z)] - [\omega_2(t + \delta t) - k_2(z + \delta z)]$$

で記述される。この式が時空間 t, z によらず成立する条件は次式で書ける。

$$\frac{\delta t}{\delta z} = \frac{k_1 - k_2}{\omega_1 - \omega_2} = \frac{\delta k}{\delta \omega} \tag{3.3}$$

これは群速度の逆数で，差分を微分に置き換えて，群速度が次式で書ける。

$$v_{\mathrm{g}} = \frac{1}{dk/d\omega} \tag{3.4}$$

式 (3.2) 第 1 項の余弦関数は，包絡線内部での変化を表す搬送波で，それは次に示す 2 周波の平均の**位相速度**で伝搬する。

$$v_{\mathrm{p}} = \frac{\omega_1 + \omega_2}{k_1 + k_2} = \frac{\bar{\omega}}{\bar{k}} \tag{3.5}$$

ただし，上付き ¯ は平均値を表す。一般に $v_{\mathrm{g}} \leqq v_{\mathrm{p}}$ であり，波束内部の波動は時間とともに波束内を流れるように移動する（図 3.2 参照）。位相速度 v_{p} は真空中の光速 c を超えることがあり得るが，群速度 v_{g} は必ず c より小さい。

次に，周波数成分が多く含まれる電磁波を考える。このとき，媒質中の波数 k は一般に角周波数 ω に依存する。比誘電率 ε や比透磁率 μ が ω に依存する媒質を**分散性媒質**（dispersive material）という。この場合，電磁界を

$$\Psi(t, z) = \int_{-\infty}^{\infty} A(\omega) \exp\left[j(\omega t - kz)\right] d\omega \tag{3.6}$$

のように積分で表す。ここで，$A(\omega)$ は電磁波の周波数分布を表す。媒質中の波数 k を中心角周波数 ω_0 の回りでテイラー展開すると，次式で書ける。

$$k = k(\omega_0) + \left.\frac{dk}{d\omega}\right|_{\omega_0} \delta\omega + \frac{1}{2}\left.\frac{d^2 k}{d\omega^2}\right|_{\omega_0} \delta\omega^2 + \cdots \qquad (\delta\omega \equiv \omega - \omega_0)$$

大抵の場合，周波数幅 $\delta\omega$ が中心角周波数 ω_0 に比べて十分小さく，これを**準単色波**（quasi-monochromatic wave）と呼ぶ。このとき，$\delta\omega$ に対して 1 次の微小量まで考慮すれば十分であり，上式を式 (3.6) に代入して次式を得る。

$$\Psi = \exp\left\{j[\omega_0 t - k(\omega_0)z]\right\} \int_{-\infty}^{\infty} A(\omega) \exp\left[j\delta\omega\left(t - \left.\frac{dk}{d\omega}\right|_{\omega_0} z\right)\right] d\omega \tag{3.7}$$

式 (3.7) は 2 周波での式 (3.2) に対応し，被積分項の指数関数内は，個別周波

数と中心角周波数における位相差である。

波束が最大振幅をとるには，上記位相差が別の時空間 $(t + \delta t)$, $(z + \delta z)$ でも保存されればよい。この条件を 2 周波の場合にならって求め整理すると，

$$\frac{\delta t}{\delta z} = \frac{dk}{d\omega}\bigg|_{\omega_0} = \frac{1}{v_g} \tag{3.8}$$

を得る。式 (3.8) の中辺は周波数に依存しない値で，式 (3.3) の右辺の差分が微分に置き換えられた形になっている。これは定義により群速度 v_g の逆数で表される。よって，式 (3.7) は次のように書き直せる。

$$\Psi = \exp\left\{j[\omega_0 t - k(\omega_0)z]\right\} \int_{-\infty}^{\infty} A(\omega) \exp\left[j(\omega - \omega_0)\left(t - \frac{z}{v_g}\right)\right] d\omega \tag{3.7$'$}$$

周波数分布 $A(\omega)$ に対するフーリエ変換を $F(t)$ とおくと，式 (3.7$'$) は

$$\Psi(t, z) = \exp\left\{j[\omega_0 t - k(\omega_0)z]\right\} F\left(t - \frac{z}{v_g}\right) \exp\left(j\omega_0 t\right) \tag{3.9}$$

で書ける。式 (3.9) の第 1 項は波束内部の波形，第 2 項は包絡線に対応し，準単色波が群速度 v_g で伝搬することを意味する。第 3 項は位相ずれを表す。

角周波数 ω と媒質中の波数 k の関係 $\omega = f(k)$ を**分散関係** (dispersion relation)，これを表す曲線を分散曲線と呼ぶ。群速度 v_g と位相速度 v_p は

$$v_g = \frac{1}{dk/d\omega} = v_p + k\frac{dv_p}{dk} = v_p - \lambda\frac{dv_p}{d\lambda} \tag{3.10}$$

で関係づけられる。分散性媒質では群速度 v_g が位相速度 v_p と異なる。k と ω が比例するとき，v_p が ω に依存しなくなり，v_p と v_g が一致する（演習問題 3.4 参照）。このような媒質を**非分散性媒質**と呼ぶ。

【位相速度と群速度のまとめ】

(i) 位相速度 v_p は波面の伝搬速度，群速度 v_g は最大振幅（波束）の伝搬速度である。一般に $v_g \leqq v_p$ であり，v_p が光速を超えることはあり得るが，v_g が光速を超えることはない。

(ii) 群速度は多くの周波数成分を含む多色波が分散性媒質を伝搬するときに生

じる。分散性媒質では $v_g < v_p$ だが，非分散性媒質では $v_p = v_g$ となる。
(iii) 群速度は電磁波エネルギーの伝搬速度でもある（演習問題 3.7 参照）。

【例題 3.1】 分散関係が放物線 $\omega = Ck^2 + \omega_0$（ω:角周波数，k:波数，C, ω_0:定数）で与えられるとき，位相速度 v_p と群速度 v_g を求めよ。また，この分散関係で位相速度と群速度が一致することがあり得るか。

[解] 位相速度は式 (2.8) を用いて，$v_p = \omega/k = Ck + \omega_0/k$ で得られる。分散関係が $k = \sqrt{(\omega - \omega_0)/C}$ と書け，$dk/d\omega = (1/2C)[(\omega - \omega_0)/C]^{-1/2}$ より，群速度は式 (3.8) より $v_g = 2C\sqrt{(\omega - \omega_0)/C} = 2Ck$ となる。v_p と v_g が一致する条件は $Ck + \omega_0/k = 2Ck$ であり，これより $\omega_0 = Ck^2$ を得る。これは C と ω_0 がともに定数ということと矛盾する。よって，この分散関係では位相速度と群速度が必ず異なる。

§3.3　電磁波エネルギーとポインティングベクトル

　電磁界は外部に対して仕事ができるので，電磁界からなる電磁波はエネルギーをもつ。ここでは，電磁波により運ばれるエネルギーを，無損失（$J = \rho = 0$）等方性媒質中で考え，エネルギー定理やポインティングベクトルを説明する。

3.3.1　電磁波エネルギーの表現

　電磁波を形成する電磁界により蓄えられる，単位体積当たりのエネルギー密度 $U\,[\mathrm{J/m^3}]$ は，マクスウェル方程式と式 (2.19) を利用して，次式で表される。

$$U(\boldsymbol{r}, t) = U_e(\boldsymbol{r}, t) + U_m(\boldsymbol{r}, t) \tag{3.11a}$$

$$U_e(\boldsymbol{r}, t) = \frac{1}{2}\boldsymbol{E}(\boldsymbol{r}, t) \cdot \boldsymbol{D}(\boldsymbol{r}, t) = \frac{1}{2}\boldsymbol{E}(\boldsymbol{r}, t) \cdot [\varepsilon\varepsilon_0 \boldsymbol{E}(\boldsymbol{r}, t)] \tag{3.11b}$$

$$U_m(\boldsymbol{r}, t) = \frac{1}{2}\boldsymbol{H}(\boldsymbol{r}, t) \cdot \boldsymbol{B}(\boldsymbol{r}, t) = \frac{1}{2}\boldsymbol{H}(\boldsymbol{r}, t) \cdot [\mu\mu_0 \boldsymbol{H}(\boldsymbol{r}, t)] \tag{3.11c}$$

ただし，U_e は電気エネルギー密度，U_m は磁気エネルギー密度，$\boldsymbol{D}$ は電束密度，$\boldsymbol{B}$ は磁束密度を表す。電磁波の形で運ばれるエネルギーでは，電気エネルギーと磁界エネルギーが等量ずつである（演習問題 3.5 参照）。

　上記電磁波エネルギーを式 (2.50b) でのフェーザ表示でも表し，両者の対応

関係を調べる。電気エネルギー密度の式 (3.11b) に式 (2.50b) を代入すると,

$$U_{\mathrm{e}}(\boldsymbol{r},t) = \frac{1}{2}\boldsymbol{E}(\boldsymbol{r},t) \cdot \boldsymbol{D}(\boldsymbol{r},t) = \frac{1}{2}\frac{1}{2}[\boldsymbol{E}'(\boldsymbol{r})\boldsymbol{D}'^{*}(\boldsymbol{r}) + \boldsymbol{D}'(\boldsymbol{r})\boldsymbol{E}'^{*}(\boldsymbol{r})$$
$$+ \boldsymbol{E}'(\boldsymbol{r})\boldsymbol{D}'(\boldsymbol{r})\exp\left(2j\omega t\right) + \boldsymbol{E}'^{*}(\boldsymbol{r})\boldsymbol{D}'^{*}(\boldsymbol{r})\exp\left(-2j\omega t\right)]$$

を得る。ただし,上付き $'$ は実効値に対応し,$*$ は複素共役を表す。上式を 1 周期について時間平均すると,角周波数 2ω で変動する部分は 1 周期の間に符号が反転して零となり,

$$\bar{U}_{\mathrm{e}}(\boldsymbol{r}) = <U_{\mathrm{e}}(\boldsymbol{r},t)> = \frac{1}{2}\frac{1}{2} < \boldsymbol{E}'(\boldsymbol{r})\boldsymbol{D}'^{*}(\boldsymbol{r}) + \boldsymbol{D}'(\boldsymbol{r})\boldsymbol{E}'^{*}(\boldsymbol{r}) >$$
$$= \frac{1}{2}\mathrm{Re}\{\boldsymbol{E}'(\boldsymbol{r})\boldsymbol{D}'^{*}(\boldsymbol{r})\} \tag{3.12}$$

で書ける(演習問題 3.6 参照)。ここで,$< >$ は時間平均を表す。

以上より,平均の**電磁波エネルギー**は次のように書ける。

$$\bar{U}(\boldsymbol{r}) = \bar{U}_{\mathrm{e}}(\boldsymbol{r}) + \bar{U}_{\mathrm{m}}(\boldsymbol{r}) \tag{3.13a}$$

$$\bar{U}_{\mathrm{e}}(\boldsymbol{r}) = \frac{1}{2}\mathrm{Re}\{\boldsymbol{E}'(\boldsymbol{r})\boldsymbol{D}'^{*}(\boldsymbol{r})\} = \frac{1}{4}\boldsymbol{E}(\boldsymbol{r},t)\boldsymbol{D}^{*}(\boldsymbol{r},t) \tag{3.13b}$$

$$\bar{U}_{\mathrm{m}}(\boldsymbol{r}) = \frac{1}{2}\mathrm{Re}\{\boldsymbol{H}'(\boldsymbol{r})\boldsymbol{B}'^{*}(\boldsymbol{r})\} = \frac{1}{4}\boldsymbol{H}(\boldsymbol{r},t)\boldsymbol{B}^{*}(\boldsymbol{r},t) \tag{3.13c}$$

上式で $|\boldsymbol{H}'(\boldsymbol{r})|$ は実効値,$\boldsymbol{H}(\boldsymbol{r},t)$ は瞬時値を表す。

3.3.2　エネルギー定理とポインティングベクトル

図 **3.3**(a) に示すように,z 方向に伝搬する平面電磁波($E_z = H_z = 0$)が単位断面積の領域に流入出する場合を考える。このとき,電磁波エネルギー U の時間変化は,式 (3.11a) を時間 t で偏微分して,次式で書ける。

$$\frac{\partial U}{\partial t} = \varepsilon\varepsilon_0\left(E_x\frac{\partial E_x}{\partial t} + E_y\frac{\partial E_y}{\partial t}\right) + \mu\mu_0\left(H_x\frac{\partial H_x}{\partial t} + H_y\frac{\partial H_y}{\partial t}\right) \tag{3.14}$$

式 (3.14) の右辺で時間微分を空間微分に置換するため,マクスウェル方程式 (2.13a,b) から得られる

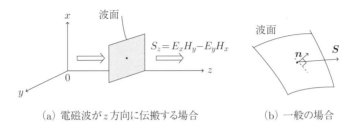

(a) 電磁波が z 方向に伝搬する場合　　　(b) 一般の場合

図 **3.3**　ポインティングベクトル
S_z：ポインティングベクトル $\boldsymbol{S}$ の z 成分
$\boldsymbol{n}$：曲面での外向き単位法線ベクトル

$$\mu\mu_0 \frac{\partial \boldsymbol{H}}{\partial t} = -\nabla \times \boldsymbol{E} = -\left(\frac{\partial 0}{\partial y} - \frac{\partial E_y}{\partial z}\right)\mathbf{e}_x - \left(\frac{\partial E_x}{\partial z} - \frac{\partial 0}{\partial x}\right)\mathbf{e}_y - 0\mathbf{e}_z$$

$$\varepsilon\varepsilon_0 \frac{\partial \boldsymbol{E}}{\partial t} = \nabla \times \boldsymbol{H} = \left(\frac{\partial 0}{\partial y} - \frac{\partial H_y}{\partial z}\right)\mathbf{e}_x + \left(\frac{\partial H_x}{\partial z} - \frac{\partial 0}{\partial x}\right)\mathbf{e}_y + 0\mathbf{e}_z$$

を利用すると（$\mathbf{e}_i$：i 方向の単位ベクトル），式 (3.14) は次のように書き直せる。

$$\frac{\partial U}{\partial t} = \left(-E_x \frac{\partial H_y}{\partial z} + E_y \frac{\partial H_x}{\partial z}\right) + \left(H_x \frac{\partial E_y}{\partial z} - H_y \frac{\partial E_x}{\partial z}\right)$$

$$\frac{\partial U}{\partial t} + \frac{\partial}{\partial z}(E_x H_y - E_y H_x) = 0 \tag{3.15}$$

式 (3.15) 左辺第 2 項は，ベクトル積 $\boldsymbol{S} = \boldsymbol{E} \times \boldsymbol{H}$ の z 成分 $S_z = E_x H_y - E_y H_x$
を z で偏微分したものに等しい。

　上記の結果を電磁波の一般的な伝搬方向に拡張すると，式 (3.15) から次式が
導ける。

$$\frac{\partial U}{\partial t} + \mathrm{div}\,\boldsymbol{S} = 0 \tag{3.16}$$

$$\boldsymbol{S}(\boldsymbol{r}, t) \equiv \boldsymbol{E}(\boldsymbol{r}, t) \times \boldsymbol{H}(\boldsymbol{r}, t) \tag{3.17a}$$

$$\bar{\boldsymbol{S}} = \,<\boldsymbol{S}(\boldsymbol{r}, t)> = \frac{1}{2}\boldsymbol{E}(\boldsymbol{r}, t) \times \boldsymbol{H}^*(\boldsymbol{r}, t) \tag{3.17b}$$

上式で，$\boldsymbol{S}\,[\mathrm{W/m^2}]$ はポインティングベクトル（Poynting vector），$\bar{\boldsymbol{S}}$ は**複素
ポインティングベクトル**（complex ——）と呼ばれ，電磁波によって運ばれる
単位時間・単位面積当たりのエネルギーの大きさと伝搬の向きを表す。$\boldsymbol{S}$ は，

電波領域では**電力密度**（power flow density），光波領域では光強度（optical intensity）とも呼ばれる。

式 (3.16) は**エネルギー定理**と呼ばれ，電磁波のエネルギー密度 U の時間変化が，ポインティングベクトル $\boldsymbol{S}$ に伴うエネルギーの流入出のみに依存することを示し，電磁波エネルギーの保存則を表す。U の時間変化がない（$\partial U/\partial t = 0$）とき，これは着目する断面へ流入出する電磁波エネルギーが釣り合っていることを意味する。

$\partial U/\partial t \neq 0$ のとき，$\mathrm{div}\boldsymbol{S} = -\partial U/\partial t$ は断面から流出する電磁波エネルギー密度を表す。これを各曲面での外向き単位法線ベクトル $\boldsymbol{n}$ について断面 S で積分すると（図 3.3(b) 参照），電磁波の単位時間当たりの**伝搬エネルギー** P [W] となる。平均伝搬エネルギー P は，複素ポインティングベクトル $\bar{\boldsymbol{S}}$ を用いて

$$P = \int_S \bar{\boldsymbol{S}} \cdot \boldsymbol{n} \, dS \tag{3.18}$$

で表される。単位時間当たりの電磁波エネルギー P を，電波領域では**電力**（electric power），光波領域では光パワー（optical power）または光電力と呼ぶ。

式 (3.18) で定義した電磁波の伝搬エネルギーの，代表的な座標系に対する表現を以下に示す。電磁波が z 方向に伝搬するときの平均電力は，

$$P = \frac{1}{2} \int_{-\infty}^{\infty} \int_{-\infty}^{\infty} (E_x H_y^* - E_y H_x^*) dx dy \quad : \text{デカルト座標系 } (x, y, z) \tag{3.19}$$

および

$$P = \frac{1}{2} \int_0^{2\pi} \int_0^{\infty} (E_r H_\theta^* - E_\theta H_r^*) r dr d\theta \quad : \text{円筒座標系 } (r, \theta, z) \tag{3.20}$$

で求められる。電磁波が r 方向に伝搬するときの平均電力は

$$P = \frac{1}{2} \int_0^{2\pi} \int_0^{\pi} (E_\theta H_\varphi^* - E_\varphi H_\theta^*) r^2 \sin\theta d\theta d\varphi \quad : \text{極座標系 } (r, \theta, \varphi) \tag{3.21}$$

で表される。

【例題 3.2】 無損失等方性媒質中での平面電磁波で，電界 $\boldsymbol{E}$ と磁界 $\boldsymbol{H}$ が式 (2.48a,b) で表されるとき，複素ポインティングベクトルが $\bar{\boldsymbol{S}} = (1/2\eta)|\boldsymbol{E}|^2\boldsymbol{s} = (\eta/2)|\boldsymbol{H}|^2\boldsymbol{s}$ で書けることを示せ。ただし，$\boldsymbol{s}$ は波動の伝搬方向 $\boldsymbol{k}$ の単位ベクトル，η は波動インピーダンスである。

[解] $\bar{\boldsymbol{S}}$ の中辺の表現は，式 (2.48b) を式 (3.17b) に代入し，ベクトル 3 重積の公式 (付録の式 (A.4)) を用いて，まず $\bar{\boldsymbol{S}} = (1/2\,\omega\mu\mu_0)[(\boldsymbol{E}\cdot\boldsymbol{E}^*)\boldsymbol{k} - (\boldsymbol{E}\cdot\boldsymbol{k})\boldsymbol{E}^*] = (1/2\,\omega\mu\mu_0)|\boldsymbol{E}|^2\boldsymbol{k}$ $(\because \boldsymbol{E}\cdot\boldsymbol{k} = 0)$ を得る。これに $\boldsymbol{k} = k\boldsymbol{s}$ とおき，式 (2.37) を用いて中辺の表現を得る。右辺は式 (2.48a) を式 (3.17b) に代入し，同様にして導かれる。

§3.4　偏　　波

　電磁波の振動方向が偏っているもの，あるいは規則的に変化している状態を電波領域では**偏波** (polarized wave)，光波領域では**偏光** (polarized light) と呼ぶ。偏波はアンテナの受信感度に関係して重要である。

　振動方向を電界の向きで評価する。電磁波が z 方向に伝搬し，伝搬方向に垂直な面内での電界の直交成分間で位相が揃っているとして，電界成分を

$$E_x = A_x \cos(\tau + \delta_x), \quad E_y = A_y \cos(\tau + \delta_y), \quad E_z = 0$$
$$\text{(3.22a,b)}$$

$$\tau \equiv \omega t - \sqrt{\varepsilon\mu}\,k_0 z \tag{3.22c}$$

とおく。ただし，A_i $(i = x,y)$ は i 方向電界成分の振幅，τ は時空間変動因子，δ_i は i 方向の初期位相であり，これらは時間的に安定しているものとする。ω は角周波数，ε は比誘電率，μ は比透磁率，k_0 は真空中の波数を表す。

　式 (3.22) から時間と位置に依存する τ を消去するため，三角関数の加法定理を用いると，次式が得られる。

$$\left(\frac{E_x}{A_x}\right)^2 + \left(\frac{E_y}{A_y}\right)^2 - 2\frac{E_x}{A_x}\frac{E_y}{A_y}\cos\delta = \sin^2\delta \tag{3.23}$$

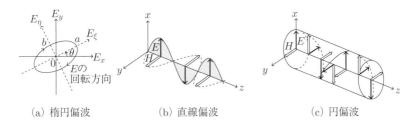

(a) 楕円偏波   (b) 直線偏波   (c) 円偏波

図 **3.4** 偏波の形状と伝搬の様子

θ：主軸方位角

$$\delta = \delta_y - \delta_x \tag{3.24}$$

ここで，δ は x，y 成分間の相対位相差である。式 (3.23) は電界ベクトルの端点の軌跡を表し，リサージュ図形と類似のものである。

式 (3.23) は一般に楕円を表し，この状態を**楕円偏波**（elliptically polarized wave）と呼ぶ。これを標準形で表すため，座標系 (E_x, E_y) を E_z 軸の回りに回転させた新しい座標系 (E_ξ, E_η) に変数変換し，$E_\xi E_\eta$ の係数を零とする。このとき，楕円の標準形が次式で表せる（図 **3.4**(a)）。

$$\left(\frac{E_\xi}{a}\right)^2 + \left(\frac{E_\eta}{b}\right)^2 = 1 \tag{3.25a}$$

$$a^2 = A_x^2 \cos^2\theta + A_y^2 \sin^2\theta + A_x A_y \sin 2\theta \cos\delta \tag{3.25b}$$

$$b^2 = A_x^2 \sin^2\theta + A_y^2 \cos^2\theta - A_x A_y \sin 2\theta \cos\delta \tag{3.25c}$$

$$a^2 + b^2 = A_x^2 + A_y^2 \tag{3.25d}$$

ここで，θ は楕円の主軸 E_ξ が E_x 軸となす角度で**主軸方位角**と呼ばれ，これは

$$\tan 2\theta = \frac{2A_x A_y}{A_x^2 - A_y^2} \cos\delta \tag{3.26}$$

を満たす。楕円の扁平度である**偏波楕円率** χ は，楕円の主軸半径 a, b を用いて，

$$\tan\chi = \frac{b}{a} \tag{3.27}$$

で定義される。

　偏波の回転の向きは，電波領域では電磁波の伝搬方向に対して見るため，$\sin \delta > 0$（< 0）のときを左（右）回りまたは左（右）旋と呼ぶ．光波領域では観測と密接に結びついているため，左右の区別を光が伝搬してくる方向に対して行い，符号が上記と逆になる．

　式 (3.23) で，特に相対位相差が $\delta = m\pi$（m:整数）のとき，$[E_x/A_x - (-1)^m E_y/A_y]^2 = 0$ と因数分解できて，次のように書ける．

$$\frac{E_y}{E_x} = (-1)^m \frac{A_y}{A_x} = \tan\theta \tag{3.28}$$

この軌跡は直線を表し，**直線偏波**（linearly polarized wave）と呼ばれる（同図 (b) 参照）．直線偏波で，電界と伝搬方向を含む面を**偏波面**と呼ぶ．電波領域では受信感度のため偏波面への配慮が重要となる（§9.4 参照）．

　式 (3.23) で，相対位相差が $\delta = (2m'+1)\pi/2$（m':整数）で，x, y 成分の振幅が等しい（$A \equiv A_x = A_y$）とき，

$$E_x^2 + E_y^2 = A^2 \tag{3.29}$$

と書ける．これは軌跡が円を描くので，**円偏波**（circularly polarized wave）と呼ばれる（同図 (c) 参照）．

　ここでは証明しないが，任意の直線偏波は，等振幅の左・右回り（左・右旋）の円偏波の和で表せる．

【演習問題】

3.1　1 次元の開口が $|x| \leqq a$ にあり，開口面に垂直な z 軸方向に伝搬する平面電磁波がこの開口面を通過するものとする．開口面通過後の波面は，ホイヘンスの原理により，開口面上の各点 α が新しい波源となって，素波面が $(x - \alpha)^2 + z^2 = (vt)^2$ で表せる．ただし，t は時間，v は電磁波の伝搬速度である．上記素波面の包絡面はどのような 2 次波面を形成するか，求めよ．

3.2　真空中で z 軸方向に伝搬する電磁波が次式で記述されている．

$$E_x = 12\pi \cos\left[2\pi \times 10^9 \left(t - \frac{z}{c}\right)\right], \quad E_y = 12\pi \sin\left[2\pi \times 10^9 \left(t - \frac{z}{c}\right)\right]$$

$$E_z = 0$$

このとき，下記の各値を求めよ。電界の単位は [V/m] である。

① 周波数と波長，② 磁界成分，③ 複素ポインティングベクトル。

3.3 式 (3.2) で示された 2 周波の合成振幅を，群速度 v_g で移動する座標系で観測すると，その包絡線が時間によらず不変となることを示せ。

3.4 位相定数 β が角周波数 ω の p 乗（p：有理数）に比例するとき，群速度 v_g が位相速度 v_p の $1/p$ 倍になることを示せ。

3.5 無損失媒質中での電磁波エネルギーは，電気エネルギー密度 U_e と磁気エネルギー密度 U_m が等量で運ばれることを示せ。

3.6 一様媒質中を z 方向に伝搬する電磁波の電界を，式 (2.7a,b) に初期位相を付加して次式で表すとき，電力に関する次の問いに答えよ。

$$E_1(z,t) = A\cos\left[2\pi\left(\frac{t}{T} - \frac{z}{\lambda}\right) + \theta\right], \quad E_2(z) = A'\exp\left[j\left(-2\pi\frac{z}{\lambda} + \theta\right)\right]$$

ただし，A と $A' = A/\sqrt{2}$ は振幅，T は周期，λ は波長，θ は初期位相とする。

① 電界 E_1 を用いて電力を 1 周期について平均化し，平均電力 $<E_1^2>$ が $A^2/2$ となることを示せ。

② 電界の複素表示 E_2 について $E_2 E_2^*$ を求め，① の結果との関係を調べよ。

3.7 等方性媒質中における準単色波の伝搬エネルギーの伝搬速度が群速度であることを示せ。

3.8 次に示す z 軸方向に伝搬する電磁界の偏波状態を，主軸方位角と偏波楕円率を用いて調べよ。ただし，A は振幅，δ_i は定数である。

① $E_x = A\cos(\omega t - kz + \delta_1), \; E_y = -A\cos(\omega t - kz + \delta_1)$

② $E_x = A\cos(\omega t - kz + \delta_2), \; E_y = A\sin(\omega t - kz + \delta_2)$

③ $E_x = A\cos(\omega t - kz + \delta_3 - \pi/4), \; E_y = A\cos(\omega t - kz + \delta_3)$

第4章 損失がある媒質での電磁波

　本章では，第2章の議論を基にして，電磁波が損失のある媒質中を伝搬する場合の波動方程式を示し，このときの電磁波の振舞いを調べる。前半では，媒質に導電率が存在することにより損失が生じることを示し，このときの電磁界，減衰定数，ポインティングベクトルなどを説明する。後半では，損失の意味をわかりやすくするため，導電率が十分小さい場合と大きい場合に分けて損失による伝搬特性を検討する。

§4.1 電磁波が損失を受ける場合の基礎事項

　本節では，媒質に導電率が存在する場合について電磁波の振舞いを考える。ただし，比誘電率 ε と比透磁率 μ が等方性媒質中で空間的に緩やかに変化するもの（1波長当たりの距離での変化が微小）とする。

4.1.1 媒質に損失がある場合の電磁波に対する基本式

　損失がある場合の基本式の導出では，§2.3 の 1 次元での式変形を参考にする。マクスウェル方程式 (2.13a) に式 (2.19b) を代入した式を μ で割った後に両辺の rot をとり，式 (2.13b) に式 (2.19a) を代入した式の両辺を t で偏微分すると，

$$\mathrm{rot}\left(\frac{1}{\mu(\boldsymbol{r})}\mathrm{rot}\boldsymbol{E}\right) = -\mu_0\mathrm{rot}\left(\frac{\partial \boldsymbol{H}}{\partial t}\right), \quad \mathrm{rot}\left(\frac{\partial \boldsymbol{H}}{\partial t}\right) = \varepsilon(\boldsymbol{r})\varepsilon_0\frac{\partial^2 \boldsymbol{E}}{\partial t^2}+\frac{\partial \boldsymbol{J}}{\partial t}$$

を得る。ただし，$\boldsymbol{r}$ は位置ベクトル，ε_0 は真空の誘電率，μ_0 は真空の透磁率を表す。第1式の右辺に第2式を代入して $\boldsymbol{H}$ を消去すると，次式が得られる。

$$\mathrm{rot}\left(\frac{1}{\mu}\mathrm{rot}\boldsymbol{E}\right) = -\varepsilon\varepsilon_0\mu_0\frac{\partial^2 \boldsymbol{E}}{\partial t^2} - \mu_0\frac{\partial \boldsymbol{J}}{\partial t} \tag{4.1}$$

ここで，式 (4.1) に比透磁率 μ の空間変化が緩やかであることを用い，付録の式 (A.2)，(A.6) を適用すると，次式を得る。

$$\varepsilon\varepsilon_0\mu\mu_0\frac{\partial^2 \boldsymbol{E}}{\partial t^2} + \mathrm{grad}(\mathrm{div}\boldsymbol{E}) - \nabla^2\boldsymbol{E} + \mu\mu_0\frac{\partial \boldsymbol{J}}{\partial t} = 0 \tag{4.2}$$

次に，方程式 (2.19a) の両辺の div をとった後，付録の式 (A.1) を適用し，これに式 (2.13c) を用い，比誘電率 ε の空間変化が緩やかなことを利用すると，媒質中のガウス法則 $\mathrm{div}\boldsymbol{E} = \rho/\varepsilon\varepsilon_0$ を得る。これを式 (4.2) 第 2 項に代入して，

$$\varepsilon\varepsilon_0\mu\mu_0\frac{\partial^2 \boldsymbol{E}}{\partial t^2} - \nabla^2\boldsymbol{E} + \mu\mu_0\frac{\partial \boldsymbol{J}}{\partial t} + \frac{1}{\varepsilon\varepsilon_0}\mathrm{grad}\rho = 0 \tag{4.3}$$

を得る。磁界 $\boldsymbol{H}$ に対しても，式 (2.13a,b) から $\boldsymbol{E}$ を消去した式に式 (2.19b)，(2.13d) を適用すると，いまと同様の手順で次式を得る。

$$\varepsilon\varepsilon_0\mu\mu_0\frac{\partial^2 \boldsymbol{H}}{\partial t^2} - \nabla^2\boldsymbol{H} - \mathrm{rot}\boldsymbol{J} = 0 \tag{4.4}$$

式 (4.3)，(4.4) は，比誘電率 ε と比透磁率 μ の緩やかな空間変化および電流密度 $\boldsymbol{J}$ を考慮した，電界 $\boldsymbol{E}$ と磁界 $\boldsymbol{H}$ に対する微分方程式である。式 (4.3) での ρ に対応する項が式 (4.4) でないのは，磁荷が存在しないからである。

電磁波が導電率 σ の媒質に入射すると，電磁波は媒質で吸収されてジュール熱となり，損失を受ける。このプロセスは，無電荷（$\rho = 0$）の媒質を想定し，式 (2.17) の伝導電流密度 $\boldsymbol{J}_{\mathrm{c}} = \sigma\boldsymbol{E}$ を式 (4.3) に代入して，次式で記述できる。

$$\varepsilon\varepsilon_0\mu\mu_0\frac{\partial^2 \boldsymbol{E}}{\partial t^2} - \nabla^2\boldsymbol{E} = -\mu\mu_0\sigma\frac{\partial \boldsymbol{E}}{\partial t} \tag{4.5}$$

式 (4.5) は，導電率がないときの式 (2.44) に右辺が加わった形となっている。
電磁波の時間変動因子 $\exp{(j\omega t)}$ を式 (4.5) に代入すると，次式を得る。

$$\nabla^2\boldsymbol{E} - \gamma^2\boldsymbol{E} = 0 \tag{4.6a}$$

$$\gamma^2 \equiv -\omega^2\varepsilon\varepsilon_0\mu\mu_0 + j\omega\mu\mu_0\sigma = -\omega^2\left(\varepsilon\varepsilon_0 - j\frac{\sigma}{\omega}\right)\mu\mu_0 \tag{4.6b}$$

式 (4.6b) で伝搬定数 γ が複素数だから，これを実・虚部に分けて次のように書く。

$$\gamma \equiv \alpha + j\beta \tag{4.7}$$

$\alpha\,[\mathrm{Np/m}]$ は**減衰定数**（attenuation constant）であり，$\beta\,[\mathrm{rad/m}]$ は電波領域では**位相定数**，光波領域では β の代わりに $k\,[\mathrm{m}^{-1}]$ を用いて媒質中の波数を表す。減衰定数は，通常，減衰に対して $\alpha > 0$ にとられる。減衰定数は振幅と電力に対して異なるので，区別するときは，この α を**振幅減衰定数**と呼ぶ。$\alpha > 0$，$\beta > 0$ とすると，これらは次式で表せる（演習問題 4.1 参照）。

$$\alpha = \frac{\omega}{c}\left[\frac{\varepsilon\mu}{2}\left(\sqrt{1+\left(\frac{\sigma}{\omega\varepsilon\varepsilon_0}\right)^2}-1\right)\right]^{1/2}\ [\mathrm{Np/m}] \tag{4.8a}$$

$$\beta = \frac{\omega}{c}\left[\frac{\varepsilon\mu}{2}\left(\sqrt{1+\left(\frac{\sigma}{\omega\varepsilon\varepsilon_0}\right)^2}+1\right)\right]^{1/2}\ [\mathrm{rad/m}] \tag{4.8b}$$

電磁波が z 軸方向に伝搬するとき，式 (4.6a) の形式解が次式で書ける。

$$E = \exp\left(-\gamma z\right) = \exp\left[-(\alpha+j\beta)z\right] \tag{4.9a}$$

$$E = \exp\left(\gamma z\right) = \exp\left[(\alpha+j\beta)z\right] \tag{4.9b}$$

式 (4.9a,b) はそれぞれ前進波，後進波を表し，波形の概略を**図 4.1** に示す。図 (a) は前進波で，電磁波の振幅が伝搬とともに減衰振動しており，位相定数 β

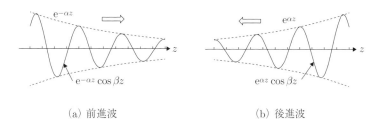

(a) 前進波 　　　　　　(b) 後進波

図 **4.1** 減衰振動波形
α：減衰定数，β：位相定数

が振動する割合を，減衰定数 α が破線で示した減衰する割合を表す。同図 (b)
は後進波，つまり z 軸の負方向に伝搬しながら減衰振動する波形を表す。

4.1.2　媒質に損失がある場合の特性値

　本項では，以降の議論に役立てるため，損失がある場合の比誘電率，媒質中
の波数，インピーダンスを，無損失時の値と関連づける。

　損失がある比誘電率 ε の物質に時間変動因子 $\exp(j\omega t)$ の電磁波が入射する場
合，損失の効果を電束密度に含めるため，式 (2.19a) の $\boldsymbol{D} = \varepsilon\varepsilon_0\boldsymbol{E}$ と式 (2.17)
の伝導電流密度 $\boldsymbol{J}_\mathrm{c} = \sigma\boldsymbol{E}$ を式 (2.13b) に代入すると，

$$\nabla \times \boldsymbol{H} = \varepsilon\varepsilon_0\frac{\partial \boldsymbol{E}}{\partial t} + \sigma\boldsymbol{E} = (j\omega\varepsilon\varepsilon_0 + \sigma)\boldsymbol{E} \tag{4.10}$$

と書ける。いま，式 (4.10) の右辺が電束密度 $\boldsymbol{D}$ から生じているとみなし，

$$\boldsymbol{D} = C\varepsilon\varepsilon_0\boldsymbol{E}(\boldsymbol{r})\exp(j\omega t) \quad (C：定数)$$

とおく。これを式 (2.13b) の右辺に代入した結果と，式 (4.10) の右辺を等値す
ると，$C = (1 - j\sigma/\omega\varepsilon\varepsilon_0)$ を得る。

　上記 C を上式に戻すと，電束密度が次のように書ける。

$$\boldsymbol{D} = \dot{\varepsilon}\varepsilon_0\boldsymbol{E} = \varepsilon\varepsilon_0(1 - j\tan\delta)\boldsymbol{E} \tag{4.11a}$$

$$\dot{\varepsilon} \equiv \varepsilon(1 - j\tan\delta), \quad \tan\delta = \frac{\sigma}{\omega\varepsilon\varepsilon_0} \tag{4.11b,c}$$

式 (4.11a) は，比誘電率 ε の物質で導電率 σ があるときの等価的な電束密度を
示す。式 (4.11b) における $\dot{\varepsilon}$ は複素比誘電率であり，これは無損失等方性媒質
では実数であるが，損失があると複素数となる。伝導電流 $\boldsymbol{J}_\mathrm{c}$ から導電率 σ が
発生し，変位電流 $\partial \boldsymbol{D}/\partial t$ から $\omega\varepsilon\varepsilon_0$ が発生しており，式 (4.11c) は伝導電流と
変位電流の比を表し，「タンデルタ」と呼ばれ，δ を損失角という。よって，高
周波では相対的に $\dot{\varepsilon}$ の実部の寄与が大きくなり，低周波では $\dot{\varepsilon}$ の虚部の寄与が
大きくなる。

　式 (4.6a) の解を求める際，伝搬定数 γ を定数とし，時間変動因子以外を

$$\boldsymbol{E}(\boldsymbol{r}) = \boldsymbol{E}_0\exp(\mp j\boldsymbol{k}\cdot\boldsymbol{r}) \tag{4.12}$$

とおく。ただし，複号で上（下）側は前（後）進波，E_0 は初期値での振幅，k は媒質中の波数ベクトル，r は位置ベクトルを表す。式 (4.12) を式 (4.6a) に代入すると，波数ベクトル k の大きさ k を次式で得る。

$$k = \frac{\omega \sqrt{\dot{\varepsilon}\mu}}{c} = \frac{\omega \sqrt{\varepsilon\mu}}{c} \sqrt{1 - j \frac{\sigma}{\omega \varepsilon \varepsilon_0}} \tag{4.13a}$$

$$\sqrt{1 - j \frac{\sigma}{\omega \varepsilon \varepsilon_0}} = \sqrt[4]{1 + \left(\frac{\sigma}{\omega \varepsilon \varepsilon_0}\right)^2} (\cos \theta_{\mathrm{m}} - j \sin \theta_{\mathrm{m}})$$

$$\theta_{\mathrm{m}} \equiv \frac{1}{2} \tan^{-1} \left(\frac{\sigma}{\omega \varepsilon \varepsilon_0}\right) \tag{4.13b}$$

式 (4.13a) は，損失がある場合の媒質中の波数が複素数となることを表す。式 (4.13b) は極形式を利用して，実・虚部に分けて表した。このとき，電界は

$$\boldsymbol{E}(\boldsymbol{r}) = \boldsymbol{E}_0 \exp \left[\mp j \frac{\omega \sqrt{\varepsilon\mu}}{c} \sqrt{1 - j \frac{\sigma}{\omega \varepsilon \varepsilon_0}} \boldsymbol{s} \cdot \boldsymbol{r}\right] \tag{4.14}$$

で書ける。ただし，s は k 方向の単位ベクトルを表す。

　次に，導電率がある場合の磁界を求めるため，式 (4.14) に対応して，磁界を

$$\boldsymbol{H}(\boldsymbol{r}) = \boldsymbol{H}_0 \exp \left[\mp j \frac{\omega \sqrt{\varepsilon\mu}}{c} \sqrt{1 - j \frac{\sigma}{\omega \varepsilon \varepsilon_0}} \boldsymbol{s} \cdot \boldsymbol{r}\right] \tag{4.15}$$

とおき，$H_z = 0$ とする。式 (4.14)，(4.15) を式 (4.10) に代入し，両辺を比較した結果より，次式を得る。

$$\frac{E_x}{H_y} = \pm Z_{\mathrm{w}}, \quad \frac{E_y}{H_x} = \mp Z_{\mathrm{w}} \quad \text{（複号は上式と同順）} \tag{4.16a,b}$$

$$Z_{\mathrm{w}} \equiv \sqrt{\frac{\mu}{\dot{\varepsilon}}} Z_0 = \sqrt{\frac{\mu}{\varepsilon}} \frac{Z_0}{\sqrt{1 - j\sigma/\omega \varepsilon \varepsilon_0}} = \eta \sqrt{\frac{j\omega \varepsilon \varepsilon_0}{\sigma + j\omega \varepsilon \varepsilon_0}}$$

$$= \sqrt{\frac{j\omega \mu \mu_0}{\sigma + j\omega \varepsilon \varepsilon_0}} \tag{4.17a}$$

$$Z_{\mathrm{w}} = 120\pi \sqrt{\frac{\mu}{\varepsilon}} \frac{\cos \theta_{\mathrm{m}} + j \sin \theta_{\mathrm{m}}}{\sqrt[4]{1 + (\sigma/\omega \varepsilon \varepsilon_0)^2}} \tag{4.17b}$$

ただし，Z_0 は真空インピーダンス，η は損失がないときの波動インピーダンス，θ_{m} は式 (4.13b) で定義した値である。式 (4.17) での Z_{w} を媒質の**固有イ**

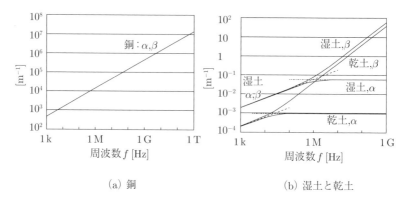

(a) 銅　　　　　　　　　　　(b) 湿土と乾土

図 **4.2**　減衰定数 α と位相定数 β の周波数依存性
破線は近似解の外挿線

ンピーダンス（intrinsic impedance）ともいう。媒質の固有インピーダンスが
複素数であるということは，電界と磁界の位相がずれることを表す。

　導電率があるときの電磁波の複素ポインティングベクトル $\bar{\boldsymbol{S}}$ は，z 方向に伝
搬する前進波のみを考慮して，式 (4.16a,b) を式 (3.17b) に代入すると，

$$\bar{\boldsymbol{S}} = \frac{1}{2Z_{\mathrm{w}}^{*}}(|E_x|^2 + |E_y|^2)s_z = \frac{Z_{\mathrm{w}}}{2}(|H_x|^2 + |H_y|^2)s_z \qquad (4.18)$$

で得られる。ここで，s_z は $\boldsymbol{k}$ 方向の単位ベクトル $\boldsymbol{s}$ の z 方向成分である。

　図 **4.2** に銅，湿土，乾土に対する減衰定数 α と位相定数 β の電波領域にお
ける周波数依存性を両対数で示す。一般的に，低周波側では伝導電流の寄与が
大きく，高周波では変位電流の寄与が大きい。同図 (a) で銅の伝導電流の効果
がはるかに大きいので，減衰定数が大きく，実質的に不透明となる。このとき，
位相定数 β は近似的に減衰定数 α と等しい（式 (4.26) 参照）。同図 (b) の湿土
と乾土では，導電率 σ が銅よりもそれぞれ約 10 桁と 12 桁小さく，減衰定数が
かなり小さい。伝導電流と変位電流の寄与が同程度となるほぼ 1 MHz，50 kHz
（演習問題 4.2 参照）以上の周波数では変位電流の寄与が大きく，α が一定値を
示し，β の周波数依存性が $\sqrt{f}$ から f になる（式 (4.19)，(4.26) 参照）。この
結果は，電波が地面で一部吸収されることを意味する。

　銅，湿土，乾土に対する位相速度 v_{p} の周波数依存性を図 **4.3** に両対数で示

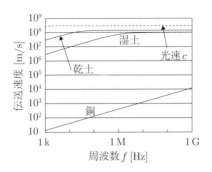

図 4.3 銅，湿土，乾土の位相速度 v_p の周波数依存性
銅：$\sigma = 5.92 \times 10^7\,\mathrm{S/m}$，$\varepsilon = 1$
湿土：$\sigma = 10^{-3}\,\mathrm{S/m}$，$\varepsilon = 10$
乾土：$\sigma = 10^{-5}\,\mathrm{S/m}$，$\varepsilon = 4$
比透磁率はすべて $\mu = 1$。

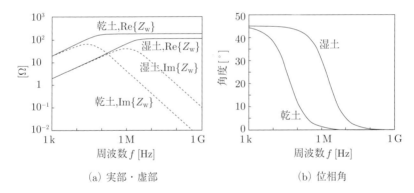

(a) 実部・虚部　　　　　　　　(b) 位相角

図 4.4 湿土と乾土の固有インピーダンス Z_w の実部・虚部と位相角の周波数依存性
湿土：$\sigma = 10^{-3}\,\mathrm{S/m}$，$\varepsilon = 10$，乾土：$\sigma = 10^{-5}\,\mathrm{S/m}$，$\varepsilon = 4$，比透磁率は
$\mu = 1$。

す。銅の場合，位相速度が周波数とともに増加し（式 (4.27) 参照），かつ v_p の
値が小さい。湿土と乾土では，周波数が増加するにつれて，後述する式 (4.22)
から求められる電磁波の伝搬速度に収束している。

　図 4.4 に湿土と乾土に対する固有インピーダンス Z_w の実部 $\mathrm{Re}\{Z_\mathrm{w}\}$ と虚部

Im$\{Z_{\mathrm{w}}\}$ および位相角 $\tan^{-1}(\mathrm{Im}\{Z_{\mathrm{w}}\}/\mathrm{Re}\{Z_{\mathrm{w}}\})$ の周波数依存性を示す。実部と虚部を両対数で，位相角を片対数で示す。低周波側では，Z_{w} の実部と虚部の値が一致している（式 (4.28) 参照）。高周波側では実部の値が一定となり，周波数の増加とともに虚部の値が極度に減少する（式 (4.23)，演習問題 4.4 参照）。位相角が周波数の増加とともに零に収束し，Z_{w} が実質的に実数となる。

【例題 4.1】湿土（比誘電率 $\varepsilon \sim 10$，導電率 $\sigma = 10^{-3}\,\mathrm{S/m}$）の固有インピーダンス Z_{w} を，周波数 $100\,\mathrm{kHz}$，$1\,\mathrm{MHz}$，$10\,\mathrm{MHz}$ に対して式 (4.17b) で計算せよ。[解] θ_{m} は $100\,\mathrm{kHz}$ で $43.4°$，$1\,\mathrm{MHz}$ で $30.5°$，$10\,\mathrm{MHz}$ で $5.10°$ となる。$100\,\mathrm{kHz}$ では $\mathrm{Re}\{Z_{\mathrm{w}}\} = 20.4\,\Omega$，$\mathrm{Im}\{Z_{\mathrm{w}}\} = 19.3\,\Omega$，$1\,\mathrm{MHz}$ では $\mathrm{Re}\{Z_{\mathrm{w}}\} = 71.7\,\Omega$，$\mathrm{Im}\{Z_{\mathrm{w}}\} = 42.1\,\Omega$，$10\,\mathrm{MHz}$ では $\mathrm{Re}\{Z_{\mathrm{w}}\} = 117.8\,\Omega$，$\mathrm{Im}\{Z_{\mathrm{w}}\} = 10.5\,\Omega$ となり，$100\,\mathrm{kHz}$ では実・虚部が同程度，$10\,\mathrm{MHz}$ では実部が虚部より約 1 桁大となる。

§4.2　損失値が特殊な場合の特性

式 (4.8) は一般的すぎて見通しが悪い。そこで本節では，導電率 σ が比較的小さい場合と大きい場合に分けて，損失があるときの伝搬特性を検討する。また，誘電損失と導体損失に言及する。

4.2.1　導電率が比較的小さい場合

導電率が比較的小さい場合，式 (4.8a,b) で $\omega\varepsilon\varepsilon_0 \gg \sigma$ とする。これは，変位電流 $\partial \boldsymbol{D}/\partial t$ が伝導電流 $\sigma\boldsymbol{E}$ よりもはるかに大きい場合に相当する。式 (4.8a,b) の根号部分で $|x| \ll 1$ のとき $(1+x)^p \fallingdotseq 1 + px$ を用い，高次の微小量を無視すると，振幅減衰定数 α と位相定数 β が次式で近似できる。

$$\alpha \fallingdotseq \frac{1}{2}\sigma Z_0 \sqrt{\frac{\mu}{\varepsilon}} = 60\pi\sigma\sqrt{\frac{\mu}{\varepsilon}} = \frac{\omega\mu\mu_0\sigma}{2\beta} \tag{4.19a}$$

$$\beta \fallingdotseq \omega\sqrt{\varepsilon\varepsilon_0\mu\mu_0} = \frac{\omega\sqrt{\varepsilon\mu}}{c} \tag{4.19b}$$

式 (4.19a) は導電率 σ が大きくなるほど振幅減衰定数 α が大きくなることを示し，式 (4.19b) は σ があっても位相定数 β は不変であることを示す。式 (4.19)

は後ほど分布定数線路との対応で考察する（§6.5 参照）。

比誘電率は導電率 σ があると，式 (4.11b) で示したように複素数となる。これに関係する屈折率は**複素屈折率** $\tilde{n}$ と呼ばれ，次のように定義される。

$$\tilde{n} = n - j\kappa \tag{4.20}$$

ここで，n は無損失時の屈折率，κ は消衰係数である。$\tilde{n}$ と式 (4.11b) は

$$\dot{\varepsilon}\mu = \tilde{n}^2 = (n - j\kappa)^2$$

で関連づけられる。$n \gg \kappa$ とし，実・虚部を比較して得られる $\varepsilon\mu = n^2$，$\varepsilon\mu\sigma/\omega\varepsilon\varepsilon_0 = 2n\kappa$ を整理して，さらに式 (4.19a) を利用すると，消衰係数は

$$\kappa = \frac{\sigma}{2\omega\varepsilon_0}\sqrt{\frac{\mu}{\varepsilon}} = \frac{\alpha}{k_0} \tag{4.21}$$

で表せる。ここで，α は振幅減衰定数，k_0 は真空中の波数であり，α と κ が対応づけられた。

位相速度 v_{p} と群速度 v_{g} は，式 (4.19b) を式 (2.8)，(3.4) に代入して

$$v_{\mathrm{p}} = v_{\mathrm{g}} \fallingdotseq \frac{c}{\sqrt{\varepsilon\mu}} \tag{4.22}$$

で得られる。このとき，β が ω に比例するから v_{p} と v_{g} が一致し，v_{p} と v_{g} が導電率 σ の有無に関係なく決まる。導電率があるときの固有インピーダンスは，式 (4.17a) より次式で近似できる。

$$Z_{\mathrm{w}} \fallingdotseq Z_0\sqrt{\frac{\mu}{\varepsilon}}\left(1 + j\frac{\sigma}{2\omega\varepsilon\varepsilon_0}\right) \tag{4.23}$$

これは，高周波では変位電流の寄与が大きく σ の影響が小さいので，固有インピーダンス Z_{w} の実部が虚部よりも優勢となることを示す（図 4.4 参照）。

電磁界分布は，式 (4.14)，(4.15) で $\omega\varepsilon\varepsilon_0 \gg \sigma$ を適用した結果で式 (4.19a,b) を用いると，時間変動因子を含めて前進波に対して次式を得る。

$$\boldsymbol{\psi} \fallingdotseq \boldsymbol{\psi}_0 \exp\left[j\omega t - (j\beta + \alpha)\boldsymbol{s}\cdot\boldsymbol{r}\right] = \boldsymbol{\psi}_0 \exp\left(j\omega t - \gamma\boldsymbol{s}\cdot\boldsymbol{r}\right) \tag{4.24a}$$

$$|\boldsymbol{\psi}|^2 = |\boldsymbol{\psi}_0|^2 \exp\left(-2\alpha\boldsymbol{s}\cdot\boldsymbol{r}\right) \qquad (\boldsymbol{\psi} = E, H) \tag{4.24b}$$

式 (4.24a) は, 1 次元での式 (4.9) を一般の伝搬方向 s に拡張したものに相当し, 振幅が伝搬方向に対して振幅減衰定数 α で指数関数的に減少するとともに, 時空間的に変動することを示す. 式 (4.24b) は, 電力が振幅減衰定数の 2 倍の**電力減衰定数 $\alpha_{\mathrm{I}} = 2\alpha$ で指数関数的に減衰する**ことを示す. 式 (4.24) は, 形式的には式 (4.7) で記述される一般の場合にも成立する.

以上より, 式 (4.5) の右辺における導電率 σ, つまり伝導電流密度 $\boldsymbol{J}_{\mathrm{c}}$ が電磁波の損失に関係していることがわかる. 金属では導電率が非常に大きいため, 電磁波が導体内で大きく減衰して, 実質的に不透明となる.

複素ポインティングベクトルは, 式 (4.18) 中辺に式 (4.24b), (4.23) を用いて,

$$\bar{\boldsymbol{S}} = \frac{\exp\left(-2\alpha z\right)}{2\eta}\left(1 + j\frac{\sigma}{\omega\varepsilon\varepsilon_0}\right)|\boldsymbol{E}_0|^2 s_z = \frac{Z_{\mathrm{w}}}{2}\exp\left(-2\alpha z\right)|\boldsymbol{H}_0|^2 s_z \tag{4.25}$$

で表せる. 式 (4.25) で $\sigma = 0$ のとき, これは無損失等方性媒質での複素ポインティングベクトルに帰着する (例題 3.2 参照).

4.2.2　導電率が大きい場合 (表皮効果)

導体中では導電率 σ が非常に大きくなる. 式 (4.8a,b) で伝導電流が変位電流よりも十分に大きい ($\sigma \gg \omega\varepsilon\varepsilon_0$) 場合, $\sigma/\omega\varepsilon\varepsilon_0$ に比べて十分小さい 1 が無視できるので, 振幅減衰定数 α と位相定数 β は

$$\alpha \fallingdotseq \beta \fallingdotseq \sqrt{\frac{\omega\mu\mu_0\sigma}{2}} \tag{4.26}$$

のように同じ値で近似できる. 式 (4.26) は, 振幅減衰定数 α と位相定数 β が導電率 σ の影響を等量受け, σ の増加とともに電磁波の減衰が大きくなることを示す. 図 4.2 からわかるように, 電波領域の金属では式 (4.26) がよくあてはまるので, 損失が $\sqrt{f}$ (ルートエフ) 特性を示すといわれる.

位相速度 v_{p} と群速度 v_{g} は, 式 (4.26) を式 (2.8), (3.4) に適用して,

$$v_{\mathrm{g}} = 2v_{\mathrm{p}}, \quad v_{\mathrm{p}} = \sqrt{\frac{2\omega}{\mu\mu_0\sigma}} \tag{4.27}$$

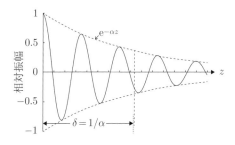

図 **4.5**　損失媒質中の表皮効果
δ：表皮深さ，α：減衰定数

で得られる。位相定数 β が $\sqrt{\omega}$ に比例しているので，v_{g} が v_{p} の 2 倍となる（演習問題 3.4 参照）。固有インピーダンス Z_{w} は式 (4.17)，(2.37) より

$$Z_{\mathrm{w}} \fallingdotseq \eta\sqrt{\frac{j\omega\varepsilon\varepsilon_0}{\sigma}} = (1+j)\eta\sqrt{\frac{\omega\varepsilon\varepsilon_0}{2\sigma}} = (1+j)\sqrt{\frac{\omega\mu\mu_0}{2\sigma}} \qquad (4.28)$$

で表せる。ここで，$\sqrt{j} = \pm(1+j)/\sqrt{2}$ における正符号を用いた。式 (4.27)，(4.28) は，伝導電流の寄与が変位電流より大きくなるほど，v_{p}，v_{g} と $|Z_{\mathrm{w}}|$ が小さくなり，完全導体（$\sigma = \infty$）では $v_{\mathrm{p}} = v_{\mathrm{g}} \to 0$，$|Z_{\mathrm{w}}| \to 0$ となることを意味する。このとき式 (4.16) を参照すると，磁界が電界に比べてきわめて優勢である。低周波側では，式 (4.28) より，固有インピーダンスの実部と虚部の値が等しくなる（図 4.4 参照）。

　式 (4.26) 第 1 式は，導電率の高い導体中では，電磁波が指数関数的に減衰することを示す。入射電磁波の振幅が，表面での値に対して $1/e$ になるときの深さ δ を**表皮深さ**（skin depth）と呼ぶ（**図 4.5**）。これは，$\exp(-\alpha\delta) = \exp(-1)$ より，次式で表せる。

$$\delta = \frac{1}{\alpha} = \sqrt{\frac{2}{\omega\mu\mu_0\sigma}} \qquad (4.29)$$

式 (4.29) は，電磁波の周波数が上昇したり，導電率が大きくなるほど，表皮深さが浅くなることを示す。これは，銅などの良導体に高周波信号を流すと，導

体の表面近傍にのみ電流が流れることを意味し，**表皮効果**（skin effect）と呼ばれる。表皮深さの δ を式 (4.11b) の $\tan\delta$ と混同しないように注意せよ。

　電流が導体の表皮近くにしか流れないということは，抵抗があることを意味し，**表皮抵抗**と呼ばれる。これは

$$R_{\mathrm{s}} = \mathrm{Re}\{Z_{\mathrm{w}}\} = \sqrt{\frac{\omega\mu\mu_0}{2\sigma}} = \frac{1}{\delta\sigma} \tag{4.30}$$

と書け，高周波になるほど抵抗が増加する。

4.2.3　誘電損失と導体損失

　誘電体に導電率 σ がある場合，複素比誘電率 $\dot\varepsilon$ における $\tan\delta$（式 (4.11) 参照）でもたらされる電磁波の減衰を**誘電損失**または誘電体損と呼ぶ。

　金属のように導電率 σ が有意の値の場合，磁界に対応した表面電流が流れて生じる，表皮抵抗に起因する損失を**導体損失**または導体損と呼ぶ。

　以下では，減衰定数の具体的な表現の求め方の例を示す。電磁波の初期電力を P_0，振幅減衰定数を α とすると，式 (4.24b) を参照して，距離 z 伝搬後の電力 P が次式で記述できる。

$$P = P_0 \exp(-2\alpha z)$$

これより，単位長さ当たりの電力損失 W_{L} が

$$W_{\mathrm{L}} = -\frac{dP}{dz} = 2\alpha P \tag{4.31}$$

で書け，振幅減衰定数が次式で表せる。

$$\alpha = -\frac{1}{2P}\frac{dP}{dz} = \frac{1}{2P}W_{\mathrm{L}} \tag{4.32}$$

損失により失われる電力は一般に伝送電力のうちのごく一部なので，式 (4.32)の P を計算する際には，無損失のときの電磁界を用いても差し支えない。

　たとえば，導波管のように断面の管壁が金属でできている場合（§10.3，§10.4参照），単位長さ当たりの電力損失が次式で書ける。

$$W_{\mathrm{L}} = \frac{1}{2}R_{\mathrm{s}} \oint |H_{\mathrm{tan}}|^2 ds \tag{4.33}$$

ここで，R_s は表皮抵抗，H_tan は管壁での磁界の接線成分であり，積分は断面に沿った周回積分である．式 (4.33) を式 (4.32) に代入して，導体損失による振幅減衰定数が次式で求められる．

$$\alpha = \frac{R_\mathrm{s} \oint |H_\mathrm{tan}|^2 ds}{4P} \tag{4.34}$$

【例題 4.2】 銅の表皮深さ δ および表皮抵抗 R_s を，周波数 $1\,\mathrm{kHz}$ と $10\,\mathrm{GHz}$ について求めよ．ただし，導電率を $\sigma = 5.92 \times 10^7\,\mathrm{S/m}$，比透磁率を 1.0 とせよ．

[解] 真空の透磁率 $\mu_0 = 4\pi \times 10^{-7}\,\mathrm{H/m}$，周波数 $f = \omega/2\pi$ を式 (4.29) に代入すると，$\delta = 6.54 \times 10^{-2}/\sqrt{f}\,[\mathrm{m}]$ を得る．$f = 1\,\mathrm{kHz}$ に対して $\delta = 2.07 \times 10^{-3}\,\mathrm{m} = 2.07\,\mathrm{mm}$，$f = 10\,\mathrm{GHz}$ に対して $\delta = 6.54 \times 10^{-7}\,\mathrm{m} = 0.654\,\mathrm{\mu m}$ となる．式 (4.30) より $R_\mathrm{s} = 2.58 \times 10^{-7}\sqrt{f}\,[\Omega]$ を得，$f = 1\,\mathrm{kHz}$ に対して $R_\mathrm{s} = 8.17\,\mathrm{\mu\Omega}$，$f = 10\,\mathrm{GHz}$ に対して $R_\mathrm{s} = 25.8\,\mathrm{m\Omega}$ となる．$1/\delta R_\mathrm{s}$ は導電率 σ に一致する．

【損失がある場合のまとめ】

(i) 損失は入射電磁波が媒質で吸収されてジュール熱となって生じるもので，伝導電流 J_c，すなわち導電率 σ が介在して生じる．

(ii) 損失への寄与は伝導電流と変位電流の大小関係で決まり，低周波側ほど伝導電流の影響が大きい．

(iii) 損失は，伝搬定数 γ の実部である振幅減衰定数 α で記述される．誘電体で複素比誘電率における $\tan\delta$ に起因する損失を誘電損失，金属で表皮抵抗に起因する損失を導体損失と呼ぶ．

(iv) 比誘電率，媒質中の波数，固有インピーダンスは，それぞれ式 (4.11b)，(4.13)，(4.17) で表されるように，損失によって複素数となる．

(v) 電力は $|\psi|^2 = |\psi_0|^2 \exp(-2\alpha s \cdot r)$（$\psi = E, H$，$\psi_0$：初期電磁界，$s$：伝搬方向の単位ベクトル）で表せ，電力減衰定数が振幅減衰定数の 2 倍の $\alpha_\mathrm{I} = 2\alpha$ で指数関数的に減衰する．

(vi) 損失が大きいとき，銅などの良導体に高周波信号を流すと導体の表面近傍にのみ電流が流れる，これを表皮効果と呼ぶ。

─────────── 損失値の表示 ───────────

損失は式 (4.24) で示されるように指数関数で表される。振幅減衰定数を α，電力減衰係数を α_{I} とすると，$\alpha_{\mathrm{I}} = 2\alpha$ で関係づけられる。損失値を示すには，常用対数を底とした比率の単位である [dB：デシベル] と，自然対数を底とした比率の単位である [Np] = [Neper：ネーパー] がよく用いられる。長さを l，損失を L_{a} とすると，それぞれが

$$L_{\mathrm{a}}[\mathrm{dB}] = -10\log_{10}\exp(-2\alpha l) = 20\alpha l \log_{10}\mathrm{e}$$
$$= \frac{20}{\ln 10}\alpha l = 8.686\alpha l$$
$$L_{\mathrm{a}}[\mathrm{Np}] = -\ln\exp(-\alpha l) = \alpha l \log_{\mathrm{e}}\mathrm{e} = \alpha l$$

で表される。よって，[dB] と [Np] は次式で関係づけられる。

$$1\,\mathrm{Np} = \frac{20}{\ln 10}\,\mathrm{dB} = 8.686\,\mathrm{dB}$$

単位距離当たりの損失値を L とすると，

$$L = \frac{L_{\mathrm{a}}[\mathrm{dB}]}{l} = 8.686\alpha, \quad L = \frac{L_{\mathrm{a}}[\mathrm{Np}]}{l} = \alpha$$

で書ける。このとき，損失値 L と振幅減衰定数 α は次式で換算できる。

$$L\,[\mathrm{dB/km}] = 8.686\alpha\,[\mathrm{Np/km}] = 8.686\times10^3\alpha\,[\mathrm{Np/m}]$$
$$\alpha\,[\mathrm{Np/m}] = 1.151\times10^{-4}L\,[\mathrm{dB/km}]$$

【演習問題】

4.1 導電率 σ があるとき，振幅減衰定数 α と位相定数 β が式 (4.8a,b) で表されることを導け。

4.2 次の各場合について，伝導電流と変位電流の大きさが一致する（$\omega\varepsilon\varepsilon_0 = \sigma$）周波

数 f を求めよ.

① 銅で導電率 $\sigma = 5.92 \times 10^7\,\mathrm{S/m}$, 比誘電率 $\varepsilon = 1.0$ のとき.

② 湿土で導電率 $\sigma \sim 10^{-3}\,\mathrm{S/m}$, 比誘電率 $\varepsilon \sim 10$ のとき.

③ 乾土で導電率 $\sigma \sim 10^{-5}\,\mathrm{S/m}$, 比誘電率 $\varepsilon \sim 4$ のとき.

4.3 減衰定数と固有インピーダンスの周波数依存性について, 電波領域での一般的な傾向を図示し, その特性が得られる理由を説明せよ.

4.4 湿土と乾土の固有インピーダンスの実部と虚部に関する次の問いに答えよ. ただし, 必要な値は演習問題 4.2 での値を利用し, 比透磁率を 1 とせよ.

① 周波数 10 MHz と 100 MHz での値を, 近似式 (4.23) を用いて計算せよ.

② 式 (4.17b) から求めた厳密値は, 湿土は 10 MHz で $\mathrm{Re}\{Z_\mathrm{w}\} = 117.8\,\Omega$, $\mathrm{Im}\{Z_\mathrm{w}\} = 10.5\,\Omega$, 100 MHz で $\mathrm{Re}\{Z_\mathrm{w}\} = 119.2\,\Omega$, $\mathrm{Im}\{Z_\mathrm{w}\} = 1.07\,\Omega$ である. 乾土は $f = 10$ MHz で $\mathrm{Re}\{Z_\mathrm{w}\} = 188.5\,\Omega$, $\mathrm{Im}\{Z_\mathrm{w}\} = 0.424\,\Omega$, $f = 100$ MHz で $\mathrm{Re}\{Z_\mathrm{w}\} = 188.5\,\Omega$, $\mathrm{Im}\{Z_\mathrm{w}\} = 4.24 \times 10^{-2}\,\Omega$ である (図 4.4 参照). ① での結果をこれらと比較せよ.

4.5 変位電流のもつ意義を説明せよ.

第5章 平面波の反射と透過

　本章では平面波が媒質へ入射するときの反射と透過特性を調べる。まず，反射や屈折（透過）を記述する基本法則であるスネルの法則を説明する。その後，振幅反射係数や透過係数に関するフレネルの公式や電力反射率・透過率，およびブリュースタの法則を導く。最後には，全反射について波動的な検討も加える。損失がある場合にも適用できるように，媒質の比誘電率と波数が複素数とした前提で議論を進め，対象とする媒質はすべて等方性とする。

§5.1　スネルの法則

　異なる媒質の境界面では，電磁波の反射や屈折（透過）が生じる。これを記述するスネルの法則は 17 世紀から知られている。これはフェルマーの原理やホイヘンスの原理からも導けるが，本節では，損失の影響を考慮するため，マクスウェル方程式と境界条件を用いて，スネルの法則を電磁波論的に求める。

5.1.1　準　備

　図 **5.1** に示すデカルト座標系で，媒質の境界面を x-y 面（$z=0$）にとり，各領域内で媒質が y 方向に一様（$\partial/\partial y = 0$）とする。比誘電率と比透磁率を，第 1 媒質（$z<0$）に対して $\dot{\varepsilon}_1$, μ_1，第 2 媒質（$z>0$）に対して $\dot{\varepsilon}_2$, μ_2 とする。損失があるときの複素比誘電率を，式 (4.11b,c) に従って，次のようにおく。

$$\dot{\varepsilon}_i \equiv \varepsilon_i \left(1 - j \frac{\sigma_i}{\omega \varepsilon_i \varepsilon_0} \right) \quad (i = 1, 2) \tag{5.1}$$

ただし，σ は導電率，ω は電磁波の角周波数，ε は無損失時の比誘電率，ε_0 は真空の誘電率を表し，添え字 i で媒質を区別する。比透磁率 μ は実数とする。

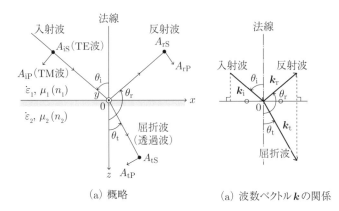

(a) 概略 (a) 波数ベクトル $\boldsymbol{k}$ の関係

図 **5.1** 異なる媒質間での電磁波の屈折と反射
添字 S (P) は紙面に垂直（平行）な電界の振動成分を表し，TE 波（TM 波）という。
θ_i：入射角，θ_t：屈折角，θ_r：反射角，$|\boldsymbol{k}_i| = |\boldsymbol{k}_r| = k_1$，$|\boldsymbol{k}_t| = k_2$

　一様媒質内で電界，磁界，波数ベクトルが直交している電磁波（単色平面波）が，第 1 媒質から境界面に入射し，x-z 面（紙面）内で反射・屈折をするものとする。屈折波は透過波ともいう。平面波の波数ベクトルが紙面内にあり，各媒質での波数の大きさは，式 (4.13a) に従い次式で書ける。

$$k_i = \frac{\omega\sqrt{\varepsilon_i \mu_i}}{c} = k_0\sqrt{\varepsilon_i \mu_i}\sqrt{1 - j\frac{\sigma_i}{\omega\varepsilon_i\varepsilon_0}} \quad (i = 1, 2) \tag{5.2}$$

ここで，c は真空中の光速，$k_0 = \omega/c$ は真空中の波数である。
　反射や屈折の振舞いは電磁波の偏波により異なる。電界の振動方向が紙面に垂直な成分は，伝搬方向の電界成分をもたないので **TE 波**（transverse electric wave）または **S 偏波**（ドイツ語の直交を意味する Senkrecht の頭文字）と呼ばれる。紙面内の電界振動成分をもつものは，伝搬方向の磁界成分をもたないので **TM 波**（transverse magnetic wave）または **P 偏波**（平行を意味する parallel の頭文字）と呼ばれる。

5.1.2　TE 波（S 偏波）
　TE 波において，各媒質での入射・透過・反射波に対する電界の E_y 成分を

$$E_y^{(i)} = A_{iS} \exp\left[j(\omega t - \boldsymbol{k}_i \cdot \boldsymbol{r})\right] \quad (i = i, t, r) \tag{5.3}$$

と書く。A_{iS} は電界振幅，$\boldsymbol{k}_i$ は媒質中の波数ベクトル（図 5.1(b) 参照），$\boldsymbol{r}$ は波面上の任意の点への位置ベクトルである。添字 $i = i$, t, r はそれぞれ入射・透過（屈折）・反射波を意味する。また，θ_i を各波の波数ベクトルが境界面の法線となす角度として，波数部は

$$\boldsymbol{k}_i \cdot \boldsymbol{r} = \sqrt{\dot\varepsilon_1 \mu_1}\, k_0 (x \sin\theta_i + z \cos\theta_i) \quad (i = i, r) \tag{5.4a}$$

$$\boldsymbol{k}_t \cdot \boldsymbol{r} = \sqrt{\dot\varepsilon_2 \mu_2}\, k_0 (x \sin\theta_t + z \cos\theta_t) \tag{5.4b}$$

で書ける。ただし，θ_r は透過側の法線に対する角度である。

電界に対する境界条件（§2.6 参照）は，境界面（$z = 0$）に対する接線成分が連続となることで，この条件 $E_y^{(i)} + E_y^{(r)} = E_y^{(t)}$ は次式で書ける。

$$A_{iS} \exp\left(-j\sqrt{\dot\varepsilon_1 \mu_1}\, k_0 x \sin\theta_i\right) + A_{rS} \exp\left(-j\sqrt{\dot\varepsilon_1 \mu_1}\, k_0 x \sin\theta_r\right)$$
$$= A_{tS} \exp\left(-j\sqrt{\dot\varepsilon_2 \mu_2}\, k_0 x \sin\theta_t\right) \tag{5.5}$$

式 (5.5) が境界面上の位置 x によらず成立するためには，各波の x 方向の位相が揃う，つまり指数部が同一でなければならない。このことより，

$$k_1 \sin\theta_i = k_1 \sin\theta_r = k_2 \sin\theta_t \tag{5.6}$$

が成立する。上式で k_i は式 (5.2) で定義した媒質中の波数である。

式 (5.6) の左辺と右辺より，次の表現が得られる（図 5.1(b) 参照）。

$$k_1 \sin\theta_i = k_2 \sin\theta_t \tag{5.7}$$

$$\frac{\mu_1}{Z_{w1}} \sin\theta_i = \frac{\mu_2}{Z_{w2}} \sin\theta_t \tag{5.8a}$$

$$\tilde{n}_1 \sin\theta_i = \tilde{n}_2 \sin\theta_t \tag{5.8b}$$

式 (5.7) は**屈折の法則**（law of refraction）と呼ばれ，媒質中の波数 k_i が複素数の場合でも適用できる。式 (5.7)，(5.8) は等価であり，式 (5.8a) は，式 (5.7) に式 (5.2)，(4.17a) を用いて，固有インピーダンス Z_w で表したものである。

式 (5.8b) の $\tilde{n}$ は複素屈折率（式 (4.20) 参照）である。式 (5.6) の左辺と中辺より，次式が得られる。

$$\theta_r = \pi - \theta_i \tag{5.9}$$

式 (5.9) は**反射の法則**（law of reflection）と呼ばれる。屈折・反射の法則をまとめて**スネルの法則**（Snell's law）と呼ぶ。

5.1.3 TM 波（P 偏波）

　電界の振動方向が紙面に平行な TM 波（P 偏波）の場合，TE 波と同様に考えると，存在する電磁界成分は E_x，E_z，H_y の 3 つである。磁界成分を

$$H_y^{(i)} = A_{iP} \exp\left[j(\omega t - \boldsymbol{k}_i \cdot \boldsymbol{r})\right] \quad (i = i, t, r) \tag{5.10}$$

とおく。ただし，A_{iP} は磁界振幅，$\boldsymbol{k}_i$ は媒質中の波数ベクトルである。ここでの H_y 成分を TE 波における E_y に対応させると，TM 波でもスネルの法則の式 (5.7) がただちに導ける。

【スネルの法則のもつ意味】

(i) スネルの法則は TE・TM 波に対して成立する。媒質の比誘電率と比透磁率，または固有インピーダンス，あるいは屈折率がわかれば，入射角 θ_i を設定することにより屈折角 θ_t が決まる。比誘電率が複素数で表されるとき，θ_t は実数とならないが，理論的には複素数の $\sin\theta_t$ にも適用できる。

(ii) 媒質の屈折率と電磁波角度の正弦の積が，境界面の両側で等しい。したがって，屈折率が大きい媒質のほうが，法線との電磁波角度が小さくなる。

(iii) 式 (5.6) は，各媒質での波数ベクトルの境界面に対する接線成分が保存されることを意味する。つまり，屈折の法則は電磁界における境界条件と等価で，境界条件が観測できる形で現れたものと考えることができる。

(iv) 電磁波の波長が光波のように非常に短くなると，電磁波は光線のようにして扱える。入射光線から境界面に垂線を下ろすとき，入射光線とこの垂線を含む面を入射面と呼ぶ。入射・屈折・反射光線はともに入射面内にある。

§5.2 フレネルの公式

本節では，前節の結果を受けて，損失がある等方性媒質での屈折前後や反射前後の電磁波に関して，振幅や角度の関係を求める。前半では媒質の比誘電率や波数が複素数の前提で定式化するが，後半の数値的な議論では比誘電率や波数が実数の場合も扱う。

5.2.1 TE 波（S 偏波）の振幅反射係数と振幅透過係数の一般式

E_y 成分について求めた式 (5.5) で位相項が等しいことを利用すると，これは

$$A_{\mathrm{iS}} + A_{\mathrm{rS}} = A_{\mathrm{tS}} \tag{5.11}$$

と書き直せる。

一様媒質中では電界と磁界が直交しているから（式 (2.48) 参照），TE 波で存在する磁界成分は図 5.1 における H_x と H_z 成分で，磁界の接線成分が連続であるという境界条件を満たすべき成分は H_x 成分となる。ここで，式 (5.3) を式 (2.48b) に適用することにより $H_x^{(\mathrm{i})} = \sqrt{\dot{\varepsilon}_i/\mu_i}\, Y_0 E_y^{(\mathrm{i})} \cos\theta_\mathrm{i}$（$Y_0$：真空アドミタンス）が得られ，境界条件 $H_x^{(\mathrm{i})} + H_x^{(\mathrm{r})} = H_x^{(\mathrm{t})}$ が次式で書ける。

$$\sqrt{\frac{\dot{\varepsilon}_1}{\mu_1}} A_{\mathrm{iS}} \cos\theta_\mathrm{i} - \sqrt{\frac{\dot{\varepsilon}_1}{\mu_1}} A_{\mathrm{rS}} \cos\theta_\mathrm{i} = \sqrt{\frac{\dot{\varepsilon}_2}{\mu_2}} A_{\mathrm{tS}} \cos\theta_\mathrm{t} \tag{5.12}$$

上式の左辺第 2 項では，式 (5.9) より得られる $\cos\theta_\mathrm{r} = -\cos\theta_\mathrm{i}$ を用いた。

式 (5.11)，(5.12) は $A_{\mathrm{rS}}/A_{\mathrm{iS}}$ と $A_{\mathrm{tS}}/A_{\mathrm{iS}}$ に関する連立方程式とみなせる。$r = A_{\mathrm{rS}}/A_{\mathrm{iS}}$ は，反射波の入射波に対する電界振幅の比を表し，**振幅反射係数**（amplitude reflection coefficient）または**振幅反射率**と呼ばれる。$t = A_{\mathrm{tS}}/A_{\mathrm{iS}}$ は，透過波の入射波に対する電界振幅の比を表し，**振幅透過係数**（amplitude transmission coefficient）または**振幅透過率**と呼ばれる。

TE 波の振幅反射係数 $r_\perp$ が，式 (5.11)，式 (5.12) を解いて次式で書ける。

$$
\begin{aligned}
r_\perp \equiv \frac{A_{\mathrm{rS}}}{A_{\mathrm{iS}}} &= \frac{\sqrt{\dot{\varepsilon}_1}\sqrt{\mu_2}\cos\theta_\mathrm{i} - \sqrt{\dot{\varepsilon}_2}\sqrt{\mu_1}\cos\theta_\mathrm{t}}{\sqrt{\dot{\varepsilon}_1}\sqrt{\mu_2}\cos\theta_\mathrm{i} + \sqrt{\dot{\varepsilon}_2}\sqrt{\mu_1}\cos\theta_\mathrm{t}} \\
&= \frac{Z_{\mathrm{w}2}\cos\theta_\mathrm{i} - Z_{\mathrm{w}1}\cos\theta_\mathrm{t}}{Z_{\mathrm{w}2}\cos\theta_\mathrm{i} + Z_{\mathrm{w}1}\cos\theta_\mathrm{t}}
\end{aligned} \tag{5.13a}
$$

ここで，Z_{w_i} $(i = 1, 2)$ は式 (4.17) で定義した媒質の固有インピーダンスである．式 (5.13a) にスネルの法則の式 (5.7) を適用すると，

$$
\begin{aligned}
r_{\perp} &= \frac{\dot{\varepsilon}_1 \sin \theta_{\mathrm{i}} \cos \theta_{\mathrm{i}} - \dot{\varepsilon}_2 \cos \theta_{\mathrm{t}} \sin \theta_{\mathrm{t}}}{\dot{\varepsilon}_1 \sin \theta_{\mathrm{i}} \cos \theta_{\mathrm{i}} + \dot{\varepsilon}_2 \cos \theta_{\mathrm{t}} \sin \theta_{\mathrm{t}}} \\
&= \frac{-\mu_1 \sin \theta_{\mathrm{i}} \cos \theta_{\mathrm{t}} + \mu_2 \sin \theta_{\mathrm{t}} \cos \theta_{\mathrm{i}}}{\mu_1 \sin \theta_{\mathrm{i}} \cos \theta_{\mathrm{t}} + \mu_2 \sin \theta_{\mathrm{t}} \cos \theta_{\mathrm{i}}}
\end{aligned} \tag{5.13b}
$$

のようにも表せる．

TE 波に対する振幅透過係数 $t_{\perp}$ を，同様にして次式で得る．

$$
\begin{aligned}
t_{\perp} &\equiv \frac{A_{\mathrm{tS}}}{A_{\mathrm{iS}}} = \frac{2\sqrt{\dot{\varepsilon}_1}\sqrt{\mu_2} \cos \theta_{\mathrm{i}}}{\sqrt{\dot{\varepsilon}_1}\sqrt{\mu_2} \cos \theta_{\mathrm{i}} + \sqrt{\dot{\varepsilon}_2}\sqrt{\mu_1} \cos \theta_{\mathrm{t}}} \\
&= \frac{2Z_{\mathrm{w2}} \cos \theta_{\mathrm{i}}}{Z_{\mathrm{w2}} \cos \theta_{\mathrm{i}} + Z_{\mathrm{w1}} \cos \theta_{\mathrm{t}}}
\end{aligned} \tag{5.14a}
$$

$$
\begin{aligned}
t_{\perp} &= \frac{2\dot{\varepsilon}_1 \sin \theta_{\mathrm{i}} \cos \theta_{\mathrm{i}}}{\dot{\varepsilon}_1 \sin \theta_{\mathrm{i}} \cos \theta_{\mathrm{i}} + \dot{\varepsilon}_2 \cos \theta_{\mathrm{t}} \sin \theta_{\mathrm{t}}} \\
&= \frac{2\mu_2 \sin \theta_{\mathrm{t}} \cos \theta_{\mathrm{i}}}{\mu_1 \sin \theta_{\mathrm{i}} \cos \theta_{\mathrm{t}} + \mu_2 \sin \theta_{\mathrm{t}} \cos \theta_{\mathrm{i}}}
\end{aligned} \tag{5.14b}
$$

式 (5.11) より，TE 波では

$$
t_{\perp} - r_{\perp} = 1 \tag{5.15}
$$

が，入射角度や比誘電率・比透磁率によらず，常に成り立つ．

5.2.2　TM 波（P 偏波）の振幅反射係数と振幅透過係数の一般式

電界成分が，式 (5.10) を式 (2.48a) に代入して

$$
E_x^{(\mathrm{i})} = \sqrt{\frac{\mu}{\dot{\varepsilon}}} Z_0 H_y^{(\mathrm{i})} \cos \theta_{\mathrm{i}} \qquad (Z_0 : 真空インピーダンス) \tag{5.16}
$$

で求められる．TE 波と同様の手順に従って，境界面での接線成分である H_y と E_x に対して連続条件を適用すると，TM 波に対する**振幅反射係数** $r_{\parallel}$ が

$$
\begin{aligned}
r_{\parallel} &\equiv \frac{A_{\mathrm{rP}}}{A_{\mathrm{iP}}} = \frac{\sqrt{\dot{\varepsilon}_2}\sqrt{\mu_1} \cos \theta_{\mathrm{i}} - \sqrt{\dot{\varepsilon}_1}\sqrt{\mu_2} \cos \theta_{\mathrm{t}}}{\sqrt{\dot{\varepsilon}_2}\sqrt{\mu_1} \cos \theta_{\mathrm{i}} + \sqrt{\dot{\varepsilon}_1}\sqrt{\mu_2} \cos \theta_{\mathrm{t}}} \\
&= \frac{Z_{\mathrm{w1}} \cos \theta_{\mathrm{i}} - Z_{\mathrm{w2}} \cos \theta_{\mathrm{t}}}{Z_{\mathrm{w1}} \cos \theta_{\mathrm{i}} + Z_{\mathrm{w2}} \cos \theta_{\mathrm{t}}}
\end{aligned} \tag{5.17a}
$$

で求められる。式 (5.17a) にスネルの法則を適用すると，

$$
\begin{aligned}
r_{\parallel} &= \frac{\dot{\varepsilon}_2 \cos\theta_{\mathrm{i}} \sin\theta_{\mathrm{t}} - \dot{\varepsilon}_1 \sin\theta_{\mathrm{i}} \cos\theta_{\mathrm{t}}}{\dot{\varepsilon}_2 \cos\theta_{\mathrm{i}} \sin\theta_{\mathrm{t}} + \dot{\varepsilon}_1 \sin\theta_{\mathrm{i}} \cos\theta_{\mathrm{t}}} \\
&= \frac{\mu_1 \sin\theta_{\mathrm{i}} \cos\theta_{\mathrm{i}} - \mu_2 \sin\theta_{\mathrm{t}} \cos\theta_{\mathrm{t}}}{\mu_1 \sin\theta_{\mathrm{i}} \cos\theta_{\mathrm{i}} + \mu_2 \sin\theta_{\mathrm{t}} \cos\theta_{\mathrm{t}}}
\end{aligned}
\tag{5.17b}
$$

と書き直せる。また，TM 波に対する**振幅透過係数** $t_{\parallel}$ が

$$
\begin{aligned}
t_{\parallel} \equiv \frac{A_{\mathrm{tP}}}{A_{\mathrm{iP}}} &= \frac{2\sqrt{\dot{\varepsilon}_1}\sqrt{\mu_2}\cos\theta_{\mathrm{i}}}{\sqrt{\dot{\varepsilon}_2}\sqrt{\mu_1}\cos\theta_{\mathrm{i}} + \sqrt{\dot{\varepsilon}_1}\sqrt{\mu_2}\cos\theta_{\mathrm{t}}} \\
&= \frac{2Z_{\mathrm{w2}}\cos\theta_{\mathrm{i}}}{Z_{\mathrm{w1}}\cos\theta_{\mathrm{i}} + Z_{\mathrm{w2}}\cos\theta_{\mathrm{t}}}
\end{aligned}
\tag{5.18a}
$$

で得られ，これにスネルの法則を適用して次式を得る。

$$
\begin{aligned}
t_{\parallel} &= \frac{2\dot{\varepsilon}_1 \sin\theta_{\mathrm{i}} \cos\theta_{\mathrm{i}}}{\dot{\varepsilon}_1 \sin\theta_{\mathrm{i}} \cos\theta_{\mathrm{t}} + \dot{\varepsilon}_2 \cos\theta_{\mathrm{i}} \sin\theta_{\mathrm{t}}} \\
&= \frac{2\mu_2 \sin\theta_{\mathrm{t}} \cos\theta_{\mathrm{i}}}{\mu_1 \sin\theta_{\mathrm{i}} \cos\theta_{\mathrm{i}} + \mu_2 \sin\theta_{\mathrm{t}} \cos\theta_{\mathrm{t}}}
\end{aligned}
\tag{5.18b}
$$

式 (5.13)，(5.14)，(5.17)，(5.18) をまとめて**フレネルの公式**（Fresnel formulae）という。この公式は，反射や透過に関係する事象を定量的に扱う場合に重要となる。これらの式からわかるように，フレネルの公式が固有インピーダンスでも記述できる。この事実は，後述する分布定数線路において，線路定数の異なる接続点での波動の反射・透過に対応する関係がある（§6.2 参照）。

特に垂直入射（normal incidence）近傍（$\theta_{\mathrm{i}} \fallingdotseq 0$）の場合，TE・TM 波に対する振幅反射係数は，式 (5.13a)，(5.17a) より次式で表せる。

$$
r_{\perp} = -r_{\parallel} = \frac{\sqrt{\dot{\varepsilon}_1}\sqrt{\mu_2} - \sqrt{\dot{\varepsilon}_2}\sqrt{\mu_1}}{\sqrt{\dot{\varepsilon}_1}\sqrt{\mu_2} + \sqrt{\dot{\varepsilon}_2}\sqrt{\mu_1}} = \frac{Z_{\mathrm{w2}} - Z_{\mathrm{w1}}}{Z_{\mathrm{w2}} + Z_{\mathrm{w1}}}
\tag{5.19}
$$

式 (5.19) は，TE・TM 波に対する振幅反射係数が逆符号となること，すなわち $-1 = \exp(\pm j\pi)$ より，位相が π ずれることを示す。垂直入射近傍での振幅透過係数は，式 (5.14a)，(5.18a) より次式で得られる。

$$
t_{\perp} = t_{\parallel} = \frac{2\sqrt{\dot{\varepsilon}_1}\sqrt{\mu_2}}{\sqrt{\dot{\varepsilon}_1}\sqrt{\mu_2} + \sqrt{\dot{\varepsilon}_2}\sqrt{\mu_1}} = \frac{2Z_{\mathrm{w2}}}{Z_{\mathrm{w2}} + Z_{\mathrm{w1}}}
\tag{5.20}
$$

式 (5.20) は，TE・TM 波に対する振幅透過係数が一致することを示す。式

(5.19), (5.20) は，垂直入射近傍での振幅反射・透過係数がともに，媒質の固有インピーダンスのみで記述できることを表す。垂直入射近傍では，TM 波について

$$t_{\parallel} + r_{\parallel} \fallingdotseq 1 \tag{5.21}$$

が成立している。

　一方，境界面へのすれすれ入射（grazing incidence）近傍（$\theta_{\mathrm{i}} \fallingdotseq \pi/2$）では，振幅反射係数と振幅透過係数が TE・TM 波に依存せず，

$$r_{\mathrm{i}} \fallingdotseq -1.0 = \exp\left(\pm j\pi\right) \quad (\mathrm{i} = \perp, \parallel) \tag{5.22a}$$

$$t_{\mathrm{i}} \fallingdotseq 0 \quad (\mathrm{i} = \perp, \parallel) \tag{5.22b}$$

となる。これは，反射波が入射波に対して角度が π だけ変化することに伴い，電磁波の位相が反転していることを意味する。

5.2.3　振幅反射係数と振幅透過係数の特性
(1)　無損失媒質での特性
　媒質が無損失のとき，比誘電率と比透磁率が実数となる。比透磁率を $\mu_1 = \mu_2 = 1$ とし，屈折率を $n_i = \sqrt{\varepsilon_i}\ (i = 1, 2)$ で表すと，TE 波に対する振幅反射・透過係数は，式 (5.13a), (5.14a) より，

$$r_{\perp} = \frac{n_1 \cos\theta_{\mathrm{i}} - n_2 \cos\theta_{\mathrm{t}}}{n_1 \cos\theta_{\mathrm{i}} + n_2 \cos\theta_{\mathrm{t}}} = -\frac{\sin\left(\theta_{\mathrm{i}} - \theta_{\mathrm{t}}\right)}{\sin\left(\theta_{\mathrm{i}} + \theta_{\mathrm{t}}\right)} \tag{5.23}$$

$$t_{\perp} = \frac{2n_1 \cos\theta_{\mathrm{i}}}{n_1 \cos\theta_{\mathrm{i}} + n_2 \cos\theta_{\mathrm{t}}} = \frac{2 \cos\theta_{\mathrm{i}} \sin\theta_{\mathrm{t}}}{\sin\left(\theta_{\mathrm{i}} + \theta_{\mathrm{t}}\right)} \tag{5.24}$$

で，TM 波に対しては，式 (5.17b), (5.18b) より，次式で書ける。

$$r_{\parallel} = \frac{n_2 \cos\theta_{\mathrm{i}} - n_1 \cos\theta_{\mathrm{t}}}{n_2 \cos\theta_{\mathrm{i}} + n_1 \cos\theta_{\mathrm{t}}} = \frac{\tan\left(\theta_{\mathrm{i}} - \theta_{\mathrm{t}}\right)}{\tan\left(\theta_{\mathrm{i}} + \theta_{\mathrm{t}}\right)} \tag{5.25}$$

$$t_{\parallel} = \frac{2n_1 \cos\theta_{\mathrm{i}}}{n_2 \cos\theta_{\mathrm{i}} + n_1 \cos\theta_{\mathrm{t}}} = \frac{2 \cos\theta_{\mathrm{i}} \sin\theta_{\mathrm{t}}}{\sin\left(\theta_{\mathrm{i}} + \theta_{\mathrm{t}}\right) \cos\left(\theta_{\mathrm{i}} - \theta_{\mathrm{t}}\right)} \tag{5.26}$$

これらの式は光学分野でよく見るフレネルの公式の表現と一致する。

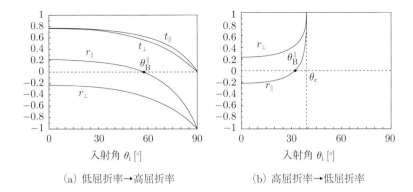

(a) 低屈折率→高屈折率 (b) 高屈折率→低屈折率

図 5.2 振幅反射係数 r と振幅透過係数 t の入射角依存性（無損失媒質）
(a) $\varepsilon_1 = 1.0$, $\varepsilon_2 = 2.5$, $\theta_{\mathrm{B}}^{\parallel} = 57.7°$
(b) $\varepsilon_1 = 2.5$, $\varepsilon_2 = 1.0$, $\theta_{\mathrm{B}}^{\parallel} = 32.3°$, $\theta_{\mathrm{c}} = 39.2°$
いずれも比透磁率は $\mu_1 = \mu_2 = 1$。

図 5.2(a) に振幅反射係数と振幅透過係数の入射角依存性を示す。入射側が空気（$\varepsilon_1 = 1.0$, $\mu_1 = 1.0$），透過側が $\varepsilon_2 = 2.5$, $\mu_2 = 1.0$ とする。TM 波の振幅反射係数 $r_{\parallel}$ は正の値から -1 まで単調に減少し，途中の角度 $57.7°$ で $r_{\parallel} = 0$ となる。この角度は，次節で説明するブルースタ角 $\theta_{\mathrm{B}}^{\parallel}$ である。振幅反射係数が負の値になることがあるのは，反射によって位相が変化するためである。TE 波の振幅反射係数 $r_{\perp}$ は常に負で -1 まで単調減少する。$r_{\perp}$ を上方に平行移動させると $t_{\perp}$ に重なる（式 (5.15) 参照）。振幅透過係数は TE・TM 波ともに，入射角 θ_{i} の増加とともに正の値で 0 まで単調に減少する。$\theta_{\mathrm{i}} \fallingdotseq 0°$ 近傍の値から式 (5.19), (5.20) が，また $\theta_{\mathrm{i}} \fallingdotseq 90°$ 近傍の値から式 (5.22a,b) が確認できる。

前図と入射・透過側の値を逆にした場合の振幅反射係数の入射角依存性を図 5.2(b) に示す。TE・TM 波の振幅反射係数 $r_{\perp}$, $r_{\parallel}$ がともに，入射角の増加に対して 1 まで単調増加している。$r_{\perp} = r_{\parallel} = 1.0$ となる入射角が臨界角 $\theta_{\mathrm{c}} = 39.2°$ であり（§5.5 参照），$r_{\parallel} = 0$ となる入射角はブルースタ角 $\theta_{\mathrm{B}}^{\parallel} = 32.3°$ である。

(2) 損失がある媒質での特性

　電磁波が空気中から完全導体 ($\sigma = \infty$) に入射するとき，入射角によらず振幅反射係数が $r_\perp = -1$, $r_\parallel = 1$, 振幅透過係数が $t_\perp = 0$, $t_\parallel = 0$ となり（演習問題 5.1 参照），TE・TM 波のいずれでも全エネルギーが反射する。これに近いのは金属であり，ピカピカの表面ではよく反射することを経験上知っている。

　電磁波（角周波数 ω）が空気中から損失性媒質（導電率 σ_2，比誘電率 ε_2）に角度 θ_i で入射するときを考える。この計算に必要な固有インピーダンス Z_w は式 (4.17b)，$\sin \theta_t$ や $\cos \theta_t$ は式 (5.7)，(4.13) から求められる。これらを式 (5.13a)，(5.17a) に代入してかなりの計算後，TE 波と TM 波に対する振幅反射係数は

$$r_\perp = \frac{[\cos^2 \theta_i - (QR)^2] - j2QR \cos \theta_i \sin (\theta_2 - \theta_m)}{\cos^2 \theta_i + (QR)^2 + 2QR \cos \theta_i \cos (\theta_2 - \theta_m)} \tag{5.27}$$

$$r_\parallel = \frac{(\cos^2 \theta_i - Q^2) - j2Q \cos \theta_i \sin (\theta_2 + \theta_m)}{\cos^2 \theta_i + Q^2 + 2Q \cos \theta_i \cos (\theta_2 + \theta_m)} \tag{5.28}$$

で（演習問題 5.2 参照），式 (5.14a)，(5.18a) より，振幅透過係数は

$$t_\perp = 2 \cos \theta_i \frac{[\cos \theta_i + QR \cos (\theta_2 - \theta_m)] - jQR \sin (\theta_2 - \theta_m)}{\cos^2 \theta_i + (QR)^2 + 2QR \cos \theta_i \cos (\theta_2 - \theta_m)} \tag{5.29}$$

$$t_\parallel = \frac{2 \cos \theta_i}{\sqrt{R}} \frac{(\cos \theta_i \cos \theta_m + Q \cos \theta_2) + j(\cos \theta_i \sin \theta_m - Q \sin \theta_2)}{\cos^2 \theta_i + Q^2 + 2Q \cos \theta_i \cos (\theta_2 + \theta_m)} \tag{5.30}$$

で表せる。上式で TE 波について $\mathrm{Im}\{r_\perp\} = \mathrm{Im}\{t_\perp\}$ が成り立つ。式 (5.27)-(5.30) でのパラメータは次のようにおいている。

$$Q \equiv \sqrt[4]{A_R^2 + B_I^2}/\sqrt{R}, \quad R \equiv \varepsilon_2 \sqrt{1 + (\sigma_2/\omega \varepsilon_2 \varepsilon_0)^2}$$

$$A_R = 1 - (\sin^2 \theta_i \cos 2\theta_m)/R, \quad B_I = -(\sin^2 \theta_i \sin 2\theta_m)/R$$

$$\theta_m = (1/2) \tan^{-1}(\sigma_2/\omega \varepsilon_2 \varepsilon_0), \quad \theta_2 = (1/2) \tan^{-1}(B_I/A_R)$$

　図 **5.3** に電磁波が空気中から損失のある湿土へ入射する場合，振幅反射係数 r と振幅透過係数 t の実・虚部の入射角依存性を示す。$f = 100\,\mathrm{kHz}$ は $\mathrm{Re}\{Z_w\}$

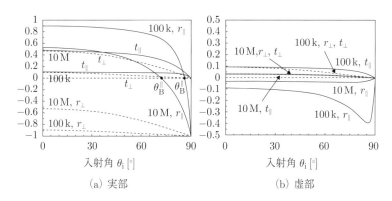

(a) 実部 (b) 虚部

図 5.3 振幅反射係数 r と振幅透過係数 t の実・虚部の入射角依存性（湿土）
湿土：$\sigma = 10^{-3}$ S/m, $\varepsilon = 10$, $\mu = 1$. 実線：TM 波, 破線：TE 波, 数字
は周波数 [Hz]

と $\mathrm{Im}\{Z_\mathrm{w}\}$ の大きさが同程度の場合, $f = 10\,\mathrm{MHz}$ は $\mathrm{Re}\{Z_\mathrm{w}\}$ が $\mathrm{Im}\{Z_\mathrm{w}\}$ よ
りも優勢な場合である（図 4.4 参照）. 損失がある場合でも, 式 (5.15), (5.19)-
(5.22) が成り立つ. 入射角の増加に対して, TM 波の実部 $\mathrm{Re}\{r_\|\}$ は正の値か
ら, TE 波の実部 $\mathrm{Re}\{r_\perp\}$ は負の値から単調に減少し, 入射角 $\theta_\mathrm{i} = 90°$ でこれ
らはともに -1 となる. TM 波の反射係数の実部が $\mathrm{Re}\{r_\|\} = 0$ となる入射角
は, 100 kHz, 10 MHz に対してそれぞれ 85.7°, 72.6° である. 後述する準偏
光角の式 (5.50) からの値はそれぞれ 85.7°, 72.6° となり, よく一致する（演
習問題 5.5 参照）. r と t の虚部は, TM 波の 100 kHz で $\mathrm{Im}\{Z_\mathrm{w}\}$ の影響によ
り, $\mathrm{Re}\{r_\|\} = 0$ となる入射角近傍で $\mathrm{Im}\{r_\|\}$ の絶対値が大きくなっているこ
とを除いては, 比較的小さい値である.

§5.3 電力反射率と電力透過率

反射電力の入射電力に対する比を**電力反射率**, 透過電力の入射電力に対する
比を**電力透過率**と呼ぶ.

電力反射率 $\mathcal{R}$ は, 電磁波が同一媒質内にあるから, 振幅を用いて $\mathcal{R} = |A_\mathrm{r}|^2/|A_\mathrm{i}|^2$ で定義できる. 損失を考慮した TE 波（S 偏波）と TM 波（P 偏

波）に対する電力反射率は，振幅反射係数の式 (5.27)，(5.28) を用いて，

$$\mathcal{R}_\perp = |r_\perp|^2 = \frac{[\cos^2\theta_i - (QR)^2]^2 + [2QR\cos\theta_i\sin(\theta_2-\theta_m)]^2}{[\cos^2\theta_i + (QR)^2 + 2QR\cos\theta_i\cos(\theta_2-\theta_m)]^2}$$
(5.31)

$$\mathcal{R}_\parallel = |r_\parallel|^2 = \frac{(\cos^2\theta_i - Q^2)^2 + [2Q\cos\theta_i\sin(\theta_2+\theta_m)]^2}{[\cos^2\theta_i + Q^2 + 2Q\cos\theta_i\cos(\theta_2+\theta_m)]^2}$$
(5.32)

で求められる。各パラメータは式 (5.30) の下と同じである。電力反射率は常に非負の実数である。

　電力透過率では，電磁波が異なる媒質に存在するから，入射・透過側での角度と媒質の違いを考慮する必要がある。角度については，境界面の法線方向の単位面積当たりの電磁波エネルギーを考慮するため，$\cos\theta_t/\cos\theta_i$ の因子が必要となる。また，§5.1 では電界を基に定式化したので，比誘電率と比透磁率が異なる媒質では振幅透過係数 t_i の平方に因子 $\sqrt{\dot\varepsilon_i/\mu_i}$ を掛ける必要がある。よって，電力透過率は次式で定義される。

$$\mathcal{T}_i \equiv \frac{|A_t|^2\sqrt{\dot\varepsilon_2/\mu_2}\cos\theta_t}{|A_i|^2\sqrt{\dot\varepsilon_1/\mu_1}\cos\theta_i} = \frac{Z_{w1}\cos\theta_t}{Z_{w2}\cos\theta_i}|t_i|^2 \quad (i=\perp,\parallel)$$
(5.33)

電磁波が空気中から損失性媒質に入射するとき，電力透過率は，式 (5.29)，(5.30) を式 (5.33) に代入して整理すると，TE 波と TM 波に対して

$$\mathcal{T}_\perp = 4QR\cos\theta_i\frac{\cos(\theta_2-\theta_m)+j\sin(\theta_2-\theta_m)}{\cos^2\theta_i+(QR)^2+2QR\cos\theta_i\cos(\theta_2-\theta_m)}$$
(5.34)

$$\mathcal{T}_\parallel = 4Q\cos\theta_i\frac{\cos(\theta_2-\theta_m)+j\sin(\theta_2-\theta_m)}{\cos^2\theta_i+Q^2+2Q\cos\theta_i\cos(\theta_2+\theta_m)}$$
(5.35)

で得られる。上式で実・虚部に関係する部分は，次のように書ける。

$$\left.\begin{array}{c}\cos(\theta_2-\theta_m)\\\sin(\theta_2-\theta_m)\end{array}\right\} = \frac{1}{\sqrt{2}}$$
$$\times\left[1\pm\frac{(\varepsilon_2-\sin^2\theta_i)\sqrt{1+(\sigma_2/\omega\varepsilon_2\varepsilon_0)^2}}{\sqrt{\{\varepsilon_2[1+(\sigma_2/\omega\varepsilon_2\varepsilon_0)^2]-\sin^2\theta_i\}^2+(\sigma_2/\omega\varepsilon_2\varepsilon_0)^2\sin^4\theta_i}}\right]^{1/2}$$

$$:左辺の上下と複号の上下が対応 \tag{5.36}$$

$\sigma_2 = 0$ とおくと虚部が零となり，虚部が吸収損失に起因することがわかる。

物理量としては実部に意味がある。損失があるとき，電力反射率と電力透過率の実部の和は，TE・TM 波について次式で表せる。

$$\mathcal{R}_\perp + \mathrm{Re}\{\mathcal{T}_\perp\} = 1, \quad \mathcal{R}_\parallel + \mathrm{Re}\{\mathcal{T}_\parallel\} \fallingdotseq 1 \tag{5.37a,b}$$

TE 波では厳密に 1 となる。TM 波では，電波領域で金属のように極端に導電率が大きくない限り，近似的に $\theta_2 \gg \theta_\mathrm{m}$ が満たされ，上式が成り立つ。

媒質に損失がないとき，電力反射率と電力透過率は，式 (5.13b)，(5.14b) を用いて，TE 波に対して次式で表せる。

$$\mathcal{R}_\perp = \left(\frac{-\mu_1 \sin \theta_\mathrm{i} \cos \theta_\mathrm{t} + \mu_2 \sin \theta_\mathrm{t} \cos \theta_\mathrm{i}}{\mu_1 \sin \theta_\mathrm{i} \cos \theta_\mathrm{t} + \mu_2 \sin \theta_\mathrm{t} \cos \theta_\mathrm{i}} \right)^2 \tag{5.38a}$$

$$\mathcal{T}_\perp = \frac{\mu_1 \mu_2 \sin 2\theta_\mathrm{i} \sin 2\theta_\mathrm{t}}{(\mu_1 \sin \theta_\mathrm{i} \cos \theta_\mathrm{t} + \mu_2 \sin \theta_\mathrm{t} \cos \theta_\mathrm{i})^2} \tag{5.38b}$$

TM 波では，式 (5.17b)，(5.18b) を用いて，次式で表せる。

$$\mathcal{R}_\parallel = \left(\frac{\mu_1 \sin \theta_\mathrm{i} \cos \theta_\mathrm{i} - \mu_2 \sin \theta_\mathrm{t} \cos \theta_\mathrm{t}}{\mu_1 \sin \theta_\mathrm{i} \cos \theta_\mathrm{i} + \mu_2 \sin \theta_\mathrm{t} \cos \theta_\mathrm{t}} \right)^2 \tag{5.39a}$$

$$\mathcal{T}_\parallel = \frac{\mu_1 \mu_2 \sin 2\theta_\mathrm{i} \sin 2\theta_\mathrm{t}}{(\mu_1 \sin \theta_\mathrm{i} \cos \theta_\mathrm{i} + \mu_2 \sin \theta_\mathrm{t} \cos \theta_\mathrm{t})^2} \tag{5.39b}$$

無損失媒質では電力反射率と電力透過率の値は非負で，それらの和は

$$\mathcal{R}_\mathrm{i} + \mathcal{T}_\mathrm{i} = 1 \quad (\mathrm{i} = \perp, \parallel) \tag{5.40}$$

となる（演習問題 5.3 参照）。これは，境界面で反射と透過があっても，TE・TM 波ともに入射時の全電力が保存されるという**エネルギー保存則**を表す。

図 5.4 に，無損失媒質における TE・TM 波に対する電力反射率 $\mathcal{R}$ と透過率 $\mathcal{T}$ の入射角依存性を示す。入射側を空気，透過側を $\varepsilon_2 = 2.5$，$\mu_2 = 1.0$ とする。$\theta_\mathrm{i} = 0°$ で $\mathcal{R}$ および $\mathcal{T}$ が TE・TM 波で一致する。TE 波の $\mathcal{R}_\perp$ は入射角 θ_i の増加につれて単調に増加するのに対して，TM 波の $\mathcal{R}_\parallel$ は，θ_i の増加とともに減少していったん零となった後，再び増加する。TE・TM 波ともに

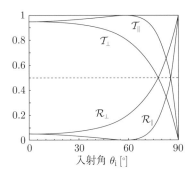

図 **5.4**　電力反射率 $\mathcal{R}$ と電力透過率 $\mathcal{T}$ の入射角依存性（無損失媒質）
$\varepsilon_1 = 1.0,\ \varepsilon_2 = 2.5,\ \theta_{\mathrm{B}}^{\parallel} = 57.7^\circ,\ \mu_1 = \mu_2 = 1$

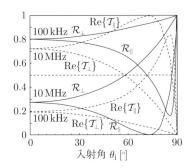

図 **5.5**　電力反射率 $\mathcal{R}$ と電力透過率実部 $\mathrm{Re}\{\mathcal{T}\}$ の入射角依存性（湿土）
$\sigma = 10^{-3}\,\mathrm{S/m},\ \varepsilon = 10,\ \mu = 1$
実線：反射率，破線：透過率実部

$\theta_{\mathrm{i}} = 90^\circ$ で $\mathcal{R}_\perp = \mathcal{R}_\parallel = 1.0$ となる。$\mathcal{R}_\parallel = 0$ に対応する入射角 57.7° は，後述するブルースタ角 $\theta_{\mathrm{B}}^{\parallel}$ である。$\mathcal{R}_{\mathrm{i}}$ と $\mathcal{T}_{\mathrm{i}}\ (\mathrm{i} = \perp, \parallel)$ の和は式 (5.40) の保存則を満たす。

　TE・TM 波が空気中から湿土に入射するときの電力反射率と電力透過率実部の入射角依存性を**図 5.5** に示す。周波数は $100\,\mathrm{kHz}$ と $10\,\mathrm{MHz}$ である。周波数ごとでの全体の傾向は，図 5.4 の無損失の場合と同様である。湿土に損失があるため，TM 波に対して $\mathcal{R}_\parallel = 0$ とならないが，$\mathcal{R}_\parallel$ が最小値をとる入射

角があり，それは図 5.3 で示した準偏光角に相当する．また，TE・TM 波は式 (5.37) を満たす．

垂直入射時には，式 (5.19) より，TE・TM 波に対する振幅反射係数が $r_\parallel = -r_\perp$ を満たすから，電力反射率は TE・TM 波に対して同じ表現となる．これらを $\mathcal{R} = |r|^2$ に代入して，電力反射率は偏波に依存せず次式で表せる．

$$\mathcal{R}_i = \left| \frac{\sqrt{\dot{\varepsilon}_2}\sqrt{\mu_1} - \sqrt{\dot{\varepsilon}_1}\sqrt{\mu_2}}{\sqrt{\dot{\varepsilon}_2}\sqrt{\mu_1} + \sqrt{\dot{\varepsilon}_1}\sqrt{\mu_2}} \right|^2 = \left| \frac{Z_{w1} - Z_{w2}}{Z_{w1} + Z_{w2}} \right|^2 \quad (i = \perp, \parallel) \quad (5.41)$$

式 (5.41) は，媒質間の固有インピーダンスの差が大きいほど，電力反射率が大きくなることを表す．

一方，垂直入射時の TE・TM 波に対する振幅透過係数が式 (5.20) より $t_\parallel = t_\perp$ を満たすから，電力透過率も TE・TM 波に対して同じ表現となる．よって，垂直入射時の電力透過率は，この式を式 (5.33) に代入して，

$$\mathcal{T}_i = \frac{4\sqrt{\dot{\varepsilon}_1\mu_1}\sqrt{\dot{\varepsilon}_2\mu_2}}{(\sqrt{\dot{\varepsilon}_2}\sqrt{\mu_1} + \sqrt{\dot{\varepsilon}_1}\sqrt{\mu_2})^2} = \frac{4Z_{w1}Z_{w2}}{(Z_{w1} + Z_{w2})^2} \quad (i = \perp, \parallel) \quad (5.42)$$

で得られる．

特に比透磁率が $\mu_1 = \mu_2 = 1$ のとき，屈折率を $n_i = \sqrt{\varepsilon_i}$ $(i = 1, 2)$ で表すと，TE・TM 波に対する電力反射率 $\mathcal{R}_i$ と電力透過率 $\mathcal{T}_i$ が

$$\mathcal{R}_i = \left(\frac{n_1 - n_2}{n_1 + n_2} \right)^2, \quad \mathcal{T}_i = \frac{4n_1 n_2}{(n_1 + n_2)^2} \quad (i = \perp, \parallel) \quad (5.43a,b)$$

で表せる．式 (5.43a) は，屈折率差が大きな媒質間ほど反射率が高いことを表す．式 (5.40)-(5.43) より，電力反射率や電力透過率を考える場合，媒質の固有インピーダンス Z_{wi} を屈折率 n_i に置換しても同じ結果を与えることがわかる．

§5.4 ブルースタの法則

境界面両側の比誘電率 ε や比透磁率 μ が異なっていても，特定の入射偏波はすべて境界面を透過することがある．このような条件を満たす入射角をブルースタ角（Brewster angle）または**偏光角**（polarizing angle）といい，これをブ

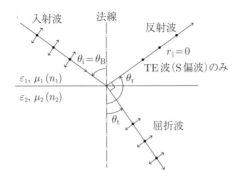

図 **5.6** ブルースタ角 θ_{B} の概略
両矢印と黒丸はそれぞれ，電界の紙面内振動成分（TM 波），紙面に垂直な方向の振動成分（TE 波）を表す。
$\theta_{\mathrm{i}} = \theta_{\mathrm{B}}$ では反射波に TM 波（P 偏波）がない（$r_{\parallel} = 0$），$\theta_{\mathrm{r}} - \theta_{\mathrm{t}} = \pi/2$.

ルースタの法則と呼ぶ。

入射波がすべて境界面を透過するということは，反射波がないこと，つまり振幅反射係数が零であることを意味する。まず，TM 波（P 偏波）について $r_{\parallel} = 0$ となる条件は，式 (5.17b) を用いて，

$$\mu_1 \sin\theta_{\mathrm{i}} \cos\theta_{\mathrm{i}} - \mu_2 \sin\theta_{\mathrm{t}} \cos\theta_{\mathrm{t}} = 0 \tag{5.44}$$

となる（**図 5.6**）。$\cos\theta_{\mathrm{t}}$ にスネルの法則の式 (5.7) を適用して入射角に対して整理すると，TM 波に対するブルースタ角が次式で表せる。

$$\theta_{\mathrm{B}}^{\parallel} = \tan^{-1}\sqrt{\frac{\varepsilon_2(\varepsilon_1\mu_2 - \varepsilon_2\mu_1)}{\varepsilon_1(\varepsilon_1\mu_1 - \varepsilon_2\mu_2)}} \tag{5.45}$$

このとき，反射角と屈折角の差は次式で求められる（例題 5.1 参照）。

$$\tan(\theta_{\mathrm{r}}^{\parallel} - \theta_{\mathrm{t}}^{\parallel}) = -\frac{\varepsilon_1 + \varepsilon_2}{(\varepsilon_1 - \varepsilon_2)(\mu_1 - \mu_2)}\sqrt{\frac{\varepsilon_1\mu_1 - \varepsilon_2\mu_2}{\varepsilon_1\varepsilon_2(\varepsilon_1\mu_2 - \varepsilon_2\mu_1)}} \tag{5.46}$$

TM 波に対するブルースタ角 $\theta_{\mathrm{B}}^{\parallel}$ は，比透磁率が $\mu = 1$ で比誘電率 ε が実数ならば，両側媒質の ε の大小関係によらず生じる。

TE 波（S 偏波）について振幅反射係数が零（$r_{\perp} = 0$）となる条件は，式

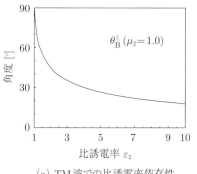 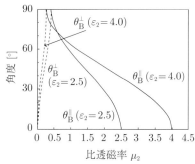

(a) TM 波での比誘電率依存性   (b) TE・TM 波での比透磁率依存性

図 **5.7** ブルースタ角
第 1 媒質：$\varepsilon_1 = 1.0$, $\mu_1 = 1.0$
ε_2：第 2 媒質の比誘電率，μ_2：第 2 媒質の比透磁率

(5.13b) を用いて，次式で書ける。

$$-\mu_1 \tan\theta_\mathrm{i} + \mu_2 \tan\theta_\mathrm{t} = 0 \tag{5.47}$$

屈折角にスネルの法則 (5.7) を適用して，TE 波に対するブルースタ角は

$$\theta_\mathrm{B}^\perp = \tan^{-1}\sqrt{\frac{\mu_2(\varepsilon_2\mu_1 - \varepsilon_1\mu_2)}{\mu_1(\varepsilon_1\mu_1 - \varepsilon_2\mu_2)}} \tag{5.48}$$

で，屈折角と反射角の差は

$$\tan(\theta_\mathrm{r}^\perp - \theta_\mathrm{t}^\perp) = -\frac{\sqrt{(\varepsilon_1\mu_1 - \varepsilon_2\mu_2)(\varepsilon_2\mu_1 - \varepsilon_1\mu_2)}}{(\varepsilon_1 - \varepsilon_2)\sqrt{\mu_1\mu_2}} \tag{5.49}$$

で求められる。式 (5.48) で非磁性媒質（$\mu_1 = \mu_2 = 1$）を想定すると $\theta_\mathrm{B}^\perp = \tan^{-1} j$ となり，TE 波ではブルースタ角が存在しない。

式 (5.45)，(5.48) は，比透磁率を $\mu \neq 1$ とした物質では，TM 波だけでなく，TE 波でもブルースタ角が生じ得ることを示す。

図 **5.7**(a) に TM 波に対するブルースタ角 $\theta_\mathrm{B}^\parallel$ の比誘電率依存性を示す。入射側を空気，透過側媒質の比誘電率を ε_2，比透磁率を $\mu_2 = 1$ とする。ε_2 の増加に対して $\theta_\mathrm{B}^\parallel$ が単調減少している。同図 (b) に TM 波と TE 波に対するブルー

スタ角の比透磁率依存性を示す．入射側を空気，横軸を透過側媒質の比透磁率
μ_2 とし，ε_2 を 2.5 と 4.0 に設定している．ブルースタ角は $\mu_2 < \varepsilon_2$ のときだ
け生じる．一部の物質のように μ_2 の値が 1 よりかなり小さくなると，TE 波で
もブルースタ角を生じ得るが，同一の ε と μ 値に対して，TE・TM 波が同時
にブルースタ角を生じることはない．

TM 波が無損失媒質（固有インピーダンス $Z_{\mathrm{w}1}$）から損失性媒質（$Z_{\mathrm{w}2}$）に
入射するとき，振幅反射係数 $r_\parallel$ が複素数となり，厳密には零とならない．しか
し，固有インピーダンスの実部が虚部よりも優勢となると，図 5.3 のように実
部が $\mathrm{Re}\{r_\parallel\} = 0$，あるいは図 5.5 のように電力反射率 $\mathcal{R}_\parallel$ が最小となる入射
角が存在し，この角度を**準偏光角**（quasi polarizing angle）と呼ぶ．準偏光角
は，比透磁率を 1 とし，固有インピーダンスの絶対値 $|Z_{\mathrm{w}2}|$ で評価すると，

$$\theta_{\mathrm{B}}^{\parallel} = \tan^{-1} \frac{Z_{\mathrm{w}1}}{|Z_{\mathrm{w}2}|} \tag{5.50}$$

で書ける（演習問題 5.5 参照）．

本節の最後に，ブルースタ角における偏波の様子を別の観点から説明する．
境界面の両側の媒質を誘電体とする．図 5.6 で，入射電磁波（電界）が境界面
に達すると，これは第 2 媒質内の電子を入射電磁波と同じ振動方向に振動さ
せ，これが新たな電磁波つまり屈折波の種となる．ところで，等方性媒質では
電磁波エネルギーの伝搬方向は電界の振動方向に垂直である．ブルースタ角で
は $\theta_{\mathrm{r}}^{\parallel} - \theta_{\mathrm{t}}^{\parallel} = \pi/2$ が成立しており（例題 5.1 参照），屈折波と反射波の進行方
向が直角をなす．したがって，屈折波と直交した方向の紙面内で振動する成分
（TM 波）は反射波として存在できない．

入射波が TE・TM 両波を含んでいても，ブルースタ角 θ_{B} では一方の偏波の
みが反射するので，この角は偏光角とも呼ばれる．反射波成分が系の性能を劣
化させるとき，入射角を θ_{B} に設定して，反射波が除去される場合がある．

【例題 5.1】TM 波が空気中から等方性の非磁性媒質（$\mu_2 = 1$）に入射すると
きのブルースタ角について，次の問いに答えよ．

① 振幅反射係数が $r_\parallel = 0$ のとき，反射角 $\theta_{\mathrm{r}}^{\parallel}$ と屈折角 $\theta_{\mathrm{t}}^{\parallel}$ の差が $\theta_{\mathrm{r}}^{\parallel} - \theta_{\mathrm{t}}^{\parallel} = \pi/2$
となることを示せ．

② 媒質 1（比誘電率 ε_1）から媒質 2（比誘電率 ε_2）へ入射するときのブルースタ角を $\theta_{\mathrm{B}}^{\parallel}$，逆向き入射でのブルースタ角を $\theta_{\mathrm{B}}^{\parallel\,'}$ とするとき，$\theta_{\mathrm{B}}^{\parallel} + \theta_{\mathrm{B}}^{\parallel\,'} = \pi/2$ が比誘電率の値によらず成り立つことを示せ。

[解] ① $r_{\parallel} = 0$ となる条件から，ブルースタ角が式 (5.45) で表せ，反射波に関して得られる式 (5.9) を併用して式 (5.46) が導かれた。よって，式 (5.46) に $\mu_1 = \mu_2$ を代入すると $\tan(\theta_{\mathrm{r}}^{\parallel} - \theta_{\mathrm{t}}^{\parallel}) = \infty$ となり，$\theta_{\mathrm{r}}^{\parallel} - \theta_{\mathrm{t}}^{\parallel} = \pi/2$ が得られる。
② 式 (5.45) を用いて $\tan\theta_{\mathrm{B}}^{\parallel} = \sqrt{\varepsilon_2/\varepsilon_1}$, $\tan\theta_{\mathrm{B}}^{\parallel\,'} = \sqrt{\varepsilon_1/\varepsilon_2}$ より，$\tan\theta_{\mathrm{B}}^{\parallel}\tan\theta_{\mathrm{B}}^{\parallel\,'} = 1$ を得る。$\tan(\theta_{\mathrm{B}}^{\parallel} + \theta_{\mathrm{B}}^{\parallel\,'}) = (\tan\theta_{\mathrm{B}}^{\parallel} + \tan\theta_{\mathrm{B}}^{\parallel\,'})/(1 - \tan\theta_{\mathrm{B}}^{\parallel}\tan\theta_{\mathrm{B}}^{\parallel\,'}) = \infty$ より $\theta_{\mathrm{B}}^{\parallel} + \theta_{\mathrm{B}}^{\parallel\,'} = \pi/2$ が導ける。

§5.5　全反射

5.5.1　全反射と臨界角

測定値と関連させるため，スネルの法則 (5.7) で ε を実数として書き直すと，

$$\sin\theta_{\mathrm{t}} = \frac{\sqrt{\varepsilon_1\mu_1}}{\sqrt{\varepsilon_2\mu_2}}\sin\theta_{\mathrm{i}} = \frac{\sin\theta_{\mathrm{i}}}{n_2/n_1} \tag{5.51}$$

となる。スネルの法則によると，屈折率の大きい媒質内ほど，波数ベクトルと法線のなす角度が小さい。したがって，電磁波が疎な（屈折率 $n = \sqrt{\varepsilon\mu}$ が小さい）媒質から密な（屈折率が大きい）媒質に入射する場合（$n_1 < n_2$）には，式 (5.51) を満たす実数の屈折角 θ_{t} が常に存在する。

一方，電磁波が密な媒質から疎な媒質に入射する（$n_1 > n_2$）場合，入射角を徐々に大きくすると，入射角よりも屈折角 θ_{t} のほうが先に 90° となる。このときに対応する入射角 θ_{i} を

$$\theta_{\mathrm{c}} = \sin^{-1}\frac{\sqrt{\varepsilon_2\mu_2}}{\sqrt{\varepsilon_1\mu_1}} = \sin^{-1}\frac{n_2}{n_1} \tag{5.52}$$

で定義し，θ_{c} を**臨界角**（critical angle）と呼ぶ（**図 5.8**(a)）。このとき，屈折波は境界面に沿って伝搬する。入射角を臨界角よりもさらに大きくする（$\theta_{\mathrm{i}} > \theta_{\mathrm{c}}$）と，式 (5.51) を満たす実数の θ_{t} が存在しない。このことは，入射電磁波が透過することなく，境界面で反射後にすべて入射側に戻ることを意味する。この

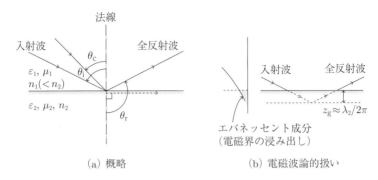

(a) 概略 (b) 電磁波論的扱い

図 **5.8** 全反射時の電磁波の振舞い

θ_i：入射角，θ_r：反射角，θ_c：臨界角

$\theta_r = \pi - \theta_i$，図 (a) での破線は臨界角での屈折波

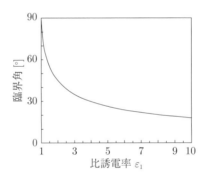

図 **5.9** 臨界角の比誘電率依存性

入射側媒質の比透磁率 $\mu_1 = 1$，第 2 媒質：$\varepsilon_2 = 1.0$，$\mu_2 = 1.0$

現象を**全反射**（total reflection）と呼ぶ。

図 **5.9** に臨界角 θ_c を入射側媒質の比誘電率 ε_1 の関数として示す。入射側媒質の比透磁率を $\mu_1 = 1.0$，透過側を空気としている。入射側の比誘電率 ε_1 が 1 に近いとき θ_c が 90° に近く，ε_1 の増加とともに臨界角が単調に減少している。

5.5.2 全反射時の電磁波の振舞い

臨界角入射の場合，$\cos\theta_t = 0$ をフレネルの公式 (5.13a) 等に代入すると，振

幅反射係数と振幅透過係数は次式で表される。

$$r_{\mathrm{i}} = 1.0 \quad (\mathrm{i} = \perp, \parallel) \tag{5.53}$$

$$t_\perp = 2, \quad t_\parallel = \frac{2Z_{\mathrm{w}2}}{Z_{\mathrm{w}1}} = \frac{2\sqrt{\dot{\varepsilon}_1}\sqrt{\mu_2}}{\sqrt{\dot{\varepsilon}_2}\sqrt{\mu_1}} \tag{5.54}$$

振幅反射係数が TE・TM 波によらず 1 となることは図 5.2(b) で裏づけられる。

全反射が生じているとき，スネルの法則は形式的に

$$\sin\theta_{\mathrm{t}} = \frac{\sqrt{\varepsilon_1\mu_1}}{\sqrt{\varepsilon_2\mu_2}}\sin\theta_{\mathrm{i}} = \frac{\sin\theta_{\mathrm{i}}}{n_2/n_1}, \quad \cos\theta_{\mathrm{t}} = \pm j\sqrt{\frac{\varepsilon_1\mu_1\sin^2\theta_{\mathrm{i}}}{\varepsilon_2\mu_2} - 1} \tag{5.55}$$

とおける（この段階では θ_{t} は角度の意味をもたない）。これと式 (5.4b) を式 (5.3) に代入すると，TE 波（S 偏波）の透過電界成分は次のように書ける。

$$E_y^{(\mathrm{t})} = \exp\left[-j(\sqrt{\varepsilon_1\mu_1}k_0\sin\theta_{\mathrm{t}})x\right]\exp\left(-\frac{z}{z_{\mathrm{g}}}\right) \tag{5.56}$$

$$z_{\mathrm{g}} = \frac{c}{\omega\sqrt{\varepsilon_1\mu_1\sin^2\theta_{\mathrm{i}} \quad \varepsilon_2\mu_2}} = \frac{\lambda_2}{2\pi\sqrt{(\varepsilon_1\mu_1\sin^2\theta_{\mathrm{i}})/\varepsilon_2\mu_2 - 1}} \tag{5.57}$$

式 (5.56) は，電磁波が x（境界面）方向には振動して伝搬し，z（深さ）方向には伝搬するにつれて指数関数的に減衰することを示す。

z_{g} は第 2 媒質側への電界の浸入深さを，電磁界が境界での値から $1/e$ に減衰する距離で定義したものであり，臨界角近傍を除けば $\lambda_2/2\pi$（λ_2：第 2 媒質での波長）程度である。つまり，全反射時にも図 5.8(b) に示すように，電磁波は境界面の反対側にもわずかに浸み出している。この成分を**エバネッセント**（evanescent）**波**と呼ぶ。Evanescence の語源は「むなしく消え去る」ことを意味するラテン語の evanescere である。電磁界の浸み込みと同時に反射点もずれる。このずれを**グース–ヘンヒェンシフト**（Goos-Hänchen shift）と呼び，これは全反射を電磁波論的に扱って初めて出てくるものである。グース-ヘンヒェンシフトは 1 回では微小であるが，光導波路や光ファイバのように全反射を多数回繰り返す場合には重要となる（§10.5 参照）。

全反射が生じているとき，TE・TM 波に対する振幅反射係数の式 (5.13b)，
(5.17b) に式 (5.55) を適用すると，次式で書ける。

$$r_{\perp} = \frac{\mu_2 \cos\theta_{\mathrm{i}} + j\mu_1 \sqrt{\sin^2\theta_{\mathrm{i}} - (\varepsilon_2\mu_2)/(\varepsilon_1\mu_1)}}{\mu_2 \cos\theta_{\mathrm{i}} - j\mu_1 \sqrt{\sin^2\theta_{\mathrm{i}} - (\varepsilon_2\mu_2)/(\varepsilon_1\mu_1)}} \tag{5.58a}$$

$$r_{\parallel} = \frac{\varepsilon_2 \cos\theta_{\mathrm{i}} + j\varepsilon_1 \sqrt{\sin^2\theta_{\mathrm{i}} - (\varepsilon_2\mu_2)/(\varepsilon_1\mu_1)}}{\varepsilon_2 \cos\theta_{\mathrm{i}} - j\varepsilon_1 \sqrt{\sin^2\theta_{\mathrm{i}} - (\varepsilon_2\mu_2)/(\varepsilon_1\mu_1)}} \tag{5.58b}$$

式 (5.58) より，全反射時の電力反射率がただちに次のように導ける。

$$\mathcal{R}_{\mathrm{i}} = |r_{\mathrm{i}}|^2 = 1 \quad (\mathrm{i} = \perp, \parallel) \tag{5.59}$$

式 (5.59) は，全反射時には入射電磁波のエネルギーがすべて反射されることを
表す。式 (5.56)，(5.59) より，全反射時に電磁波が境界面の反対側にもわずか
に浸み出すが，エネルギーは流出しない。

　式 (5.58) は，全反射で位相がずれることを意味する。この式で TE・TM 波
の振幅比を次のようにおく。

$$r_{\perp} \equiv \frac{A_{\mathrm{rS}}}{A_{\mathrm{iS}}} = \exp\left(j\delta\phi_{\perp}\right), \quad r_{\parallel} \equiv \frac{A_{\mathrm{rP}}}{A_{\mathrm{iP}}} = \exp\left(j\delta\phi_{\parallel}\right) \tag{5.60a,b}$$

ただし，$\delta\phi_{\perp}$ と $\delta\phi_{\parallel}$ は反射波の入射波に対する位相変化を表す。式 (5.58) を
用いて，全反射による電磁波の位相変化が次式で表せる。

$$\tan\frac{\delta\phi_{\perp}}{2} = \frac{\sqrt{\mu_1}\sqrt{\varepsilon_1\mu_1\sin^2\theta_{\mathrm{i}} - \varepsilon_2\mu_2}}{\sqrt{\varepsilon_1}\mu_2 \cos\theta_{\mathrm{i}}} \tag{5.61a}$$

$$\tan\frac{\delta\phi_{\parallel}}{2} = \frac{\sqrt{\varepsilon_1}\sqrt{\varepsilon_1\mu_1\sin^2\theta_{\mathrm{i}} - \varepsilon_2\mu_2}}{\varepsilon_2\sqrt{\mu_1} \cos\theta_{\mathrm{i}}} \tag{5.61b}$$

式 (5.61) は，たとえ直線偏波が媒質に入射したとしても，位相ずれのため，全
反射後には一般に楕円偏波となることを意味する。

【例題 5.2】 周波数 15 GHz の電磁波が，第 1 媒質（比誘電率 $\varepsilon_1 = 2.3$）から
第 2 媒質（比誘電率 $\varepsilon_2 = 1.0$）に入射するとき，次の各値を求めよ。ただし，
比透磁率は両媒質ともに 1.0 とする。

① 入射電磁波の第 2 媒質での波長 λ_2 と $\lambda_2/2\pi$，② 臨界角 θ_c，③ 入射角 θ_i が θ_c よりも $5°$，$10°$，$20°$，$30°$ 多いときについて，電界の浸入深さ z_g。
[解] ① 波長 λ_2 は式 (2.8) より $\lambda_2 = c/f = 3.0 \times 10^8/(15 \times 10^9)\mathrm{m} = 20\,\mathrm{mm}$ で，$\lambda_2/2\pi = 3.2\,\mathrm{mm}$ となる。② 臨界角は式 (5.52) より $\theta_\mathrm{c} = \sin^{-1}(\sqrt{1.0}/\sqrt{2.3}) = 41.3°$ となる。③ 電界の浸入深さは，式 (5.57) より，$\theta_\mathrm{i} = 46.3°$，$51.3°$，$61.3°$，$71.3°$ のそれぞれに対して $z_\mathrm{g} = 7.1\,\mathrm{mm}$，$5.0\,\mathrm{mm}$，$3.6\,\mathrm{mm}$，$3.1\,\mathrm{mm}$ を得る。

【電磁波の反射と透過に関するまとめ】

(i) 入射波に対する反射と透過波の割合は，一般に偏波に依存する。TE 波（S 偏波）と TM 波（P 偏波）に対する振幅反射係数の一般式は，それぞれ式 (5.13)，(5.17) で，振幅透過係数の一般式は，それぞれ式 (5.14)，(5.18) で表せる。

(ii) 振幅反射係数と振幅透過係数はともに，各媒質の固有インピーダンス Z_w を用いて表せる。これらの結果は分布定数線路での反射・透過特性と関係づけることができる（§6.2 参照）。

(iii) 垂直入射に対して，振幅反射係数は TE 波と TM 波で逆符号となり（式 (5.19) 参照），振幅透過係数は TE・TM 波ともに同じ値となる（式 (5.20) 参照）。

(iv) 損失がある場合の電力反射率は式 (5.31)，(5.32) で，電力透過率は式 (5.34)，(5.35) で求められる。各偏波についてのエネルギー保存則は，損失がある場合は式 (5.37) で，無損失の場合は式 (5.40) で表される。

(v) 振幅反射係数が零となるときの入射角をブルースタ角 θ_B と呼ぶ。これは TM 波に対して式 (5.45) で，TE 波に対して式 (5.48) で表せるが，同一の ε と μ に対して θ_B が両波で同時に生じることはない。非磁性媒質（$\mu = 1$）ではブルースタ角は TM 波でのみ生じる。

(vi) 振幅反射係数が 1 となるときの入射角を臨界角 θ_c と呼び，入射角が臨界角以上になると全反射が生じる。このとき，電磁波が境界面の反対側にもわずかに浸み出すが，エネルギーは流出しない。

【演習問題】

5.1　電磁波が空気中から完全導体（$\sigma_2 = \infty$）に入射するとき，TE・TM 波に対する振幅反射係数と振幅透過係数を求めよ。

5.2　電磁波が無損失媒質から損失のある媒質へ入射するとき，TE・TM 波の振幅反射係数の式 (5.27), (5.28) を導け。

5.3　無損失媒質では，電力反射率 $\mathcal{R}_\mathrm{i}$ と電力透過率 $\mathcal{T}_\mathrm{i}$（$\mathrm{i} =\perp, \parallel$）の和が，TE・TM 波ともに常に 1 となることを示せ。

5.4　TM 波が無損失媒質にブルースタ角で入射するとき，入射波の電力がすべて透過することを示せ。

5.5　TM 波入射に対するブルースタ角について次の問いに答えよ。

①　入射側と透過側媒質の固有インピーダンスがそれぞれ Z_w1, Z_w2 で，比透磁率が 1 のとき，ブルースタ角をこれらの記号で表せ。

②　電波が空気中から湿土（比誘電率 $\varepsilon \sim 10$，導電率 $\sigma = 10^{-3}\,\mathrm{S/m}$）に入射するとき，変位電流が優勢であるとして，式 (4.23) の第 1 項のみと ① の結果を利用してブルースタ角を求めよ。

③　上記のとき，準偏光角が式 (5.50) で決まるとして，例題 4.1 での固有インピーダンスの値を利用して，周波数 $100\,\mathrm{kHz}$ と $10\,\mathrm{MHz}$ での準偏光角を求めよ。この値を図 5.3 で $\mathrm{Re}\{r_\parallel\} = 0$ となる入射角と比較して，わかることを述べよ。

5.6　無損失媒質において，振幅反射係数の式 (5.13a), (5.17a) で $r_\perp = r_\parallel = 1$ となるときの入射角を導き，それが臨界角と一致することを示せ。

第6章　分布定数線路

　電気信号や電力を遠隔地に送る伝送線路で，インダクタンスや電気容量など
が伝送方向に対して分布しているとする考え方を分布定数線路と呼ぶ。これは
マクスウェル方程式で解析される電磁波とも密接な関係がある。

　本章では，まず伝送線路方程式に基づいて，伝送線路における電圧と電流特
性の基本式を導き，伝搬定数やインピーダンスなどを説明する。次に，伝送線
路の受端に負荷がある場合について反射特性を調べ，電圧定在波比と反射特性
との関係を説明する。後半では，分布定数線路とマクスウェル方程式との対応
関係に言及した後，伝送線路に損失がある場合の特性などを説明する。

§6.1　伝送線路の等価回路

　同軸線路や導波管などの**伝送線路**（transmission line）の伝送特性は，厳密
には電界や磁界で扱う必要があるが，インダクタンスや電気容量などが伝送方
向に対して分布しているとして考えることができる。このような線路状のもの
を**分布定数線路**（distributed constant line）と呼ぶ。本節では，伝送線路の
基本式と特性を説明する。

6.1.1　伝送線路の基本式

　2本の導体が長さ方向に一様に分布し，これに電流が流れているとする。電
流が流れることにより導体の回りに磁界が生じて，これはインダクタンスとな
る。また，2本の導体間で電荷が移動するため，これは電気容量となる。した
がって，伝送線路を導体とみなし，導体による伝搬損失を無視すると，導体の
一部の微小区間 Δz を LC の等価回路でモデル化できる。

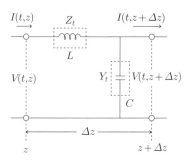

図 6.1　分布定数線路の等価回路モデル
　　　　Z_t, Y_t：単位長さ当たりのインピーダンスとアドミタンス
　　　　L, C：単位長さ当たりのインダクタンスと電気容量，Δz：微小距離

　図 **6.1** で導体を右向きに流れる電流を $I(t,z)$，導体間の電圧差を $V(t,z)$，単位長さ当たりのインダクタンスと電気容量をそれぞれ L, C とする。微小距離 Δz 離れた 2 点間では，キルヒホッフの法則により，電圧降下 ΔV と電流変化 ΔI が

$$\Delta V = V(t, z + \Delta z) - V(t,z) = \left(V + \frac{\partial V}{\partial z}\Delta z\right) - V = -L\Delta z\frac{\partial I}{\partial t} \tag{6.1}$$

$$\Delta I = I(t, z + \Delta z) - I(t,z) = \left(I - \frac{\partial I}{\partial z}\Delta z\right) - I = C\Delta z\frac{\partial V}{\partial t} \tag{6.2}$$

で関係づけられる。上式で $\Delta z \to 0$ の極限を考えると，

$$\frac{\partial V}{\partial z} = -L\frac{\partial I}{\partial t}, \quad \frac{\partial I}{\partial z} = -C\frac{\partial V}{\partial t} \tag{6.3a,b}$$

と書ける。式 (6.3) は**伝送線路方程式**または**電信方程式**と呼ばれる。
　式 (6.3) の 2 式で，一方を z で偏微分し，他方を t で偏微分して，電流または電圧を消去すると，電圧 V と電流 I に対して同一形式の時空間を含む偏微分方程式が，次のように得られる。

$$\frac{\partial^2 \psi}{\partial z^2} - LC\frac{\partial^2 \psi}{\partial t^2} = 0 \quad (\psi = V, I) \tag{6.4}$$

回路理論に基づく伝送線路方程式 (6.4) は，マクスウェル方程式から導かれる，1 次元での波動方程式 (2.26) と形式的にまったく同じであり，両者が密接な関係をもつことを示す（これについては §6.4 でもう少し詳しく言及する）。式 (6.4) は，分布定数線路では電圧や電流が波動として伝搬することを示す。

伝送線路に交流（角周波数 ω）が流れていると，上記議論で $\partial/\partial t = j\omega$ と置き換えることができる。単位長さ当たりのインピーダンスを $Z_t = j\omega L\,[\Omega/\mathrm{m}]$，アドミタンスを $Y_t = j\omega C\,[\mathrm{S/m}]$ で表すと，式 (6.3)，(6.4) の代わりに，

$$\frac{dV}{dz} = -Z_t I, \quad \frac{dI}{dz} = -Y_t V \tag{6.5a,b}$$

$$\frac{d^2\psi}{dz^2} - \gamma^2\psi = 0 \quad (\psi = V, I) \tag{6.6a}$$

$$\gamma^2 \equiv Z_t Y_t \,(= -\omega^2 LC) \tag{6.6b}$$

が得られる。式 (6.6a) はマクスウェル方程式から導かれる，1 次元での波動方程式 (2.34) と形式的にまったく同じである。

式 (6.6a) の解を $\exp(\gamma z)$ とおくと，

$$\gamma^2 - Z_t Y_t = \gamma^2 + \omega^2 LC = 0, \quad \gamma_\pm = \mp\sqrt{Z_t Y_t} = \mp j\omega\sqrt{LC}$$

より，伝送線路での電圧の一般解が次式で書ける。

$$V(z) = V_+ \exp(-\gamma z) + V_- \exp(\gamma z) \tag{6.7}$$

$$\gamma = \sqrt{Z_t Y_t} = j\beta, \quad \beta = \omega\sqrt{LC} \tag{6.8}$$

式 (6.7) の右辺第 1・2 項はそれぞれ前進波と後進波を表し，一般に伝送線路中にはこれらの波が混在する。V_+ と V_- は前・後進波に対する振幅であり，伝送線路両端での境界条件から決定される。

式 (6.8) で示した γ は **伝搬定数**（propagation constant）と呼ばれ，動作条件によらない伝送線路固有の値である。これは一般に複素数であり，

$$\gamma = \alpha + j\beta \quad (\alpha, \beta：実数) \tag{6.9}$$

と記述される。$\alpha\,[\mathrm{Np/m}]$ は **減衰定数** と呼ばれ，振幅の減衰に関係しており，通

常，減衰に対して $\alpha > 0$ にとられる。$\beta \,[\mathrm{rad/m}]$ は**位相定数**と呼ばれ，位相の遅延に関係する。無損失 $(\alpha = 0)$ の場合には，γ は純虚数となる。

伝送線路での電流の一般解は，式 (6.7) を式 (6.5a) に代入して，次式で表せる。

$$I(z) = \frac{\gamma}{Z_t}[V_+ \exp(-\gamma z) - V_- \exp(\gamma z)]$$

$$= I_+ \exp(-\gamma z) - I_- \exp(\gamma z) \tag{6.10a}$$

$$I_\pm = \frac{V_\pm}{Z_c} \quad (複号同順) \tag{6.10b}$$

$$Z_c \equiv \sqrt{\frac{Z_t}{Y_t}} = \sqrt{\frac{L}{C}} \tag{6.11}$$

式 (6.10a) の導出に際して $\gamma/Z_t = \sqrt{Y_t/Z_t} = 1/Z_c$ を用いた。式 (6.11) で定義した Z_c は**伝送線路の特性インピーダンス** (characteristic impedance) と呼ばれ，周波数や位置に依存しない線路固有の値である。Z_c は前進波および後進波に対する電圧と電流の比 V_+/I_+，V_-/I_- を表し，定常状態における電気回路での定義と同じになる。式 (6.10a) における I_- の前のマイナス符号は，電圧と電流の間での位相ずれを表す。分布定数線路の特性を知る上で，伝搬定数 γ と特性インピーダンス Z_c は重要な役割を果たす。

当面，伝送線路に損失がない場合の特性を主に説明し，損失がある場合は §6.5 で説明する。

6.1.2 　伝送線路における位相定数 β に関する特性値

本項では，伝送線路に損失がない $(\alpha = 0)$ 場合について，位相定数 β から誘導できる特性値を説明する。

無損失伝送線路（位相定数 β）上で，位相が 2π の整数倍だけ異なる位置は同位相にあるという。波動を特定の時間で固定し，同位相にある隣接位置が距離 λ_g だけ離れているとき，$\beta \lambda_\mathrm{g} = 2\pi$ より，

$$\lambda_\mathrm{g} = \frac{2\pi}{\beta} \tag{6.12}$$

が得られ，この λ_g を**伝送線路上の波長**と呼ぶ。

伝送線路における波動の**位相速度** v_p と**群速度** v_g は，それぞれ式 (2.8) で波数 k を位相定数 β に置き換えた式と式 (3.4) より，次式で定義される。

$$v_p \equiv \frac{\omega}{\beta} \tag{6.13}$$

$$v_g \equiv \frac{1}{d\beta/d\omega} \tag{6.14}$$

前項の LC 等価回路で，式 (6.8) を式 (6.13)，(6.14) に代入すると，

$$v_p = v_g = \frac{1}{\sqrt{LC}} \tag{6.15}$$

のように，位相速度と群速度が等しく，かつその速度が角周波数に依存しない値となる。一般的には，位相速度と群速度は異なる（§3.2 参照）。本項での結果を利用すると，式 (6.8) で示した無損失伝送線路での位相定数 β は

$$\beta = \omega\sqrt{LC} = \frac{\omega}{v_p} = \frac{2\pi}{\lambda_g} \tag{6.16}$$

でも表せる。

【例題 6.1】 単位長さ当たりのインダクタンス $L = 650\,\mathrm{nH/m}$，電気容量 $C = 150\,\mathrm{pF/m}$ の伝送線路で $100\,\mathrm{MHz}$ の信号を送信するとき，次の各値を求めよ。

① 線路の特性インピーダンス Z_c，② 位相定数 β，③ 位相速度 v_p と群速度 v_g。

[解] ① 式 (6.11) より $Z_c = \sqrt{L/C} = \sqrt{650 \times 10^{-9}/(150 \times 10^{-12})}$
$= 65.8\,\Omega$，

② 式 (6.8) より $\beta = \omega\sqrt{LC} = 2\pi \times 10^8\sqrt{650 \times 10^{-9} \cdot 150 \times 10^{-12}}$
$= 6.20\,\mathrm{rad/m}$，

③ 式 (6.15) より，$v_p = v_g = 1/\sqrt{LC} = 1/\sqrt{650 \times 10^{-9} \cdot 150 \times 10^{-12}}$
$= 1.01 \times 10^8\,\mathrm{m/s}$。

§6.2　伝送線路における波動の反射と透過

　伝送線路や各種計測機器，アンテナなどが接続される場合，接続部で電気信号が歪むことなく，効率良く伝送される必要がある。伝送線路の受端に負荷が接続され，ここで反射があると，入射波と反射波で定在波が形成される。この際，接続部両側の媒質のインピーダンスが重要な役割を果たす。

　本節では伝送線路内の接続部における波動の反射と透過の様子を調べるため，反射係数，定在波，電圧定在波比などについて議論する。

6.2.1　線路での反射係数と電圧定在波比

　長さ l の無損失伝送線路（特性インピーダンス Z_c）の受端間を，特性インピーダンス Z_L の負荷で終端する（**図 6.2**）。このとき，負荷の特性インピーダンスは，式 (6.7)，(6.10) を用いて受端（$z = l$）での電圧と電流を定めて，

$$Z_\mathrm{L} = \frac{V(l)}{I(l)} = \frac{Z_\mathrm{c}[V_+ \exp(-\gamma l) + V_- \exp(\gamma l)]}{V_+ \exp(-\gamma l) - V_- \exp(\gamma l)} \tag{6.17}$$

で書ける。

　式 (6.17) を受端での入射波と反射波に分離して整理すると，まず両波の電圧比を得，それに式 (6.10b) を適用すると電流比を得る。よって，反射波の入射波に対する比が次式で書ける。

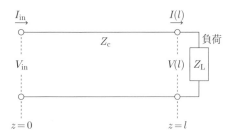

図 6.2　有限長の伝送線路に接続された負荷
　　　　　Z_c：線路の特性インピーダンス，Z_L：負荷の特性インピーダンス
　　　　　l：線路長

$$\frac{V_- \exp{(j\beta l)}}{V_+ \exp{(-j\beta l)}} = r, \quad \frac{I_- \exp{(j\beta l)}}{I_+ \exp{(-j\beta l)}} = r \tag{6.18a,b}$$

$$r \equiv \frac{Z_\mathrm{L} - Z_\mathrm{c}}{Z_\mathrm{L} + Z_\mathrm{c}} \tag{6.19}$$

式 (6.18a,b) における左辺は，受端での反射波（後進波）の入射波（前進波）に対する振幅比を表し，式 (6.19) で定義される r を**反射係数**（reflection coefficient）または**電圧反射係数**（voltage reflection coefficient）と呼ぶ。式 (6.19) は，r が接続点両側での特性インピーダンスと密接な関係があることを示す。特性インピーダンスは一般に複素数だから，反射係数 r も一般には複素数となる。

　無損失伝送線路における反射係数の式 (6.19) が，平面波で求めた垂直入射時の TE 波に対する振幅反射係数の式 (5.19) と形式的に一致している。

　無損失伝送線路の受端で反射があるとき，式 (6.18a) を式 (6.7) に代入すると

$$\begin{aligned} V(z) &= [(1-r)+r]V_+ \exp{(-j\beta z)} + rV_+ \exp{(-2j\beta l)}\exp{(j\beta z)} \\ &= (1-r)V_+ \exp{(-j\beta z)} + rV_+ \exp{(-j\beta l)}[\exp{[j\beta(l-z)]} \\ &\quad + \exp{[-j\beta(l-z)]} \\ &= (1-r)V_+ \exp{(-j\beta z)} + 2rV_+ \cos{[\beta(l-z)]}\exp{(-j\beta l)} \end{aligned} \tag{6.20}$$

で書ける。上式ではオイラーの公式 $\exp{(\pm jx)} = \cos{x} \pm j\sin{x}$ を用いた。式 (6.20) 最下段第 1 項は前進波を表す。第 2 項は位相項が位置 z を含まず，これは入射波と反射波により形成される**定在波**（standing wave）を表す。

　電圧の絶対値 $|V(z)|$ の例を図 **6.3** に示す。$|V(z)|$ の最大値は $V_\mathrm{max} = |V_+|(1+|r|)$，最小値は $V_\mathrm{min} = |V_+|(1-|r|)$ となる。式 (6.20) より，$r=1$ のとき定在波のみになることがわかる。$|V(z)|$ の周期を z_p とおくと，$\beta z_\mathrm{p} = \pi$ に式 (6.12) を適用して，電圧と電流に対して次式を得る。

$$z_\mathrm{p} = \frac{\pi}{\beta} = \frac{\lambda_\mathrm{g}}{2} \tag{6.21}$$

これは，電圧と電流の絶対値の周期が伝送線路上の半波長になることを示す。

　電圧に対する定在波を**電圧定在波**と呼び，電圧の絶対値 $|V(z)|$ の最大値 V_max と最小値 V_min の比

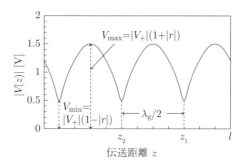

図 **6.3**　反射があるときの電圧定在波の概略
r：反射係数，λ_g：伝送線路上の波長，l：伝送路長

$$\mathrm{VSWR} \equiv \frac{V_{\max}}{V_{\min}} \tag{6.22}$$

で定義される値を**電圧定在波比**（voltage standing-wave ratio：VSWR）と呼ぶ。電圧は測定可能なので，測定値から電圧定在波比が決定できる。

　反射係数 r は線路特性を記述する基本的なパラメータのひとつであり，$|r| \leqq 1$ を満たす。以下では電圧定在波比から反射係数が求められることを示す。

　反射係数 r の式 (6.19) を，極形式で次のようにおく。

$$r = |r| \exp\left(j\theta\right) \tag{6.23}$$

ただし，θ は位相である。このとき，式 (6.18a) を式 (6.7) に代入した式に式 (6.23) を適用すると，伝送線路の位置 z での電圧が次式で表せる。

$$\frac{V(z)}{V_+ \exp\left(-j\beta z\right)} = 1 + |r| \exp\left\{j[\theta - 2\beta(l-z)]\right\} \tag{6.24}$$

式 (6.24) の両辺の絶対値をとると，次式を得る。

$$|V(z)| = |V_+|\sqrt{1 + |r|^2 + 2|r| \cos\left[\theta - 2\beta(l-z)\right]} \tag{6.25a}$$

電流についても式 (6.18b) を式 (6.10a) に代入し，同様にして次式が導ける。

$$|I(z)| = |I_+|\sqrt{1 + |r|^2 - 2|r| \cos\left[\theta - 2\beta(l-z)\right]} \tag{6.25b}$$

電圧と電流では，反射係数の前の符号だけが反転していることがわかる。

【例題 6.2】 伝送線路の送端側の特性インピーダンスが $75\,\Omega$ で，受端側の特性インピーダンスが次の値のとき，各場合の反射率 r の絶対値と位相 θ を求めよ。
① $50\,\Omega$，② $75\,\Omega$，③ $100\,\Omega$，④ $(75 + j25)\,\Omega$
[解] 式 (6.19)，(6.23) を利用する。① $r = -0.2$ より $|r| = 0.2$，$\theta = \pi$，②
$|r| = 0$，③ $|r| = 0.143$，$\theta = 0$，④ $r = j/(6 + j) = (1 + j6)/37$ より，
$|r| = \sqrt{1 + 6^2}/37 = 0.164$，$\theta = \tan^{-1} 6 = 80.5°$。反射率が 0 となるのは，
送端側と受端側の特性インピーダンスが実部だけでなく虚部も一致するときである。

電圧定在波が最大値をとる位置は，式 (6.25a) で $\exp\{j[\theta - 2\beta(l - z)]\} = 1$
より

$$l - z = \frac{\lambda_{\mathrm{g}}}{4\pi}(\theta - 2\pi m) \qquad (m : 0 \text{ を含めた正負の整数}) \qquad (6.26a)$$

で得られ，最大値が次式となる。

$$V_{\max} = |V_+|(1 + |r|) \tag{6.26b}$$

また，最小値をとる位置は，$\exp\{j[\theta - 2\beta(l - z)]\} = -1$ より

$$l - z = \frac{\lambda_{\mathrm{g}}}{4\pi}[\theta - (2m + 1)\pi] \quad (m : 0 \text{ を含めた正負の整数}) \qquad (6.27a)$$

で，最小値は次式で得られる。

$$V_{\min} = |V_+|(1 - |r|) \tag{6.27b}$$

既述のように，電流定在波の式 (6.25b) は，電圧定在波の式 (6.25a) に比べて反射係数の前の符号だけが反転しているから，電圧が最大（最小）値をとる位置では電流が最小（最大）値をとる。

電圧定在波比は，式 (6.26b)，(6.27b) を用いて，次式で書ける。

$$\mathrm{VSWR} = \frac{V_{\max}}{V_{\min}} = \frac{1 + |r|}{1 - |r|} \tag{6.28}$$

一般には，VSWR は $1 \leqq$ VSWR の実数値をとる。式 (6.28) を $|r|$ に対して求めると，

$$|r| = \frac{\text{VSWR} - 1}{\text{VSWR} + 1} \tag{6.29}$$

を得る。式 (6.29) は，式 (6.23) における反射係数 r の絶対値が，VSWR を測定することによって求められることを示す。

　式 (6.23) における反射係数の位相 θ は，電圧の最大値（山）と最小値（谷）のいずれからも求められるが，谷の方が急峻なのでより高精度となる。受端に一番近い谷と次の谷の位置をそれぞれ z_1, z_2 とする（図 6.3 参照）。式 (6.21) より，隣接する電圧の谷と谷の間隔が $\lambda_\text{g}/2$ となるから，伝送線路上の波長 λ_g が

$$\lambda_\text{g} = 2(z_1 - z_2) \tag{6.30a}$$

で，式 (6.27a) より位相が次式で求められる。

$$\theta = 2\beta(l - z_1) \pm \pi = \frac{4\pi}{\lambda_\text{g}}(l - z_1) \pm \pi = \frac{2\pi}{z_1 - z_2}(l - z_1) \pm \pi \tag{6.30b}$$

　反射係数 r の値と伝送線路の特性インピーダンス Z_c がわかれば，式 (6.19) より負荷のインピーダンス Z_L が

$$Z_\text{L} = Z_\text{c}\frac{1 + r}{1 - r} \tag{6.31}$$

で計算できる。つまり，未知のインピーダンス Z_L の値が，電圧定在波比と電圧最小位置を測定することにより求められる。これはマイクロ波帯でのインピーダンス測定法として利用されている。

6.2.2　反射係数と電圧定在波比の議論

　本項では，反射係数と電圧定在波比の値をいくつかの場合について検討する。
(1) 負荷のインピーダンス Z_L が伝送線路の特性インピーダンス Z_c に一致している場合：

　式 (6.19) より，反射係数が $r = 0$ となり，無反射となる。これは前進波が反

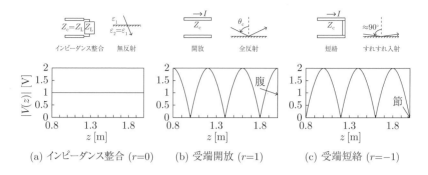

(a) インピーダンス整合 (r=0) (b) 受端開放 (r=1) (c) 受端短絡 (r=−1)

図 **6.4** 反射係数 r による電圧波形の違いと光学現象との対応
各場合の右上図は光学現象概略，電圧波形の右端は受端。

射することなく，送端からの電力がすべて負荷へ供給されることを表す。この場合，**インピーダンス整合**（matching）がとれているという。図 **6.4**(a) に示すように，無反射（$r = 0$）のときは，反射波がないため電圧が位置によらず平坦となり，定在波が形成されずに VSWR $= 1$ となる。これは，電磁波が同一の ε と μ の境界面に入射するとき無反射となることに対応する。

インピーダンスに不整合があれば，その箇所で反射が生じて信号が乱れる原因となるので，電子計測機器や放送機器等ではインピーダンスが $50\,\Omega$ または $75\,\Omega$ になるように統一されている（§10.2 参照）。

(2) 受端間が開放されている（$Z_\mathrm{L} = \infty$）場合：

反射係数が $r = 1$ となり，入射波が受端ですべて反射される。これは完全反射（$|r| = 1$）を意味し，$V_\mathrm{min} = 0$, VSWR $= \infty$ となる。電圧定在波は受端で最大値，つまり腹（antinode）となる（同図 (b)，演習問題 6.2 参照）。受端間の開放は，電磁波が第 2 媒質側に到達しない全反射に相当し，臨界角入射の式 (5.53) と等しい。

(3) 受端間が短絡されている（$Z_\mathrm{L} = 0$）場合：

反射係数が $r = -1$ となる。これは，入射波が受端ですべて反射され，位相が反転されることを示す。このときも完全反射で VSWR $= \infty$ となり，電圧定在波は受端で最小値 $V_\mathrm{min} = 0$，つまり節（node）となる（同図 (c) 参照）。受端間の短絡は，電磁波の向きが完全に反転されることに相当し，平面波におけ

るすれすれ入射での式 (5.22a) と等しくなる。

　以上の結果は，特性インピーダンスが Z_c と Z_L の伝送線路が接続されている場合にも同様にあてはまる。

【例題 6.3】 特性インピーダンスが $50\,\Omega$ の無損失伝送線路の受端部に，未知インピーダンス Z_L の負荷が接続されている。このときにできた電圧波形を図に示す。最小値を示す位置は，受端から $l - z_1 = 1.25\,\mathrm{cm}$，$l - z_2 = 16.25\,\mathrm{cm}$ であった。このとき，次の各値を求めよ。ただし，真空中の光速を $3.0 \times 10^8\,\mathrm{m/s}$ とせよ。

① 伝送線路上の波長，② 電源の周波数，③ 電圧定在波比，④ 反射係数，⑤ Z_L の値。

[解] ① 最小値間隔は半波長に相当するから，式 (6.30a) より波長は $\lambda_\mathrm{g} = 2 \cdot 0.15 = 0.3\,\mathrm{m}$。② 周波数は式 (2.12) より $f = c/\lambda_\mathrm{g} = 3.0 \times 10^8/0.3 = 1.0 \times 10^9\,\mathrm{Hz} = 1.0\,\mathrm{GHz}$。③ 図より $V_\mathrm{max} = 6.0\,\mathrm{V}$，$V_\mathrm{min} = 2.0\,\mathrm{V}$ を式 (6.22) に代入して $\mathrm{VSWR} = 6.0/2.0 = 3.0$。④ 式 (6.29) より，反射係数 r の絶対値は $|r| = (3.0-1)/(3.0+1) = 0.5$ となる。反射係数の位相角は，式 (6.30b) より $\theta = (2\pi \cdot 0.0125/0.15) \pm \pi = \pi/6 \pm \pi = 7\pi/6, -5\pi/6$ で + 側をとると $\theta = 7\pi/6$ で，反射係数が $r = 0.5\exp(j7\pi/6) = -0.433 - j0.25$ となる。⑤ 式 (6.31) に上記値を代入して $Z_\mathrm{L} = 17.7 - j11.8\,\Omega$ を得る。

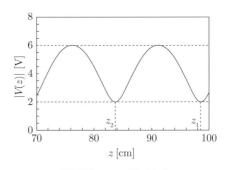

図例題 6.3　電圧波形

§6.3 伝送線路における入力インピーダンス

　本節では，伝送線路の受端側に負荷（インピーダンス）がある場合の入力イ
ンピーダンスをいくつかの条件のもとで調べる（図 6.2 参照）。伝送線路が無損
失の場合，伝搬定数 γ は純虚数であるが，本節では損失がある場合（§6.5 参照）
にも結果が使えるように，伝搬定数 γ を原則複素数のままで記述し，要所での
み位相定数 β を用いた表現も併記する。

　伝送線路（特性インピーダンス Z_c）の送端（$z = 0$）での電圧を V_{in}，電流
を I_{in} とおき式 (6.7)，(6.10) を解くと，位置 z での電圧 V と電流 I が

$$V(z) = V_{\text{in}} \cosh \gamma z - Z_c I_{\text{in}} \sinh \gamma z \tag{6.32a}$$

$$I(z) = -\frac{V_{\text{in}}}{Z_c} \sinh \gamma z + I_{\text{in}} \cosh \gamma z \tag{6.32b}$$

で表せる。特に伝送線路が無損失（$\alpha = 0$）の場合，式 (6.32) で伝搬定数を
$\gamma = j\beta$（β：位相定数）とおくと，

$$\cosh \gamma z = \cosh j\beta z = \cos \beta z, \quad \sinh \gamma z = \sinh j\beta z = j \sin \beta z$$

を用いて，電圧と電流が次式で書ける。

$$V(z) = V_{\text{in}} \cos \beta z - j Z_c I_{\text{in}} \sin \beta z \tag{6.33a}$$

$$I(z) = -j\frac{V_{\text{in}}}{Z_c} \sin \beta z + I_{\text{in}} \cos \beta z \tag{6.33b}$$

式 (6.32)，(6.33) は，任意の位置での電圧 V と電流 I を，送端（$z = 0$）での
電圧 V_{in} と電流 I_{in} の関数として表したものである。

　式 (6.32) を V_{in}，I_{in} に対して解いた結果を行列形式で表すと，次式で書ける。

$$\begin{pmatrix} V_{\text{in}} \\ I_{\text{in}} \end{pmatrix} = [\text{F}] \begin{pmatrix} V(z) \\ I(z) \end{pmatrix} \tag{6.34a}$$

$$[\text{F}] \equiv \begin{pmatrix} \cosh \gamma z & Z_c \sinh \gamma z \\ (1/Z_c) \sinh \gamma z & \cosh \gamma z \end{pmatrix} = \begin{pmatrix} A & B \\ C & D \end{pmatrix} \tag{6.34b}$$

式 (6.34) における [F] は，二端子対回路における **F** 行列または **ABCD** 行列
と呼ばれるものと同じであり，受動素子のみからなる可逆回路の場合には

$$AD - BC = 1 \tag{6.35}$$

を満たす。式 (6.34) では，送端と受端が式の左右で分離されているので，縦続
回路の場合には行列の積計算を機械的に行うだけで済むという利点がある。こ
の性質は，一方向に長く分布する分布定数線路の解析で非常に役立つ。

　有限長 l の伝送線路（特性インピーダンス Z_c）の受端側をインピーダンス Z_L
で終端する場合を考える（図 6.2 参照）。式 (6.34) で $V(l) = V_2$，$I(l) = I_2$，
$V_2/I_2 = Z_L$ とおけるから，送端（$z = 0$）から見た**入力インピーダンス** Z_{in} は

$$\begin{aligned}
Z_{in} = \frac{V_{in}}{I_{in}} &= \frac{V_2 \cosh \gamma l + Z_c I_2 \sinh \gamma l}{(V_2/Z_c) \sinh \gamma l + I_2 \cosh \gamma l} \\
&= Z_c \frac{Z_L \cosh \gamma l + Z_c \sinh \gamma l}{Z_c \cosh \gamma l + Z_L \sinh \gamma l}
\end{aligned} \tag{6.36}$$

で得られる。これより，入力インピーダンスは一般に伝送線路長 l に依存して
変化することがわかる。

　次に，式 (6.36) を特殊な場合について検討する。

(1) 無損失の線路長が半波長の場合：

　式 (6.21) より得られる $\beta l = \pi$ を式 (6.36) に代入して，入力インピーダン
スを

$$Z_{in} = Z_c \frac{Z_L \cos \pi + j Z_c \sin \pi}{Z_c \cos \pi + j Z_L \sin \pi} = Z_L \tag{6.37}$$

で得る。これは，入力インピーダンスが受端のインピーダンス Z_L に等しくな
ることを表す。

(2) 無損失の線路長が 4 分の 1 波長の場合：

　$\beta l = \pi/2$ を式 (6.36) に代入して，次式を得る。

$$Z_{in} = Z_c \frac{Z_L \cos \pi/2 + j Z_c \sin \pi/2}{Z_c \cos \pi/2 + j Z_L \sin \pi/2} = \frac{Z_c^2}{Z_L} \tag{6.38}$$

これは，入力インピーダンスが受端のインピーダンスに反比例することを表す。

これにより，容量性と誘導性インピーダンスの相互変換が行える（演習問題 6.4 参照）。

(3) 無損失線路で受端間が短絡されている（$Z_L = 0$）場合：

$$Z_{in} = Z_c \tanh \gamma l = Z_c \tanh (j\beta l) = jZ_c \tan \beta l \qquad (6.39)$$

を得る。この場合の入力インピーダンスは純リアクタンスとなり，$l = 0$ のとき $Z_{in} = 0$ で，l の増加とともに符号が周期的に変化する。

(4) 無損失線路で受端間を開放する（$Z_L = \infty$）場合：

$$Z_{in} = Z_c \coth \gamma l = Z_c \coth (j\beta l) = -jZ_c \cot \beta l = jZ_c \tan (\beta l \pm \pi/2)$$
$$(6.40)$$

となる。式 (6.40) は，短絡した場合の結果で 4 分の 1 波長ぶんずらしたことと同じであることを意味する。つまり，受端間が短絡されている場合で，$l = \lambda_g/2$ の位置を開放端とみなすことと等価である。

【分布定数線路のまとめ】

(i) 単位長さ当たりのインダクタンス L と電気容量 C からなる分布定数線路で，電圧 V と電流 I を記述する伝送線路方程式 (6.4) は，マクスウェル方程式から導かれる波動方程式 (2.26) と形式的に同じとなる。

(ii) 伝送線路方程式の特性は伝搬定数 γ で記述でき，その実部 α は減衰定数，虚部 β は位相定数と呼ばれる。各種特性は位相定数 β から求められる。

(iii) 伝送線路の特性インピーダンス Z_c は周波数や位置に依存しない線路固有の値であり，L と C で表せる（式 (6.11) 参照）。

(iv) 伝送線路の接続部で，インピーダンス整合がとれているときには，接続面で反射を生じることなく，電圧や電流が連続的に進行する。特性インピーダンスが異なる位置では波動の反射が生じて，電圧と電流の定在波ができ，その周期が伝送線路上の波長 λ_g の半分となる。

(v) 反射係数 r で記述される電圧・電流特性は，平面電磁波の反射・透過特性と対応づけることができる（§5.2 参照）。

(vi) 電圧定在波比（VSWR）と電圧最小位置を測定することにより，反射係数

r を求めることができる。

(vii) 反射係数 r と伝送線路の特性インピーダンス $Z_{\rm c}$ が既知となれば，式 (6.31) を用いて負荷のインピーダンス $Z_{\rm L}$ を求めることができる。

§6.4　分布定数線路と電磁波との関係

本節では，電磁波（角周波数 ω）が z 方向に一様な媒質（比誘電率 ε，比透磁率 μ）中を伝搬する場合との対応を考える。横方向の電磁界成分が z のみに依存するとき，1 次元の波動方程式 (2.34)，あるいは後述する同軸線路での式 (10.14a) も実質的に 1 次元となって，いずれの電磁界 ψ も次式で表せる。

$$\frac{d^2\psi(z)}{dz^2} + \omega^2 \varepsilon\varepsilon_0\mu\mu_0\psi(z) = 0 \tag{6.41}$$

ただし，ε_0 は真空の誘電率，μ_0 は真空の透磁率である。マクスウェル方程式から導いた式 (6.41) と，無損失伝送線路での式 (6.6b) を式 (6.6a) に代入した式で，

$$\gamma^2 = -\omega^2 LC, \quad \gamma^2 = -\omega^2 \varepsilon\varepsilon_0\mu\mu_0$$

と対応づけると，両者が形式的によく一致する。上記結果より，

$$LC = \varepsilon\varepsilon_0\mu\mu_0 \tag{6.42}$$

とおける。式 (6.42) は，式 (2.26) と式 (6.4) との対応からも導ける。

式 (6.42) を式 (6.8) の位相定数に代入すると $\beta = \omega\sqrt{\varepsilon\varepsilon_0\mu\mu_0}$ となり，これは当然マクスウェル方程式から得られた式 (4.19b) に一致する。媒質に分散がないとすると，式 (6.13) で定義された位相速度が次式で得られる。

$$v_{\rm p} \equiv \frac{\omega}{\beta} = \frac{1}{\sqrt{\varepsilon\varepsilon_0\mu\mu_0}} \left(= \frac{1}{\sqrt{LC}} \right) \tag{6.43}$$

波動インピーダンスは式 (2.37)，特性インピーダンスは式 (6.11) で示されており，これらが次式で対応づけられる。

$$\eta \equiv \sqrt{\frac{\mu}{\varepsilon}}\sqrt{\frac{\mu_0}{\varepsilon_0}} \left(= \sqrt{\frac{L}{C}} \right) \tag{6.44}$$

表 **6.1** 伝送線路方程式とマクスウェル方程式との対応

	無損失媒質				損失のある媒質			
	基本量				基本量			
伝送線路方程式	L	C	β	Z_c	G	α	β	Z_c'
マクスウェル方程式	$\mu\mu_0$	$\varepsilon\varepsilon_0$	β	η	σ	α	β	Z_w

式 (6.43), (6.44) より, 伝送線路方程式とマクスウェル方程式で

$$L = \mu\mu_0, \quad C = \varepsilon\varepsilon_0 \tag{6.45}$$

と対応づけられることがわかる。

表 **6.1** に伝送線路方程式とマクスウェル方程式とのパラメータの対応関係を, 後述する損失性媒質の場合も含めて示す。

§6.5 伝送線路に損失がある場合の特性

これまでの節では, 伝送線路に損失がない場合を説明した。実際には, 信号が表皮抵抗 (R) や誘電損失 (G) などにより減衰する。そのときにはインダクタンス L に直列に抵抗 R, 電気容量 C に並列にコンダクタンス G があると考える (**図 6.5**)。電圧と電流の関係は, 形式的に式 (6.5) と同形で, 単位長さ当たりのインピーダンス Z_t とアドミタンス Y_t の中味が次のように異なる。

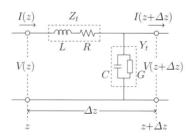

図 **6.5** 分布定数線路の等価回路 (損失がある場合)
Z_t, Y_t：単位長さ当たりのインピーダンスとアドミタンス
L：インダクタンス, R：抵抗, C：電気容量, G：コンダクタンス

$$\frac{dV}{dz} = -Z_t I, \quad Z_t = R + j\omega L \tag{6.46a,b}$$

$$\frac{dI}{dz} = -Y_t V, \quad Y_t = G + j\omega C \tag{6.47a,b}$$

これらも伝送線路方程式と呼ばれる。

式 (6.46), (6.47) から電流または電圧を消去すると, 電圧 V と電流 I に対して形式的に波動方程式 (6.6) と同じ結果が得られる。

$$\frac{d^2\psi}{dz^2} - \gamma^2 \psi = 0 \quad (\psi = V, I) \tag{6.48a}$$

$$\gamma^2 \equiv Z_t Y_t = (R + j\omega L)(G + j\omega C) \tag{6.48b}$$

ただし, 式 (6.48b) で示した伝搬定数 γ の中味は, 無損失時と異なる。

伝搬定数 γ を式 (6.9) と同じく, **減衰定数** α と**位相定数** β の和で表すと, 損失がある場合, 4.1.1 項と同様にして, 次式で求められる。

$$\alpha = \left\{ \frac{1}{2} \left[\sqrt{(R^2 + \omega^2 L^2)(G^2 + \omega^2 C^2)} - (\omega^2 LC - RG) \right] \right\}^{1/2} \text{[Np/m]} \tag{6.49a}$$

$$\beta = \left\{ \frac{1}{2} \left[\sqrt{(R^2 + \omega^2 L^2)(G^2 + \omega^2 C^2)} + (\omega^2 LC - RG) \right] \right\}^{1/2} \text{[rad/m]} \tag{6.49b}$$

式 (6.48a) の解は式 (4.9) と形式的に同じで, 図 4.1 で示したように, 伝搬方向に対する減衰振動波形となる。**位相速度**は, 式 (6.13), (6.49b) を用いて

$$v_{\text{p}} = \frac{\omega}{\beta} = \sqrt{2} \left[\sqrt{\left(\frac{R^2}{\omega^2} + L^2 \right) \left(\frac{G^2}{\omega^2} + C^2 \right)} + \left(LC - \frac{RG}{\omega^2} \right) \right]^{-1/2} \tag{6.50}$$

で書ける。式 (6.50) より, 周波数が高いとき, または損失が微小なとき ($R \ll \omega L$, $G \ll \omega C$), 位相速度が無損失時の値 $1/\sqrt{LC}$ に近づくことがわかる。

式 (6.49) は一般的すぎるので, ここでは抵抗 R とコンダクタンス G が微小 ($R \ll \omega L$, $G \ll \omega C$) なときを検討する。これは, 実際に損失をできる限り

抑えるようにするので，妥当である．$|x| \ll 1$ のとき $(1+x)^p \fallingdotseq 1 + px$ を用いて，高次の微小量を無視すると，伝搬定数 $\gamma = \alpha + j\beta$ は次式で近似できる．

$$\alpha \fallingdotseq \frac{1}{2}\left(GZ_c + \frac{R}{Z_c}\right), \quad \beta \fallingdotseq \omega\sqrt{LC} \qquad (6.51\text{a,b})$$

ここで，Z_c は無損失伝送線路の特性インピーダンス $\sqrt{L/C}$ である．式 (6.51) は，損失により振幅減衰定数 α のみが新たに生じ，これには抵抗 R やコンダクタンス G だけでなく，無損失時の特性インピーダンス Z_c も関係することを示す．位相定数 β は近似的に無損失時と同じだから，位相速度 v_p と群速度 v_g が等しく $1/\sqrt{LC}$ となり，無損失時の式 (6.15) と同じになる．

　特性インピーダンスは，式 (6.46b)，(6.47b) を式 (6.11) に適用して

$$Z'_c = \sqrt{\frac{R + j\omega L}{G + j\omega C}}, \quad |Z'_c| = \sqrt[4]{\frac{R^2 + \omega^2 L^2}{G^2 + \omega^2 C^2}} \qquad (6.52)$$

で得られ，複素数となる．また，式 (6.52) における特性インピーダンスは

$$Z'_c \fallingdotseq Z_c\left[1 + \frac{j}{2\omega}\left(\frac{G}{C} - \frac{R}{L}\right)\right] \qquad (6.53)$$

で近似できる．式 (6.53) は，高周波になるほど抵抗 R やコンダクタンス G の特性インピーダンスへの影響が減少することを示している．

　伝送線路で微小損失時の式 (6.51)，(6.53) を，マクスウェル方程式から導いた結果と比較する．式 (6.51a)，(6.53) で $R = 0$ とし，式 (6.45) を用いると $Z_c = Z_0\sqrt{\mu/\varepsilon} = \eta$ となり，式 (4.19a)，(4.23) と比較すると，伝送線路でのコンダクタンス G が導電率 σ に対応することがわかる．このように損失があるときも，伝送線路方程式とマクスウェル方程式がよく対応づけられる．

　式 (6.53) で

$$\frac{G}{C} = \frac{R}{L} \qquad (6.54)$$

が満たされる場合，特性インピーダンスが厳密に実数の Z_c となる．また，式 (6.49)，(6.50) より次式が厳密に成り立つ．

$$\alpha = G\sqrt{\frac{L}{C}} = R\sqrt{\frac{C}{L}}, \quad \beta = \omega\sqrt{LC}, \quad v_p = \frac{1}{\sqrt{LC}} \qquad (6.55)$$

式 (6.55) は，伝送線路に損失があっても，位相速度 v_p が周波数に依存しないので，波形が歪まないことを示す。そのため，式 (6.54) は**無歪条件**と呼ばれる。

【演習問題】

6.1　電気容量 $C = 7.5\,\mathrm{pF/m}$，インダクタンス $L = 3.4\,\mu\mathrm{H/m}$ の伝送線路で $200\,\mathrm{MHz}$ の信号を送信するとき，次の各値を求めよ。ただし，比透磁率を 1 とする。
① 特性インピーダンス Z_c，② 位相定数 β，③ 位相速度 v_p と群速度 v_g，④ 伝送線路上の波長 λ_g，⑤ 線路の比誘電率 ε。

6.2　無損失伝送線路の受端間が開放および短絡されているときの電圧定在波で，受端がそれぞれ腹および節となることを，式 (6.26a)，(6.27a) を用いて示せ。

6.3　特性インピーダンスが $75\,\Omega$ の無損失伝送線路の受端部に，未知インピーダンス Z_L の負荷が接続されている。このとき周波数 $500\,\mathrm{MHz}$ の高周波信号を加えると，電圧定在波ができた。電圧定在波比が 3.0 で，受端に一番近い最大値が $17.5\,\mathrm{cm}$ の位置に現れた。このとき，次の各値を求めよ。ただし，光速を $3.0 \times 10^8\,\mathrm{m/s}$ とせよ。
① 伝送線路上の波長，② 反射係数，③ Z_L の値。

6.4　有限長 l の無損失伝送線路（特性インピーダンス Z_c，位相定数 β）の受端側をインピーダンス Z_L で終端するとき，次の問いに答えよ。
① 送端（$z = 0$）から見た入力インピーダンス Z_in が次式で書けることを示せ。

$$Z_\mathrm{in} = Z_\mathrm{c} \frac{Z_\mathrm{L} \cos \beta l + jZ_\mathrm{c} \sin \beta l}{Z_\mathrm{c} \cos \beta l + jZ_\mathrm{L} \sin \beta l}$$

② 送端側線路の特性インピーダンスが $Z_\mathrm{c} = 50\,\Omega$，受端側のインピーダンスが $Z_\mathrm{L} = 100\,\Omega$ のとき，送端線路の長さが 4 分の 1 波長，半波長の場合について，入力インピーダンスを求めよ。
③ 線路長が 4 分の 1 波長で $Z_\mathrm{L} = 1/j\omega C$ のとき，入力インピーダンスを求めよ。

6.5　$R = 1.1\,\Omega/\mathrm{m}$，$L = 3.4\,\mu\mathrm{H/m}$，$C = 7.5\,\mathrm{pF/m}$，$G = 1.9\,\mu\mathrm{S/m}$ の値をもつ伝送線路で周波数 $f = 1.0\,\mathrm{MHz}$ の信号が伝送されるとき，次の各値を求めよ。
① 位相定数 β，② 位相速度 v_p，③ 線路の特性インピーダンス，④ 振幅減衰定数 α，⑤ dB/km 表示の損失値。

第7章 電磁ポテンシャル

　電磁波の特性を求めるため，第2～4章ではマクスウェル方程式を用いて，電界 $\boldsymbol{E}$ と磁界 $\boldsymbol{H}$ に基づいて議論した．本章では，電流密度 $\boldsymbol{J}$ や電荷密度 ρ が存在するときにも成り立つ，ベクトルポテンシャル $\boldsymbol{A}$ とスカラーポテンシャル ϕ および遅延ポテンシャルという概念を，マクスウェル方程式から導き，電磁界問題を解く別の方法を示す．後半では，仮想的に設定される磁流素子に対する磁気型ポテンシャル $\boldsymbol{A}_{\mathrm{m}}$ と ϕ_{m}，およびヘルツベクトルを説明する．

§7.1　電磁ポテンシャルの導入

　媒質中でのマクスウェル方程式 (2.13) をここに再録する．

$$\nabla \times \boldsymbol{E} = -\frac{\partial \boldsymbol{B}}{\partial t}, \quad \nabla \times \boldsymbol{H} = \frac{\partial \boldsymbol{D}}{\partial t} + \boldsymbol{J} \qquad (7.1\mathrm{a,b})$$

$$\mathrm{div}\boldsymbol{D} = \rho, \quad \mathrm{div}\boldsymbol{B} = 0 \qquad (7.1\mathrm{c,d})$$

ただし，$\boldsymbol{E}$ は電界，$\boldsymbol{H}$ は磁界，$\boldsymbol{D}$ は電束密度，$\boldsymbol{B}$ は磁束密度，$\boldsymbol{J}$ は電流密度，ρ は電荷密度である．

　古典的な電磁気学では，電界 $\boldsymbol{E}$ と磁束密度 $\boldsymbol{B}$ が基本的な観測量となっている．以下では，これらを別の量に変換する．ベクトル場では付録の式 (A.9) より $\mathrm{div}(\mathrm{rot}\boldsymbol{A}) = 0$ が常に成立するので，式 (7.1d) より

$$\boldsymbol{B}(\boldsymbol{r}, t) = \mathrm{rot}\boldsymbol{A}(\boldsymbol{r}, t) \qquad (7.2)$$

とおいて，$\boldsymbol{B}$ に対応する新しいベクトル $\boldsymbol{A}$ を定義し，この $\boldsymbol{A}\,[\mathrm{Wb/m}]$ をベクトルポテンシャルと呼ぶ．

式 (7.2) を式 (7.1a) に代入して $\nabla \times \boldsymbol{E} = -(\partial/\partial t)(\nabla \times \boldsymbol{A})$ を得る。空間と時間に関する微分の順序は交換可能だから，$\nabla \times (\boldsymbol{E} + \partial \boldsymbol{A}/\partial t) = 0$ を得る。ところで，付録の式 (A.8) に示す恒等式 $\mathrm{rot}(\mathrm{grad}\,\phi) = 0$ により，$\mathrm{rot}\,V = 0$ を満たすベクトル V は，あるスカラー量 ϕ の grad で表せる。この性質をいまの式に適用して，

$$\boldsymbol{E}(\boldsymbol{r},t) = -\frac{\partial \boldsymbol{A}(\boldsymbol{r},t)}{\partial t} - \mathrm{grad}\,\phi(\boldsymbol{r},t) \tag{7.3}$$

を満たすポテンシャル ϕ が定義でき，この $\phi\,[\mathrm{V}]$ を**スカラーポテンシャル**と呼ぶ。ベクトル・スカラーポテンシャルをまとめて**電磁ポテンシャル** (electromagnetic potential) と呼ぶ。これらの電磁ポテンシャルを後述する磁気型と区別するときは，「電気型」を頭に冠するが，通常は電気型が省略される。

式 (7.2)，(7.3) により，磁束密度 $\boldsymbol{B}$ と電界 $\boldsymbol{E}$ が，ベクトルポテンシャル $\boldsymbol{A}$ とスカラーポテンシャル ϕ を微分することにより求められることが明らかとなった。これらの結果は時空間での値が変動する場合に対しても成立する。

§7.2　電磁ポテンシャルに関する方程式

本節では，電磁ポテンシャル $\boldsymbol{A}$ と ϕ を求める方法を説明する。式 (7.2)，(7.3) からわかるように，$\boldsymbol{A}$ と ϕ は $\boldsymbol{B}$ や $\boldsymbol{E}$ に対する積分形で定義されているため，定数分だけ任意性がある。たとえば，1 つの特別解 $\boldsymbol{A}_{\mathrm{p}}$，$\phi_{\mathrm{p}}$ に対する一般解を

$$\boldsymbol{A} = \boldsymbol{A}_{\mathrm{p}} - \mathrm{grad}\,f, \quad \phi = \phi_{\mathrm{p}} + \frac{\partial f}{\partial t} \quad (f：任意関数) \tag{7.4}$$

で表すと，一般解もまた式 (7.2)，(7.3) を満たす（例題 7.1 参照）。つまり，電磁ポテンシャルを式 (7.4) のように変換しても，同一の電磁界 $\boldsymbol{B}$ や $\boldsymbol{E}$ を与える。このように，ある変換を行っても値が不変となる変換を**ゲージ変換** (gauge transformation) といい，f をゲージ関数という。

次に，$\boldsymbol{A}$ と ϕ に関する任意性を解消して一義的に決める手続きを進める。式 (7.2)，(7.3) を式 (7.1b) に代入して，次式を得る。

$$\mathrm{rot}\left(\frac{\mathrm{rot}\,\boldsymbol{A}}{\mu}\right) + \varepsilon_0 \mu_0 \frac{\partial}{\partial t}\left[\varepsilon\left(\frac{\partial \boldsymbol{A}}{\partial t} + \mathrm{grad}\,\phi\right)\right] = \mu_0 \boldsymbol{J}$$

ここで，ε_0 は真空の誘電率，μ_0 は真空の透磁率を表す。媒質の比誘電率 ε と比透磁率 μ に時間変化がないとき，付録の式 (A.6) を用いて，上式が

$$\nabla^2 \boldsymbol{A} - \operatorname{grad}\operatorname{div}\boldsymbol{A} - \varepsilon\varepsilon_0\mu\mu_0 \frac{\partial}{\partial t}(\operatorname{grad}\phi) - \varepsilon\varepsilon_0\mu\mu_0 \frac{\partial^2 \boldsymbol{A}}{\partial t^2} = -\mu\mu_0 \boldsymbol{J}$$

(7.5)

で書ける。式 (7.5) を $\boldsymbol{A}$ と ϕ に関する式に分離するため，左辺第 3 項で空間と時間に関する微分順序を変更し，第 2，3 項が消去し合うように，

$$\operatorname{div}\boldsymbol{A} = -\varepsilon\varepsilon_0\mu\mu_0 \frac{\partial\phi}{\partial t} = -\frac{1}{v^2}\frac{\partial\phi}{\partial t}$$

(7.6)

とおく。ただし，$v = c/\sqrt{\varepsilon\mu}$ は媒質中の電磁波の伝搬速度，$c = 1/\sqrt{\varepsilon_0\mu_0}$ は真空中の光速である。式 (7.6) は**ローレンス条件**（Lorenz gauge condition）と呼ばれ，電磁界の一義性を確保するために $\boldsymbol{A}$ と ϕ を関係づける付加条件である。この条件を満たす電磁ポテンシャルを，ローレンスゲージでの電磁ポテンシャルという。

ローレンス条件 (7.6) を設定すると，式 (7.5) からベクトルポテンシャル $\boldsymbol{A}$ に関する次の微分方程式が得られる。

$$\varepsilon\varepsilon_0\mu\mu_0 \frac{\partial^2 \boldsymbol{A}(\boldsymbol{r},t)}{\partial t^2} - \nabla^2 \boldsymbol{A}(\boldsymbol{r},t) = \mu\mu_0 \boldsymbol{J}(\boldsymbol{r},t)$$

(7.7)

式 (7.7) は，ベクトルポテンシャル $\boldsymbol{A}$ が電流密度 $\boldsymbol{J}$ と関係することを示す。

次に，式 (7.3) を式 (7.1c) に代入すると，次式を得る。

$$\operatorname{div}\left[\varepsilon\left(\frac{\partial\boldsymbol{A}}{\partial t} + \operatorname{grad}\phi\right)\right] = -\frac{\rho}{\varepsilon_0}$$

これに付録の式 (A.1) を適用して，次式を得る。

$$\varepsilon\operatorname{div}\left(\frac{\partial\boldsymbol{A}}{\partial t}\right) + \frac{\partial\boldsymbol{A}}{\partial t}\cdot\operatorname{grad}\varepsilon + \varepsilon\operatorname{div}(\operatorname{grad}\phi) + \operatorname{grad}\phi\cdot\operatorname{grad}\varepsilon = -\frac{\rho}{\varepsilon_0}$$

比誘電率 ε の空間変化が緩やかなとき，上式で $\operatorname{grad}\varepsilon$ を無視し，微分順序を変更して $\operatorname{div}\operatorname{grad} = \nabla\cdot\nabla = \nabla^2$ を用いると，次のように書ける。

$$\nabla^2\phi + \frac{\partial}{\partial t}\operatorname{div}\boldsymbol{A} = -\frac{\rho}{\varepsilon\varepsilon_0}$$

(7.8)

式 (7.8) にローレンス条件 (7.6) を代入すると，スカラーポテンシャル ϕ に関する微分方程式を次式で得る。

$$\varepsilon\varepsilon_0\mu\mu_0\frac{\partial^2\phi(\boldsymbol{r},t)}{\partial t^2} - \nabla^2\phi(\boldsymbol{r},t) = \frac{\rho(\boldsymbol{r},t)}{\varepsilon\varepsilon_0} \tag{7.9}$$

式 (7.9) は，スカラーポテンシャル ϕ が電荷密度 ρ と関係することを示す。

以上より，ローレンス条件 (7.6) を設定して，電磁ポテンシャル $\boldsymbol{A}$ と ϕ に関する任意性が解消できた。その結果，電流密度 $\boldsymbol{J}$ と電荷密度 ρ が与えられると，微分方程式 (7.7)，(7.9) を解いて，$\boldsymbol{A}$ と ϕ が求められる。これらの式は，時間変化があるときにも適用できる。

このようにして，電磁ポテンシャル $\boldsymbol{A}$ と ϕ が求められると，式 (7.2)，(7.3) を用いて磁束密度 $\boldsymbol{B}$ と電界 $\boldsymbol{E}$ が求められるという，別の道筋をマクスウェル方程式から導くことができた。電磁ポテンシャルを式 (7.4) に基づいて変換しても，式 (7.7)，(7.9) が成り立つことを確認できる。ゲージ変換された電磁ポテンシャルに対しても，微分方程式が成り立つことをゲージ不変性という。

時間変化がない静電界や静磁界では次のことがいえる。電荷密度 $\rho\,[\mathrm{C/m^3}]$ が定常的つまり時間変化がないとき，式 (7.9) の左辺第 1 項が消失し，これは静電界における**ポアッソン（Poisson）方程式**

$$\nabla^2\phi(\boldsymbol{r}) = -\frac{\rho(\boldsymbol{r})}{\varepsilon\varepsilon_0} \tag{7.10a}$$

に帰着する。比誘電率が定数のときのスカラーポテンシャル $\phi\,[\mathrm{V}]$ は，すでに静電界の問題で求められており，その結果は次式となる。

$$\phi(\boldsymbol{r}) = \frac{1}{4\pi\varepsilon\varepsilon_0}\int\frac{\rho(\boldsymbol{r}')}{r}dV' \qquad : r = |\boldsymbol{r}-\boldsymbol{r}'| \tag{7.10b}$$

ただし，$\boldsymbol{r}$ は観測点，$\boldsymbol{r}'$ は電荷分布領域 V' 内の位置を表す。

【例題 7.1】電磁ポテンシャルの一般解の式 (7.4) が式 (7.2)，(7.3) を満たすことを示せ。

[解] 式 (7.4) を式 (7.2) に代入すると，次式を得る。

$$\boldsymbol{B} = \mathrm{rot}\boldsymbol{A} = \mathrm{rot}(\boldsymbol{A}_\mathrm{p} - \mathrm{grad}f) = \mathrm{rot}\boldsymbol{A}_\mathrm{p} - \mathrm{rot}(\mathrm{grad}f) = \mathrm{rot}\boldsymbol{A}_\mathrm{p}$$

右から 2 番目の辺第 2 項は付録の式 (A.8) を用いると恒等的に零となり，式 (7.4) が式 (7.2) に一致する。次に，式 (7.4) を式 (7.3) に代入し，空間と時間に関する微分の順序を交換しても等しいことを利用すると，

$$\boldsymbol{E}(\boldsymbol{r},t) = -[(\partial/\partial t)(\boldsymbol{A}_{\mathrm{p}} - \mathrm{grad}f)] - \mathrm{grad}(\phi_{\mathrm{p}} + \partial f/\partial t)$$

を得て，やはり式 (7.3) に一致する。

§7.3 遅延ポテンシャル

本節では，電流密度 $\boldsymbol{J}$ と電荷密度 ρ が時間変化を含むとき，電磁ポテンシャルに対する表現を求める。これは，アンテナなどに関連して，電流密度や電荷密度などの波源が存在するときの放射を求めるのに役立つ。

ベクトルポテンシャル $\boldsymbol{A}$ とスカラーポテンシャル ϕ が満たすべき式 (7.7)，(7.9) は形式的に類似しているので，$\Psi(\boldsymbol{r},t)$ と $\xi(\boldsymbol{r},t)$ で代表させると，

$$\varepsilon\varepsilon_0\mu\mu_0 \frac{\partial^2 \Psi(\boldsymbol{r},t)}{\partial t^2} - \nabla^2\Psi(\boldsymbol{r},t) = \xi(\boldsymbol{r},t) \tag{7.11}$$

を解けばよいことになる。非同次偏微分方程式 (7.11) の解法を，媒質の比誘電率 ε や比透磁率 μ の空間変化が緩やかであるとして，要点のみを示す。

関数 $\Psi(\boldsymbol{r},t)$ と $\xi(\boldsymbol{r},t)$ のフーリエ変換をそれぞれ $F(\boldsymbol{r},\omega)$ と $h(\boldsymbol{r},\omega)$ で表すと，式 (7.11) における各フーリエ成分が次のように書ける。

$$\nabla^2 F(\boldsymbol{r},\omega) + k^2 F(\boldsymbol{r},\omega) = -h(\boldsymbol{r},\omega) \tag{7.12}$$

ただし，$k = \omega\sqrt{\varepsilon\mu}/c$ は媒質中の波数である。式 (7.12) で角周波数 ω を固定すると，これは位置 $\boldsymbol{r}$ だけに関する非同次常微分方程式となる。

式 (7.12) を解くため，まず，点 $\boldsymbol{r}'$ に点波源がある場合，式 (7.12) の右辺をデルタ関数に置き換えると，次式で書ける。

$$\nabla^2 G(\boldsymbol{r},\boldsymbol{r}') + k^2 G(\boldsymbol{r},\boldsymbol{r}') = -\delta(\boldsymbol{r} - \boldsymbol{r}') \tag{7.13}$$

ここで，$\boldsymbol{r}$ は観測点，$\delta(\boldsymbol{r}-\boldsymbol{r}')$ はディラックのデルタ関数である。$G(\boldsymbol{r},\boldsymbol{r}')$ はグ

リーン関数と呼ばれ，ここでは点波源に対する系の応答を表す。

　次に，グリーン関数 $G(\boldsymbol{r}, \boldsymbol{r}')$ が既知としてグリーンの定理（付録の式 (A.12)）を利用すると，微分方程式 (7.12) の一般解が次式で得られる。

$$F(\boldsymbol{r}, \omega) = \int h(\boldsymbol{r}', \omega) G(\boldsymbol{r}, \boldsymbol{r}') dV'$$
$$+ \int_S \left[\frac{\partial F(\boldsymbol{r}', \omega)}{\partial n} G(\boldsymbol{r}, \boldsymbol{r}') - F(\boldsymbol{r}', \omega) \frac{\partial G(\boldsymbol{r}, \boldsymbol{r}')}{\partial n} \right] dS \tag{7.14}$$

ここで，S は領域 V を囲む十分大きな閉曲面，n は閉曲面上での外向き法線方向を表す。式 (7.14) を前節の問題で解釈すると，右辺第 1 項は $\boldsymbol{J}$ や ρ によるポテンシャルへの影響を，第 2 項は $\boldsymbol{A}$ や ϕ の自身への影響を表しており，いずれの部分にもグリーン関数 $G(\boldsymbol{r}, \boldsymbol{r}')$ が介在している。

　場が球対称分布で，波源が位置 $\boldsymbol{r}'$ にあるとき，グリーン関数は

$$G(r) = \frac{\exp(-jkr)}{4\pi r} \quad : r = |\boldsymbol{r} - \boldsymbol{r}'| \tag{7.15}$$

で求められる。ただし，r は波源 $\boldsymbol{r}'$ と観測点 $\boldsymbol{r}$ との距離，k は波数を表す。式 (7.15) は $\boldsymbol{r}'$ を中心として広がっていく**球面波**を表し（§2.5 参照），振幅が伝搬距離 r に反比例し，位相が kr だけ遅れることを示す。これを用いると，微分方程式 (7.11) の解が次式で得られる。

$$\Psi(\boldsymbol{r}, t) = \frac{1}{4\pi} \int \frac{\xi(\boldsymbol{r}', t - r/v)}{r} dV' = \frac{1}{4\pi} \int \frac{\xi(\boldsymbol{r}', t)}{r} \exp(-jkr) dV' \tag{7.16}$$

ただし，v は媒質中での電磁波の伝搬速度である。

　式 (7.16) を利用すると，時間に依存する電流密度 $\boldsymbol{J}$ や電荷密度 ρ があるとき，ベクトルポテンシャル $\boldsymbol{A}$ に関する式 (7.7) の解が，

$$\boldsymbol{A}(\boldsymbol{r}, t) = \frac{\mu \mu_0}{4\pi} \int \frac{\boldsymbol{J}(\boldsymbol{r}', t - r/v)}{r} dV' = \frac{\mu \mu_0}{4\pi} \int \frac{\boldsymbol{J}(\boldsymbol{r}', t) \exp(-jkr)}{r} dV' \tag{7.17}$$

で，スカラーポテンシャル ϕ に関する式 (7.9) の解が

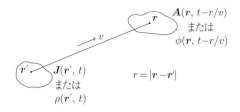

図 7.1 遅延ポテンシャル
J：電流密度，ρ：電荷密度，A：（電気型）ベクトルポテンシャル
ϕ：（電気型）スカラーポテンシャル，v：電磁波の伝搬速度

$$\phi(\boldsymbol{r}, t) = \frac{1}{4\pi\varepsilon\varepsilon_0} \int \frac{\rho(\boldsymbol{r}', t - r/v)}{r} dV'$$
$$= \frac{1}{4\pi\varepsilon\varepsilon_0} \int \frac{\rho(\boldsymbol{r}', t) \exp{(-jkr)}}{r} dV' \tag{7.18}$$

で得られる。

式 (7.17)，(7.18) は，**図 7.1** に示すように，時刻 t に位置 $\boldsymbol{r}'$ を出発する電流密度 J や電荷密度 ρ の作用が，位置 $\boldsymbol{r}$ に到達までに要する時間 r/v（v：電磁波の伝搬速度）後に，電磁ポテンシャル A や ϕ に影響を及ぼすことを表す。このように電流源や電荷源を中心として，媒質中を速さ v で伝搬するポテンシャルを**遅延ポテンシャル**（retarded potential）という。

式 (7.17) および式 (7.18) で求めた 2 つの遅延ポテンシャルは独立ではない。なぜなら，電磁ポテンシャル A や ϕ を生み出す源の電流密度 J と電荷密度 ρ は，連続の方程式 (2.14) で関係づけられており，これがローレンス条件 (7.6) になっているためである。換言すれば，ローレンス条件は，マクスウェル方程式を A と ϕ で記述する際に，連続の方程式が形を変えて現れたものと解釈できる。

図 7.2 に電気型ポテンシャル A，ϕ と電磁界に関する諸量 D，E，B，H との導出関係を示す。これには次節で触れる磁気型ポテンシャル A_{m}，ϕ_{m} に関する関係も示す。

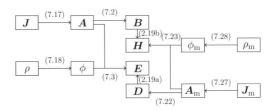

図 7.2 電気型および磁気型ポテンシャルと電磁界の導出関係
数字は本文中の式番号

§7.4 磁気型ポテンシャル

本節では，マクスウェル方程式に仮想的な磁化電流密度や磁荷密度を付加することにより，前節までとは異なる磁流素子についての扱いを説明する。これは，微小ループ電流による電磁波放射を扱う際に有用となる（§8.4 参照）。

マクスウェル方程式の式 (7.1b) の右辺では変位電流 $\partial \boldsymbol{D}/\partial t$ と電流密度 $\boldsymbol{J}$ があるが，式 (7.1a) の右辺ではこれに対応するものがない。そこで，式 (7.1a) の右辺に仮想的な**磁化電流密度** $\boldsymbol{J}_\mathrm{m}$ を付加すると，式 (7.1a) の代わりに，

$$\nabla \times \boldsymbol{E} = -\frac{\partial \boldsymbol{B}}{\partial t} - \boldsymbol{J}_\mathrm{m} \tag{7.19}$$

と書ける。このとき，磁化電流密度 $\boldsymbol{J}_\mathrm{m}$ に対応して，実在しない**磁荷密度**を ρ_m とおくと，式 (7.1d) の代わりに，次式が書ける。

$$\mathrm{div}\boldsymbol{B} = \rho_\mathrm{m} \tag{7.20}$$

このとき，連続の方程式 (2.14) に対応して，磁荷保存則が次式で書ける。

$$\frac{\partial \rho_\mathrm{m}}{\partial t} + \mathrm{div}\boldsymbol{J}_\mathrm{m} = 0 \tag{7.21}$$

式 (7.19)，(7.20) を式 (7.1b,c) と比較して，電束密度 $\boldsymbol{D}$ と電荷密度 ρ の符号を反転させると，磁束密度 $\boldsymbol{B}$ と磁荷密度 ρ_m に一致することがわかる。

いま，電流密度 $\boldsymbol{J}$ と電荷密度 ρ がなく，仮想的な磁流源（$\boldsymbol{J}_\mathrm{m}$ と ρ_m）のみがあるとする。このとき，ベクトル場では付録の式 (A.9) より $\mathrm{div}(\mathrm{rot}\boldsymbol{A}_\mathrm{m}) = 0$

が常に成立するので，式 (7.1c) に対応する $\mathrm{div}\boldsymbol{D}=0$ より，電束密度が

$$\boldsymbol{D} \equiv -\mathrm{rot}\boldsymbol{A}_{\mathrm{m}} \tag{7.22}$$

で定義できる。$\boldsymbol{A}_{\mathrm{m}}\,[\mathrm{C/m}]$ を**磁気型ベクトルポテンシャル**と呼ぶ。式 (7.22) の右辺では，式 (7.2) と異なり，負符号があることに留意せよ。

式 (7.22) を式 (7.1b) に代入すると，電気型ポテンシャルの場合と同様な手順で，磁界が

$$\boldsymbol{H}(\boldsymbol{r},t) = -\frac{\partial \boldsymbol{A}_{\mathrm{m}}(\boldsymbol{r},t)}{\partial t} - \mathrm{grad}\,\phi_{\mathrm{m}}(\boldsymbol{r},t) \tag{7.23}$$

で表せる。$\phi_{\mathrm{m}}\,[\mathrm{A}]$ を**磁気型スカラーポテンシャル**と呼ぶ。磁気型ベクトルポテンシャル $\boldsymbol{A}_{\mathrm{m}}$ とスカラーポテンシャル ϕ_{m} を微分することにより，電束密度 $\boldsymbol{D}$ と磁界 $\boldsymbol{H}$ が求められる。

式 (7.22)，(7.23) を式 (7.19) に代入し，媒質の比誘電率 ε と比透磁率 μ に時間変化がないとき，付録の式 (A.6) を用いると，式 (7.5) と類似の結果が得られる。これより，$\boldsymbol{A}_{\mathrm{m}}$ と ϕ_{m} に関する式に分離する**ローレンス条件**が

$$\mathrm{div}\boldsymbol{A}_{\mathrm{m}} = -\varepsilon\varepsilon_0\mu\mu_0\frac{\partial \phi_{\mathrm{m}}}{\partial t} = -\frac{1}{v^2}\frac{\partial \phi_{\mathrm{m}}}{\partial t} \tag{7.24}$$

で得られる。ただし，$v = c/\sqrt{\varepsilon\mu}$ は媒質中の電磁波の伝搬速度である。

ローレンス条件 (7.24) を設定すると，比透磁率 μ の空間変化が緩やかなとき，磁気型ポテンシャル $\boldsymbol{A}_{\mathrm{m}}$ と ϕ_{m} に関する微分方程式を次式で得る。

$$\varepsilon\varepsilon_0\mu\mu_0\frac{\partial^2 \boldsymbol{A}_{\mathrm{m}}(\boldsymbol{r},t)}{\partial t^2} - \nabla^2 \boldsymbol{A}_{\mathrm{m}}(\boldsymbol{r},t) = \varepsilon\varepsilon_0 \boldsymbol{J}_{\mathrm{m}}(\boldsymbol{r},t) \tag{7.25}$$

$$\varepsilon\varepsilon_0\mu\mu_0\frac{\partial^2 \phi_{\mathrm{m}}(\boldsymbol{r},t)}{\partial t^2} - \nabla^2 \phi_{\mathrm{m}}(\boldsymbol{r},t) = \frac{\rho_{\mathrm{m}}(\boldsymbol{r},t)}{\mu\mu_0} \tag{7.26}$$

式 (7.25)，(7.26) は形式的に式 (7.11) と同じなので，前節での結果が利用できる。時間と位置に依存する磁化電流密度 $\boldsymbol{J}_{\mathrm{m}}$ と磁荷密度 ρ_{m} があるとき，$\boldsymbol{A}_{\mathrm{m}}$ に関する式 (7.25) の解が

$$\boldsymbol{A}_{\mathrm{m}}(\boldsymbol{r},t) = \frac{\varepsilon\varepsilon_0}{4\pi}\int \frac{\boldsymbol{J}_{\mathrm{m}}(\boldsymbol{r}',t-r/v)}{r}dV'$$

$$= \frac{\varepsilon \varepsilon_0}{4\pi} \int \frac{\boldsymbol{J}_\mathrm{m}(\boldsymbol{r}',t)}{r} \exp\left(-jkr\right) dV' \tag{7.27}$$

で，ϕ_m に関する式 (7.26) の解が

$$\phi_\mathrm{m}(\boldsymbol{r},t) = \frac{1}{4\pi\mu\mu_0} \int \frac{\rho_\mathrm{m}(\boldsymbol{r}',t-r/v)}{r} dV'$$

$$= \frac{1}{4\pi\mu\mu_0} \int \frac{\rho_\mathrm{m}(\boldsymbol{r}',t)}{r} \exp\left(-jkr\right) dV' \tag{7.28}$$

で得られる。式 (7.27) と (7.28) がもつ物理的意味は，電気型ポテンシャルにおける遅延ポテンシャルと同じである。

§7.5 ヘルツベクトル

ベクトルポテンシャル $\boldsymbol{A}$ とスカラーポテンシャル ϕ がローレンス条件で結びつけられている。このことは，この条件を満たす上位の関数を設定すると，場合によっては電磁界がひとつの関数で記述できることを示唆している。ここでは，もう少し多くの場合を包含する内容を説明する。

物質の外部から電界などが加わると，巨視的には電気分極 $\boldsymbol{P}$ に起因する電流が流れ，分極電流密度 $\boldsymbol{J}_\mathrm{p} \equiv \partial\boldsymbol{P}/\partial t$ と分極電荷密度 $\rho_\mathrm{p} = -\mathrm{div}\boldsymbol{P}$ が生じる（2.2.3 項参照）。同様にして，磁界が加わると磁化電流密度 $\boldsymbol{J}_\mathrm{m} = \mathrm{rot}\boldsymbol{M}/\mu_0$ が生じる。これらをここに再掲する。

$$\boldsymbol{J} = \boldsymbol{J}_\mathrm{p} + \boldsymbol{J}_\mathrm{m} = \frac{\partial\boldsymbol{P}}{\partial t} + \frac{\mathrm{rot}\boldsymbol{M}}{\mu_0}, \quad \rho = \rho_\mathrm{p} = -\mathrm{div}\boldsymbol{P} \tag{7.29a,b}$$

これらの電流を電磁ポテンシャル $\boldsymbol{A}$ と ϕ の式 (7.17)，(7.18) に代入し，電気分極 $\boldsymbol{P}$ と磁化 $\boldsymbol{M}$ が分布する位置を $\boldsymbol{r}'$，観測点を $\boldsymbol{r}$ とし，両者の距離 $r = |\boldsymbol{r}-\boldsymbol{r}'|$ が十分に長いとする。分極等の変動範囲が r に比べて微小だから r は一定値とみなし，遅延ポテンシャルがローレンス条件 (7.6) を満たすことが確認できる。

いま，電気分極 $\boldsymbol{P}$ と磁化 $\boldsymbol{M}$ に対応して，$\boldsymbol{A}$ と ϕ を次式で定義する。

$$\boldsymbol{A}(\boldsymbol{r},t) = \varepsilon_0\mu_0\frac{\partial\boldsymbol{\Pi}(\boldsymbol{r},t)}{\partial t} + \mu_0\,\mathrm{rot}\boldsymbol{\Pi}_\mathrm{m}(\boldsymbol{r},t) \tag{7.30}$$

$$\phi(\boldsymbol{r},t) = -\mathrm{div}\boldsymbol{\Pi}(\boldsymbol{r},t) \tag{7.31}$$

ここで示した $\mathbf{\Pi}(\boldsymbol{r},t)$ と $\mathbf{\Pi}_{\mathrm{m}}(\boldsymbol{r},t)$ はヘルツベクトル（Hertzian vector）と呼ばれ, 前者を電気型, 後者を磁気型という。式 (7.30), (7.31) は付録の式 (A.9) を利用すると, ローレンス条件 (7.6) を満たすことがわかる。ヘルツベクトルはローレンス条件を満たせばよく, 一義的には決まらない。$\mathbf{\Pi}_{\mathrm{m}}$ の部分はローレンス条件では常に零となるから, $\boldsymbol{A}$ と ϕ の定義で, $\mathbf{\Pi}$ 部分だけを同じ定数倍にした表現はすべてローレンス条件を満たす。

分極電流密度のみを考慮する場合には, 本節の冒頭で述べたように, 式 (7.30), (7.31) より, 電磁界が電気型ヘルツベクトルのみで記述できる。

式 (7.31), (7.29b) を ϕ の式 (7.9) に代入すると, 共通項 div を省略して,

$$\frac{1}{c^2}\frac{\partial^2 \mathbf{\Pi}}{\partial t^2} - \nabla^2 \mathbf{\Pi} = \frac{1}{\varepsilon_0}\boldsymbol{P} \tag{7.32}$$

が導ける。次に, 式 (7.30), (7.29a) を $\boldsymbol{A}$ の式 (7.7) に代入し, 共通項 rot を省略して次式を得る。

$$\frac{1}{c^2}\frac{\partial^2 \mathbf{\Pi}_{\mathrm{m}}}{\partial t^2} - \nabla^2 \mathbf{\Pi}_{\mathrm{m}} = \frac{1}{\mu_0}\boldsymbol{M} \tag{7.33}$$

式 (7.32), (7.33) はそれぞれ電気型 $\mathbf{\Pi}$ および磁気型ヘルツベクトル $\mathbf{\Pi}_{\mathrm{m}}$ に関する非同次偏微分方程式である。これらは電磁ポテンシャルに関する式 (7.7), (7.9) と同形であり, ヘルツベクトルが次式で表せる。

$$\begin{aligned}\mathbf{\Pi}(\boldsymbol{r},t) &= \frac{1}{4\pi\varepsilon_0}\int \frac{\boldsymbol{P}(\boldsymbol{r}',t-r/c)}{r}dV' \\ &= \frac{1}{4\pi\varepsilon_0}\int \frac{\boldsymbol{P}(\boldsymbol{r}',t)}{r}\exp\left(-jkr\right)dV'\end{aligned} \tag{7.34}$$

$$\begin{aligned}\mathbf{\Pi}_{\mathrm{m}}(\boldsymbol{r},t) &= \frac{1}{4\pi\mu_0}\int \frac{\boldsymbol{M}(\boldsymbol{r}',t-r/c)}{r}dV' \\ &= \frac{1}{4\pi\mu_0}\int \frac{\boldsymbol{M}(\boldsymbol{r}',t)}{r}\exp\left(-jkr\right)dV'\end{aligned} \tag{7.35}$$

磁束密度 $\boldsymbol{B}$ は, 式 (7.30) を式 (7.2) に代入して,

$$\boldsymbol{B} = \varepsilon_0\mu_0\,\mathrm{rot}\left(\frac{\partial\mathbf{\Pi}}{\partial t}\right) + \mu_0\,\mathrm{rot}\,\mathrm{rot}\mathbf{\Pi}_{\mathrm{m}} \tag{7.36}$$

で得られる。磁界 $\boldsymbol{H}$ は, 式 (7.36), (7.33) と付録の式 (A.6) を利用して,

$$H = \frac{1}{\mu_0}(B - M) = \varepsilon_0 \, \mathrm{rot}\left(\frac{\partial \Pi}{\partial t}\right) + \mathrm{grad \, div}\Pi_\mathrm{m} - \frac{1}{c^2}\frac{\partial^2 \Pi_\mathrm{m}}{\partial t^2} \tag{7.37}$$

で表される。

電界 E は，式 (7.30)，(7.31) を式 (7.3) に代入して，次式で得られる。

$$E = \mathrm{grad \, div}\Pi - \frac{1}{c^2}\frac{\partial^2 \Pi}{\partial t^2} - \mu_0 \, \mathrm{rot}\left(\frac{\partial \Pi_\mathrm{m}}{\partial t}\right) \tag{7.38}$$

電界 E の式 (7.38) と磁界 H の式 (7.37) は対応した形となっている。電束密度 D の定義式 (2.15) に式 (7.38)，(7.32) を代入した後，付録の式 (A.6) を用いて次式を得る。

$$D = \varepsilon_0 E + P = \varepsilon_0 \, \mathrm{rot \, rot}\Pi - \varepsilon_0 \mu_0 \, \mathrm{rot}\left(\frac{\partial \Pi_\mathrm{m}}{\partial t}\right) \tag{7.39}$$

電束密度 D の式 (7.39) と磁束密度 B の式 (7.36) も対応した形となっている。ヘルツベクトルで表した式 (7.36)-(7.39) はマクスウェル方程式を満たしている。

【電磁ポテンシャルのまとめ】

(i) ベクトルポテンシャル $A(r,t)$ とスカラーポテンシャル $\phi(r,t)$ は，電界 $E(r,t)$ や磁束密度 $B(r,t)$ を求める，マクスウェル方程式とは別の道筋を与えるもので，両者を結びつけるものとしてローレンス条件がある。

(ii) 時間 t と位置 r に依存する電流密度 $J(r,t)$ と電荷密度 $\rho(r,t)$ があるとき，遅延ポテンシャルとして，$A(r,t)$ が式 (7.17) で，$\phi(r,t)$ が式 (7.18) で求められる。

(iii) 磁束密度 $B(r,t)$ が A を用いて式 (7.2) で，磁界 H が式 (2.19b) を用いて B より求められる。電界 $E(r,t)$ が A と ϕ を用いて式 (7.3) から求められる。

(iv) 仮想的な磁流素子（磁化電流密度 J_m，磁荷密度 ρ_m）を想定すると，上と類似の磁気型ポテンシャル $A_\mathrm{m}(r,t)$ と $\phi_\mathrm{m}(r,t)$ を設定できる。これらが式 (7.27)，(7.28) から，電束密度 D が式 (7.22)，磁界 H が式 (7.23) から求められる。

(v) ヘルツベクトル $\Pi(r,t)$ と $\Pi_\mathrm{m}(r,t)$ はローレンス条件を満たすものであり，これらは式 (7.34)，(7.35) で表される。電界 E が式 (7.38)，磁界 H が式

(7.37)，電束密度 D が式 (7.39)，磁束密度 B が式 (7.36) から求められる。

【演習問題】

7.1 ローレンス条件 (7.6) のもつ意義を説明せよ。また，これがヘルツベクトルではどのように利用されているか述べよ。

7.2 時間変動因子 $\exp(j\omega t)$ をもつ電磁波があるとき，電界 E がベクトルポテンシャル A のみを用いて，次式で表されることを示せ。

$$E = -j\omega\{A + [\nabla^2 A + \mathrm{rot}\,(\mathrm{rot}\,A)]/k^2\}$$

7.3 比誘電率 ε が一様な媒質中で，z 軸上の $z = \pm z' = \pm dl/2$ にある点電荷 $\pm q$ で形成される，観測点 Q での静電界を次の手順に従って求めよ。ただし，①，② についてはデカルト座標で表せ。必要ならば，付録の式 (A.16d,e) を利用せよ。
① 点電荷 $\pm q$ によりできるスカラーポテンシャルを $\phi_\pm$ とおき，全ポテンシャル ϕ をこれらの和で求めよ。② 電界 E のデカルト座標成分を求めよ。③ 電界の点を極座標系 (r,θ,φ) で表し，点電荷が原点 O のごく近傍にあるとして，電界 E のデカルト座標成分を極座標系で表せ。④ 電界 E の極座標成分を極座標系で表せ。

7.4 比透磁率 μ が一様な媒質中で，z 軸上の原点 O 近傍の微小長 $[-dl/2, dl/2]$ で流れる定常電流 I_0 によって形成される，観測点 Q での磁界を次の手順に従って求めよ。導線の太さは無視できるほど細いとする。必要ならば，付録の式 (A.16d,e) を利用せよ。
① 観測点 Q を極座標系 (r,θ,φ) で表し，導線上の任意の点 P を z' とする。点 P と原点 O から十分離れた観測点 Q との距離 r' を，極座標系 (r,θ,φ) と z' で表せ。② 定常電流 I_0 によってできる，観測点 Q でのベクトルポテンシャル A を求めよ。③ 観測点 Q での磁界 H のデカルト座標成分を極座標系で表せ。④ 磁界 H の極座標成分を極座標系で表せ。

第8章 電磁波の回折と放射

　本章では，前章で導いた電流源や磁流源等が存在するときの電気型と磁気型の電磁ポテンシャルを利用して，電磁波の回折や放射を説明し，次章で扱うアンテナの準備をする。

　まず，領域内に波源がない場合に，電磁波の基本現象である回折を記述するキルヒホッフの回折公式を説明する。そして，これを開口面からの電磁波の放射に適用する。後半では波源がある場合の電磁波の放射として，微小ダイポールと微小ループ電流を説明し，両者が電磁波の発生で密接な関係があることを示す。本章では電磁波放射に関する基本式の導出と物理的側面の説明に重点をおき，アンテナに応用する内容は次章で扱う。

§8.1　フレネル–キルヒホッフの回折理論

　本節では，閉曲面の内部に電流源がない場合の電磁界の振舞いを，§7.3 の結果を利用して求め，回折を説明する。回折（diffraction）とは，電磁波が幾何学的には陰となる場所まで回り込む現象で，電磁波が波動であることの証拠である。回折は波長が長い電波では，その影響が顕著となる。

　閉曲面 S の内部に電流源がない場合，式 (7.11) で $\xi(\boldsymbol{r}', t) = 0$（$\boldsymbol{r}'$：点波源の位置ベクトル）とおける。さらに，媒質内の比誘電率 ε が一様なとき，式 (7.7), (7.9) における電磁ポテンシャル $\boldsymbol{A}$ や ϕ の代わりに電界 $\boldsymbol{E}$ や磁界 $\boldsymbol{H}$ を用いても，形式的に同じ式が成立する。そこで，閉曲面内における観測点 Q($\boldsymbol{r}$) での電磁界は，式 (7.14) で $\xi(\boldsymbol{r}', t)$ のフーリエ変換 $h(\boldsymbol{r}', \omega)$ を 0 とおき，$F(\boldsymbol{r}, \omega)$ の代わりに，$\boldsymbol{E}$ や $\boldsymbol{H}$ のフーリエ成分を用いても求められる。

　球対称の場合，角周波数 ω の電磁界成分に対して次式が成立する。

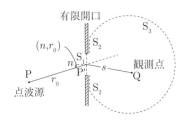

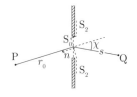

(a) 開口での波面 S_1 を開口面にとるとき　　(b) 開口での波面 S_0 を点 P からの球面波上にとるとき

図 8.1　回折積分における領域区分
S_1：開口面上，S_2：遮蔽部，S_3：観測点 Q を含む曲面上，
S_0：開口の中心を通る点 P からの球面上，n：S_1 上の任意の点 P′ での外向き法線，(n, r_0)：線分 PP′ と n のなす角度，$r_0 \gg \lambda$

$$F(\boldsymbol{r}, \omega) = \iint \left[\frac{\partial F(\boldsymbol{r}', \omega)}{\partial n} G(\boldsymbol{r}, \boldsymbol{r}') - F(\boldsymbol{r}', \omega) \frac{\partial G(\boldsymbol{r}, \boldsymbol{r}')}{\partial n} \right] dS$$

(8.1a)

$$G(\boldsymbol{r}, \boldsymbol{r}') \equiv G(r) = \frac{\exp(-jkr)}{4\pi r} \quad : r = |\boldsymbol{r} - \boldsymbol{r}'|$$

(8.1b)

ただし，$G(\boldsymbol{r}, \boldsymbol{r}')$ はグリーン関数，r は波源から観測点までの距離，n は閉曲面における外向き法線方向，$k = 2\pi/\lambda$ は媒質中の波数，λ は媒質中の波長である。F として電界 E，磁界 H のいずれも設定できる。式 (8.1) は**ヘルムホルツ–キルヒホッフの積分定理**と呼ばれる。

　図 **8.1** で，点波源 P を発した電磁波が，有限の**開口**（aperture：電磁波が一部だけ通過できるように空けた領域）を通過した後，観測点 Q に形成する電磁波の複素振幅 F を求める。開口を挟んで点波源と反対側の空間を，同図 (a) に示すように，開口面上 S_1，遮蔽面 S_2，観測点 Q を含む曲面 S_3 に分割する。開口面 S_1 と遮蔽面 S_2 の境界の数波長程度の範囲では互いに影響を及ぼし合うが，開口面が波長より十分大きければ，この影響は無視できる。

　点波源 P を発して開口面上 S_1 に到達した電磁波は，ホイヘンスの原理により，面 S_1 上の任意の点 P′ を新たな波源として観測点 Q まで伝搬する。いま，出発点での電磁波の振幅を A，点波源 P と点 P′ との距離を r_0，線分 PP′ と面

S_1 での外向き法線 n のなす角度を (n, r_0) とする。このとき，式 (8.1a) における各値が面 S_1 上では次式で表せる。

$$F = A\frac{\exp(-jkr_0)}{r_0} \tag{8.2}$$

$$\frac{\partial F}{\partial n} = \frac{A\exp(-jkr_0)}{r_0}\left(jk + \frac{1}{r_0}\right)\cos(n, r_0)$$

$$\doteqdot \frac{jkA\exp(-jkr_0)}{r_0}\cos(n, r_0) \tag{8.3}$$

式 (8.3) の結果を導く際，距離 r_0 が波長 λ よりも十分長い（$kr_0 = 2\pi r_0/\lambda \gg 1$）として，中辺の式の ( ) 内で $1/r_0$ を省略した。開口面上 S_1 から観測点 Q に至る電磁波について，線分 P'Q と外向き法線 n のなす角度を (n, s) で表すと，

$$\frac{\partial G(s)}{\partial n} = \frac{\partial}{\partial n}\left[\frac{\exp(-jks)}{4\pi s}\right] \doteqdot \frac{jk\exp(-jks)}{4\pi s}\cos(n, s) \tag{8.4}$$

が得られる。ここで，s は点 P' と観測点 Q との距離である。

遮蔽面 S_2 上には電磁波が来ない。また，曲面 S_3 を十分大きくとれば，S_3 上では電磁波が十分減衰しているから，面 S_2 および曲面 S_3 上で

$$F = 0, \quad \frac{\partial F}{\partial n} = 0 \tag{8.5}$$

とおける。

式 (8.2)-(8.5) を式 (8.1a) に代入して，観測点 Q での電磁波の複素振幅 F が

$$F(\mathrm{Q}) \doteqdot Aa\frac{\exp(-jkr_0)}{r_0}\iint\frac{\exp(-jks)}{s}K(\chi)dS \tag{8.6}$$

$$K(\chi) \equiv \frac{\cos(n, r_0) - \cos(n, s)}{2}, \quad a \equiv \frac{j}{\lambda} \tag{8.7}$$

で得られる。式 (8.6) はフレネル–キルヒホッフの回折公式（Fresnel-Kirchhoff's diffraction formula）と呼ばれる。

【フレネル–キルヒホッフの回折公式 (8.6) がもつ意味】

(i) 係数 a は，ホイヘンスの原理により（§3.1 参照），開口面 S_1 上に到達した 1 次波面が，開口で回折されて発生する素波面の包絡面が 2 次波面を形成する際の，1 次波面に対する 2 次波面の振幅比を表す。このときの振幅は $1/\lambda$ とな

り，位相が $\pi/2$ だけ遅れることを意味する。

(ii) $K(\chi)$ は**傾斜因子** (inclination factor) と呼ばれ，1 次波面と 2 次波面の伝搬方向の変化角 χ に依存して決まる。これは，すぐ後で検討する。

(iii) 球面波では一定の立体角に対して伝搬距離 r とともに電磁波エネルギーが r^2 に反比例するから，振幅は伝搬距離 r に反比例する。

(iv) 位相項が $\exp(-jkr)$ の形で変化する（k：媒質中の波数）。

　ここで，傾斜因子に検討を加える。波源を含まない上記閉曲面 S_3 は，その形を問わない。そこで，開口近傍の閉曲面として，図 8.1(b) に示すように，点波源 P を中心として開口の中心を通る球面 S_0 にとる。点波源 P および観測点 Q から球面 S_0 までの距離が開口より十分に大きいとき，外向き法線 n を球面 S_0 に対してとる。このとき，外向き法線 n と，点波源 P および観測点 Q がなす角度はそれぞれ 0，$\pi + \chi$ となるから，傾斜因子は次式で近似できる。

$$K(\chi) \fallingdotseq \frac{1 + \cos\chi}{2} \tag{8.8}$$

ここで，$\chi \equiv (n,s)$ は開口へ入射する電磁波と，開口から観測点に向かう電磁波のなす角度，つまり開口での電磁波の伝搬角の変化量である。

　電波は波長が長いので，ラジオの音声を建物の陰でも聴くことができる。また，山などで遮られていても，電波は遠方まで届く。これらからわかるように，電波は回折効果が大きいため，式 (8.8) における χ を考慮する必要がある（§8.3 参照）。しかし，相対的に波長の短い光波領域では，通常 χ は零近傍の値だから，傾斜因子は $K(\chi) \fallingdotseq 1$ で近似できる。

§8.2　開口面からの電磁波放射

　本節では，領域内に電流源がない場合に成立するフレネル–キルヒホッフの回折公式を，方形開口と円形開口から放射される電磁波の振舞いに適用し，それらによる回折特性を説明する。この考え方は開口面アンテナでも利用される（§9.5 参照）。

8.2.1 方形開口からの放射

図 **8.2** に示すように，一辺の長さが a，b の方形開口に垂直に平面電磁波が入射し，ここからの波が自由空間に放射されるとき，観測点 Q での電磁波を考える。方形開口の中心 O を原点とし，方形開口面上の点 P の座標を (ξ, η) で表す（本節での η は座標であることに注意）。原点 O を通り開口面に垂直な軸を z 軸とし，観測点 Q の位置を極座標系 (r, θ, φ) およびデカルト座標系 (x, y, z) で表し，r 軸と $x(y)$ 軸のなす角度を $\theta_x(\theta_y)$ とおく。原点 O から観測点 Q までの距離 r は，開口の大きさおよび波長に比べて十分大きいとする。

電波の波長は長いので回折が大きく，式 (8.8) における電磁波の開口による角度変化 χ が有意な値となる。そこで，極座標表示で $\chi = \theta$ とおくと，開口面から放射される電界は次式で書ける。

$$E(\mathrm{Q}) = \frac{j}{2\lambda} \iint \frac{\exp(-jks)}{s}(1 + \cos\theta)dS \qquad (8.9)$$

ただし，s は開口面上の点 P と観測点 Q との距離，k は波数を表す。

距離 s は，距離 r が開口の大きさに比べて十分大きいことを考慮し，高次の微小量を省略して，付録の式 (A.16e) を用いると，次式で近似できる。

$$s = \sqrt{(x-\xi)^2 + (y-\eta)^2 + z^2} \fallingdotseq r[1 - 2(x\xi + y\eta)/r^2]^{1/2}$$

$$\fallingdotseq r - \xi(x/r) - \eta(y/r) = r - \xi\cos\theta_x - \eta\cos\theta_y \qquad (8.10)$$

$$\cos\theta_x = x/r = \sin\theta\cos\varphi, \quad \cos\theta_y = y/r = \sin\theta\sin\varphi$$

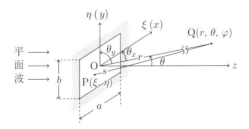

図 **8.2** 方形開口からの放射
P：開口面上の点，Q：観測点
PQ 間の距離 s は開口の大きさおよび波長より十分大きい

ここで，$\cos\theta_x$ と $\cos\theta_y$ は r 軸の x，y 方向への方向余弦である。

開口面での電界分布が一様で，その振幅を E_i とする。観測点 Q での電界は，式 (8.9) に式 (8.10) を代入して，次式で求められる。

$$E(\mathrm{Q}) = jE_\mathrm{i}\frac{\exp(-jkr)}{2\lambda r}(1+\cos\theta)I_x I_y \tag{8.11}$$

$$I_x \equiv \int_{-a/2}^{a/2}\exp(jk\xi\cos\theta_x)d\xi = a\frac{\sin X}{X} = a\operatorname{sinc}X \tag{8.12}$$

$$X \equiv \frac{ka}{2}\cos\theta_x = \frac{\pi a}{\lambda}\sin\theta\cos\varphi \tag{8.13}$$

$$I_y \equiv \int_{-b/2}^{b/2}\exp(jk\eta\cos\theta_y)d\eta = b\frac{\sin Y}{Y} = b\operatorname{sinc}Y \tag{8.14}$$

$$Y \equiv \frac{kb}{2}\cos\theta_y = \frac{\pi b}{\lambda}\sin\theta\sin\varphi \tag{8.15}$$

$$\operatorname{sinc}x \equiv \frac{\sin x}{x} \tag{8.16}$$

I_x と I_y の計算ではオイラーの公式を利用した。式 (8.16) で定義した関数は sinc 関数と呼ばれる（後のまとめ (iii) を参照）。式 (8.12)，(8.14) を式 (8.11) に代入して，観測点 Q での電界は次のように書ける。

$$E(\mathrm{Q}) = jE_\mathrm{i}ab\frac{\exp(-jkr)}{\lambda r}\frac{1+\cos\theta}{2}\operatorname{sinc}\left(\frac{\pi a\cos\theta_x}{\lambda}\right)\operatorname{sinc}\left(\frac{\pi b\cos\theta_y}{\lambda}\right) \tag{8.17}$$

式 (8.17) より，$x\cdot y$ 軸に平行な方向の指向性は次式で書ける。

$$D(\theta) = \frac{1+\cos\theta}{2}\operatorname{sinc}\Phi \tag{8.18a}$$

$$\Phi = \begin{cases} (\pi a/\lambda)\sin\theta & : \varphi = 0 \quad (x\text{軸に平行}) \\ (\pi b/\lambda)\sin\theta & : \varphi = \pi/2 \quad (y\text{軸に平行}) \end{cases} \tag{8.18b}$$

$$\theta = \sin^{-1}\sqrt{\cos^2\theta_x + \cos^2\theta_y} \tag{8.19}$$

【方形開口による放射電界を示す式 (8.17) からわかること】
(i) 電界が開口面積 ab に比例する。
(ii) これに含まれる

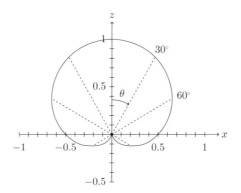

図 8.3　カージオイド曲線（指向性）

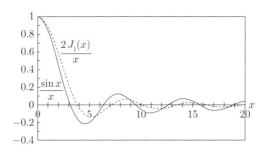

図 8.4　方形・円形開口からの回折関数
$\operatorname{sinc} x \equiv \sin x/x,\ J_1(x)$ は 1 次ベッセル関数

$$1 + \cos\theta \tag{8.20}$$

は回折された電磁波の指向性を表し，この関数はカージオイド（cardioid：心臓形）と呼ばれる。この指向性を**図 8.3**に示すと，これは前方（$\theta = 0$）で最大となり，後方（$\theta = \pm\pi$）で最小値 0 となる。

(iii) 式 (8.16) で定義した $\operatorname{sinc} x$ は sinc 関数と呼ばれ，方形開口固有である。これと後述する円形開口に対する回折関数を**図 8.4**に示す。sinc 関数は $x = 0$ で最大値をとり，最初の零点は $x = \pi$ であり，$|x|$ の増加とともに減衰振動する。

(iv) $\exp(-jkr)/r$ は球面波の伝搬を意味する（§2.5 参照）。

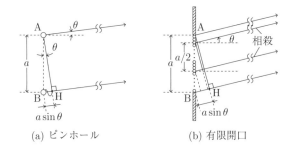

(a) ピンホール　　　　　　(b) 有限開口

図 **8.5**　ピンホールと有限開口からの回折波
　　　a：ピンホール間隔および開口幅
　　　θ：開口面に垂直な方向と電磁波の伝搬方向のなす角度

(v)　式 (8.17) の電界値が最も大きくなるのは $\pi a \cos\theta_x/\lambda = 0$ かつ $\pi b \cos\theta_y/\lambda = 0$ のとき，すなわち $\theta_x = \theta_y = \pi/2$ のときであり，これは電磁波が開口面から垂直に伝搬する方向である。式 (8.17) の電界値が零となる $\cos\theta_x$ と $\cos\theta_y$ を求め，これらを式 (8.19) に代入すると，そのときの角度 θ が次式で得られる。

$$\sin\theta = \sqrt{\cos^2\theta_x + \cos^2\theta_y} = \sqrt{\left(\frac{\lambda}{a}\right)^2 + \left(\frac{\lambda}{b}\right)^2} \tag{8.21}$$

式 (8.21) で得られる角度 θ を**回折角**（diffraction angle）と呼ぶ。式 (8.21) は，波長 λ が開口の大きさに比べて長くなるほど回折角が大きくなるという，波動における回折現象の一般的性質を表す。

電波は波長が相対的に長いので，回折で障害物の陰にも回り込む。この性質は，山岳などにより直接見通すことができない位置へ電波を届ける見通し外通信として UHF 帯で利用されている。波長 λ が開口の一辺の長さよりも長いとき，式 (8.21) は成立しないが，回折の性質を説明するのには役立つ。

回折角の条件式 (8.21) を 1 次元の場合で検討する。図 **8.5**(a) に示すように，2 つのピンホール（無限小幅の孔）A，B が間隔 a であり，図で角度 θ をなす方向に伝搬する電磁波（波長 λ）の十分遠方での電界を考える。十分遠方では，点 A，B からの電磁波が平行に伝搬しているとみなせる。一方の点 A から，他方の点 B から出る電磁波への垂線の足を H とすると，BH$= a\sin\theta$ と書け，角

度 θ の方向で両電磁波が強め合う条件は BH $= m\lambda$, つまり

$$a \sin \theta = m\lambda \quad (m；整数) \tag{8.22}$$

で書ける。

　次に, 同図 (b) のように, 幅 a の開口面から同相で出る電磁波を考える。開口面をピンホールで埋め尽くすと, 開口面上で $a/2$ 離れた点から出る電磁波は, 十分遠方では逆相となり相殺する。$a/2$ 離れた点の組を点 A から AB の中点まで順に移動させると, 開口全面を覆う。よって, 開口の場合, 式 (8.22) は開口面から出る全電磁波の合成電界が零となる条件となる。

　方形開口からの放射 (図 8.2 参照) に戻ると, x 方向の幅が a であり, 回折角は $m = 1$ に相当するから, これらの条件を式 (8.22) に代入すると, これは式 (8.21) で b を省いた結果と一致する。

【例題 8.1】 一辺の長さが $10\,\mathrm{cm}$ の正方形開口において, 回折角が空気中で $90°$ となる電磁波の周波数を求めよ。

[解] 式 (8.21) に $a = b$, $\theta = 90°$ を代入して $\lambda = a/\sqrt{2}$ を得る。$a = 0.1\,\mathrm{m}$ として, これに対応する周波数は, 式 (2.8) より $f = c/\lambda = 3.0 \times 10^8/(0.1/\sqrt{2}) = 4.24 \times 10^9\,\mathrm{Hz} = 4.24\,\mathrm{GHz}$ となる。

8.2.2　円形開口からの放射

　平面電磁波が直径 D の円形開口に垂直に入射し, ここから放射される電磁波の電界を観測点 Q で考える。円形開口の中心 O を原点とし, 原点 O を通り開口面に垂直な軸を z 軸とし, 放射される側に極座標系 (r, θ, φ) をとる。観測点 Q までの距離 r は, 円形開口の大きさに比べて十分大きいとする。開口面上の点 $P(\xi, \eta)$ を次のようにおく。

$$\xi = r_{\mathrm{a}} \cos \theta_{\mathrm{a}}, \quad \eta = r_{\mathrm{a}} \sin \theta_{\mathrm{a}}$$

点 $P(\xi, \eta)$ と観測点 Q との距離 s は, 式 (8.10) と同様にして次式で表せる。

$$s = \sqrt{(x-\xi)^2 + (y-\eta)^2 + z^2} \fallingdotseq r - \xi(x/r) - \eta(y/r)$$

$$= r - r_\mathrm{a} \cos\theta_\mathrm{a} \sin\theta\cos\varphi - r_\mathrm{a}\sin\theta_\mathrm{a}\sin\theta\sin\varphi \tag{8.23}$$

開口での電界振幅を E_i として，式 (8.23) を式 (8.9) に代入すると，観測点 Q での電界が次式で書ける。

$$E(\mathrm{Q}) = jE_\mathrm{i}\frac{\exp(-jkr)}{\lambda r}\frac{1+\cos\theta}{2}$$
$$\times \int_0^{2\pi}\int_0^{D/2}\exp[jkr_\mathrm{a}\sin\theta\cos(\theta_\mathrm{a}-\varphi)]r_\mathrm{a}dr_\mathrm{a}d\theta_\mathrm{a} \tag{8.24}$$

式 (8.24) で三角関数の角度 θ_a に関する 1 周期の積分では，積分値が始点に依存しないことを利用し，$\Theta = \theta_\mathrm{a} - \varphi$ とおくと，次のように変形できる。

$$\int_\alpha^{2\pi+\alpha}\exp(-jA\sin\Theta)\,d\Theta = 2\pi J_0(A),\quad A\equiv kr_\mathrm{a}\sin\theta \tag{8.25}$$

式 (8.25) では，次に示す第 1 種 n 次ベッセル関数 $J_n(z)$ の積分表示を利用した。

$$J_n(z) = \frac{1}{2\pi}\int_\alpha^{2\pi+\alpha}\exp[j(n\theta - z\sin\theta)]d\theta$$

式 (8.25) を式 (8.24) に代入して，観測点 Q での電界が次式で求められる。

$$E(\mathrm{Q}) = jE_\mathrm{i}\frac{\pi D^2}{4}\frac{\exp(-jkr)}{\lambda r}\frac{1+\cos\theta}{2}\frac{2J_1(R)}{R} \tag{8.26}$$

ただし，$R\equiv \pi D\sin\theta/\lambda$ とおいた。式 (8.26) の導出では，ベッセル関数に関する不定積分 $\int zJ_0(\alpha z)dz = (z/\alpha)J_1(\alpha z)$ を利用した。

　円形開口による観測点 Q での電界を表す式 (8.26) は，前項で説明した方形開口と類似の性質をもつ。$\pi D^2/4$ は開口面積である。$2J_1(R)/R$ は円形開口固有であり，sinc 関数と似た振舞いをする（図 8.4 参照）。$2J_1(R)/R$ の最大値は $R=0$，つまり $\theta=0$ のときに得られ，その極限値は $\lim_{R\to 0}2J_1(R)/R = 1$ となる。これは R の増加とともに減衰振動する関数である。

　式 (8.26) で，$E(\mathrm{Q})$ が最初に零となるのは $(\pi D\sin\theta)/\lambda = 3.83$ のときで，

$$\sin\theta = \frac{3.83\lambda}{\pi D} = 1.22\frac{\lambda}{D} \tag{8.27}$$

を得る。これは，式 (8.21) と同様に，円形開口での回折による波動の広がりを

表す。係数の違いは開口形状の違いを反映しているが，$\sin\theta$ が波長に比例し，開口直径に反比例することは共通である。

§8.3　微小ダイポールによる電磁波の放射

　本節では，微小長の線状電流源から放射される電磁波とその性質を調べる。これの基本的性質は種々のアンテナに利用される（9.2.1 項参照）。また，これは次節で説明する微小ループ電流と密接な対応関係をもつ。

8.3.1　電流素片によるベクトルポテンシャル

　図 **8.6**(a) に示すように，線状電流が原点 O 近傍の z 軸上で $-dl/2$ と $dl/2$ 間の微小（波長よりも小さい）距離で流れているとする。この素電流を，一定振幅 I_0 の正弦的時間変化 $I_0\exp(j\omega t)$ で表す。このとき，電流密度は

$$\boldsymbol{J}_{\mathrm{ex}} = I_0\exp(j\omega t)\mathbf{e}_z \tag{8.28}$$

で書ける。ただし，$\mathbf{e}_z$ は z 方向の単位ベクトルを表す。

　本題に入る前に，式 (8.28) の微小長の線状電流の別の解釈に言及する。各位置

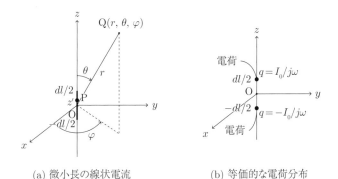

(a) 微小長の線状電流　　　　　(b) 等価的な電荷分布

図 **8.6**　微小ダイポールによる電磁界
I_0：素電流の振幅，ω：正弦的変化の角周波数
q：電荷密度，Q：観測点

での電荷密度を $\rho = C \exp{(j\omega t)}$ とおくと (C：定数)，連続の方程式 (2.14) を用い
て，$\mathrm{div}\boldsymbol{J}_{\mathrm{ex}} = \mathrm{div}\,[I_0 \exp{(j\omega t)}\mathbf{e}_z] = I_0 \exp{(j\omega t)}$，　$\partial\rho/\partial t = j\omega C \exp{(j\omega t)}$
より $C = -I_0/j\omega$ が得られる。よって，z 軸上の線電荷密度が次式で表される。

$$\rho = j\frac{I_0}{\omega} \exp{(j\omega t)} \tag{8.29}$$

式 (8.29) は，線状電流の両端 $(z = \pm dl/2)$ に電荷密度 $\pm q = \pm I_0/(j\omega)$ が蓄
積されているとみなせることを意味する。同図 (b) のように，上記線状電流は，
$\mu_{\mathrm{e}} = qdl$ の電気双極子モーメントが垂直方向に存在することと等価で，これを
垂直双極子と呼ぶ。上記線状電流を微小ダイポール（micro dipole）またはヘ
ルツダイポール（Hertzian dipole）と呼び，これはアンテナに利用されている
（9.2.1 項参照）。

　本題に戻り，式 (8.28) の素電流による電磁界を，原点 O から十分離れた点
Q で観測するものとする。素電流が観測点 Q に作る遅延ポテンシャル $\boldsymbol{A}$ は，
式 (8.28) を式 (7.17) に代入して，次式で求められる。

$$\boldsymbol{A}(\boldsymbol{r},t) = \frac{\mu\mu_0}{4\pi} \int_{-dl/2}^{dl/2} I_0 \exp{(j\omega t)}\frac{\exp{(-jkr')}}{r'}dz'\mathbf{e}_z \tag{8.30}$$

ここで，r' は素電流上の点 P$(z = z')$ と観測点 Q との距離，k は波数である。
観測点 Q の位置を極座標系 (r,θ,φ) およびデカルト座標系 (x,y,z) で表すと，
r' が

$$r' = \sqrt{x^2 + y^2 + (z - z')^2} \fallingdotseq r(1 - 2z'z/r^2)^{1/2} \fallingdotseq r - z'z/r$$

で書ける。$|z|/r < 1$, $|z'| < \lambda \ll r$ より $|z||z'|/r < |z'| < \lambda \ll r$ となり，r'
の最右辺第 2 項は r より十分小さい。よって，r' を OQ 間の距離 r で近似で
きる。

　このとき，式 (8.30) での遅延ポテンシャルは次のように書ける。

$$\boldsymbol{A}(\boldsymbol{r},t) = \frac{\mu\mu_0 I_0 dl}{4\pi r} \exp{[j(\omega t - kr)]}\mathbf{e}_z \tag{8.31}$$

式 (8.31) を極座標系で成分表示すると，各成分は

$$A_r = \frac{\mu\mu_0 I_0 dl}{4\pi r} \cos\theta \exp{[j(\omega t - kr)]} \tag{8.32a}$$

$$A_\theta = -\frac{\mu\mu_0 I_0 dl}{4\pi r} \sin\theta \exp\left[j(\omega t - kr)\right] \tag{8.32b}$$

$$A_\varphi = 0 \tag{8.32c}$$

で書き表される。ここで $\mathbf{e}_z = (\cos\theta, -\sin\theta, 0)$ を用いた。

8.3.2 微小ダイポールによる電磁界

　ベクトルポテンシャル $\boldsymbol{A}$ の式 (8.32) を磁束密度 $\boldsymbol{B}$ の式 (7.2) に代入した後に，付録の式 (A.16c) を用いると，観測点 Q(r, θ, φ) での磁界成分が

$$H_r = H_\theta = 0 \tag{8.33a}$$

$$H_\varphi = j\frac{I_0 dl}{4\pi r}\left(1 + \frac{1}{jkr}\right)k\sin\theta\exp\left[j(\omega t - kr)\right] \tag{8.33b}$$

で表せる。式 (8.33) は，磁界が電流の流れる z 軸を回転軸として右ネジが進む向きにだけ生じることを示し，アンペールの法則と一致する。

　式 (7.1b) を利用して得られる $\boldsymbol{E} = (1/j\omega\varepsilon\varepsilon_0)\nabla\times\boldsymbol{H}$ に式 (8.33) を代入し，付録の式 (A.16c) を用いると，観測点 Q での電界成分が次式で得られる。

$$E_r = \frac{I_0 dl}{2\pi r^2}\eta\left(1 + \frac{1}{jkr}\right)\cos\theta\exp\left[j(\omega t - kr)\right] \tag{8.34a}$$

$$E_\theta = j\frac{I_0 dl}{4\pi r}\eta\left[1 + \frac{1}{jkr} - \frac{1}{(kr)^2}\right]k\sin\theta\exp\left[j(\omega t - kr)\right] \tag{8.34b}$$

$$E_\varphi = 0 \tag{8.34c}$$

ただし，η は波動インピーダンスである。式 (8.34) では，電流が流れる z 軸を含む面内の電界が非零となり，z 軸を回転軸とした右ネジの向きである φ 方向の電界成分のみが零となっている。

　式 (8.33), (8.34) は，ベクトルポテンシャル $\boldsymbol{A}$ とスカラーポテンシャル ϕ を用いて，先に電界を求めてからでも求められる（演習問題 8.3 参照）。また，ヘルツベクトルを用いても同様に導ける（演習問題 8.4 参照）。

　式 (8.33), (8.34) は，原点近傍で z 方向に流れる微小長の線状電流源によって，観測点 Q に作られる電磁界を表す。これらは微小ダイポールによる電磁界とも呼ばれ，線状電流によって電磁界が放射されることを示す。これらの電磁

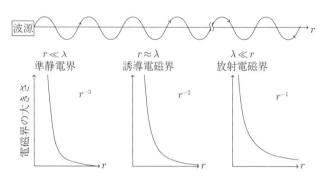

図 **8.7** 電流源から発生する電磁界の距離依存性の概略
r：波源からの距離，λ：電磁波の波長

界は図 **8.7** に示すように，波源からの距離 r により性質が異なる。

距離 r の 3 乗に反比例する項は**準静電界**（static field）と呼ばれる。その理由は，式 (8.34a,b) の $kr \ll 1$ で $\eta = k/\omega\varepsilon\varepsilon_0$，$q = I_0/(j\omega)$ とおき，指数関数部を除外した結果が，時間変動のない正負電荷からなる電気双極子のごく近傍で生じる静電界（演習問題 7.3 参照）と近似的に等しいからである。

距離 r に反比例する項は**放射電磁界**（radiation field）と呼ばれる。これは電界と磁界が直交し，電磁界の大きさが距離 r に反比例しているから，r 方向に伝搬する球面波となるが（§2.5 参照），半径が十分大きいので近似的に平面波とみなせる。放射電磁界は $kr \gg 1$ を満たす十分遠方まで到達する成分であり，無線や放送における送・受信機で利用される（9.2.1 項参照）。

距離 r の 2 乗に反比例する項は，両者の中間の比較的短距離で現れる成分であり，**誘導電磁界**（induction field）と呼ばれる。その理由は，式 (8.33b) における r^{-2} の比例項で指数関数部を除外した結果が，定常電流によって誘導される磁界（演習問題 7.4 参照）と等しいからである。

§8.4　微小ループ電流による電磁波の放射

本節では，微小ループに電流が流れている場合に発生する電磁界分布を考える。これに磁流源がある場合の磁気型ポテンシャル（§7.4 参照）を利用すると，

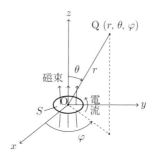

図 **8.8** 微小ループ電流による電磁界
S：ループ面積（形状は任意だが，大きさは波長より小さい）
Q：観測点

前節で求めた微小ダイポールでの結果が利用できる。

図 **8.8** に示すように，面積 S の任意形状の微小ループ（大きさが波長に比べて小）が，デカルト座標系で原点 O 近傍の $z = 0$ 面内にある。ループに一定振幅 I_0 で正弦的時間変化の素電流 $I_0 \exp(j\omega t)$ が反時計回りに流れているとき，これが観測点 Q に作る電磁界を考える。このとき，ループ内では z 軸の負方向から正方向に向かう磁力線がある。

電流 I_0，面積 S の微小ループ電流からの磁界は，荷電粒子の回転運動で生じているとみなせるから，EH 対応単位系で磁気モーメント

$$\mu_{\mathrm{m}} = \mu\mu_0 I_0 S \,[\mathrm{Wb\,m}] \tag{8.35}$$

と磁化 $\boldsymbol{M}$ を生み出す（2.2.3 項参照）。これの正弦的時間変化のもとで発生する磁化電流密度が次式で表せる。

$$\boldsymbol{J}_{\mathrm{m}} = j\omega\mu\mu_0 I_0 S \,\mathbf{e}_z \quad (\mathbf{e}_z：z \text{ 方向の単位ベクトル}) \tag{8.36}$$

磁化電流密度を式 (7.27) に代入して，磁気型ベクトルポテンシャル $\boldsymbol{A}_{\mathrm{m}}$ が

$$\boldsymbol{A}_{\mathrm{m}}(\boldsymbol{r}, t) = \frac{j\omega\varepsilon\varepsilon_0\mu\mu_0 I_0 S}{4\pi r} \exp\left[j(\omega t - kr)\right] \mathbf{e}_z \tag{8.37}$$

で得られる。

ところで，微小ダイポールにおける線状電流は電気双極子モーメント $\mu_{\mathrm{e}} =$

$qdl = I_0 dl/(j\omega)\,[\mathrm{C\,m}]$ と電気分極 $\boldsymbol{P}$ を生み出す（8.3.1 項参照）。電気分極 $\boldsymbol{P}$ と磁化 $\boldsymbol{M}$ は，それぞれ電束密度 $\boldsymbol{D}$ と磁束密度 $\boldsymbol{B}$ の一部をなし（式 (2.15)，(2.16) 参照），これらが電磁波の発生に寄与する。両モーメント μ_e と μ_m の次元が異なるが，これらの寄与が等しいとする。微小ダイポールの式 (8.31) での I_0 を I_m で表し，式 (8.37) と

$$I_\mathrm{m} dl = j\omega\mu\mu_0 I_0 S = j\frac{k^2}{\omega\varepsilon\varepsilon_0} I_0 S = j I_0 S \eta k \tag{8.38}$$

で対応づければ，前節で求めた微小ダイポールでの結果が利用できる。ただし，微小ダイポールでの磁束密度 $\boldsymbol{B}$ が微小ループ電流では電束密度 $\boldsymbol{D}$ となる。式 (8.38) の後半の 2 辺では式 (2.37) を利用した。

上記対応関係を利用すると，微小ループ電流が極座標系 (r,θ,φ) で表される観測点 Q に作る電界は，式 (7.22) から得られる $\boldsymbol{E} = -(1/\varepsilon\varepsilon_0)\mathrm{rot}\boldsymbol{A}_\mathrm{m}$ を用い，磁界の式 (8.33b) を電界に置き換えて，次式で表せる。

$$E_r = E_\theta = 0 \tag{8.39a}$$

$$E_\varphi = \frac{I_0 S}{4\pi r}\eta\left(1 + \frac{1}{jkr}\right)k^2 \sin\theta \exp[j(\omega t - kr)] \tag{8.39b}$$

ただし，η は波動インピーダンスである。微小ループでは，微小ダイポールと同様に，電流が流れる x-y 面に平行な面内の電界成分が非零となる。

微小ループ電流から発生する磁界は，微小ダイポールでの式 (8.34a) で次元調整のため，波動インピーダンス η を逆に入れ，式 (2.37) を利用して

$$H_r = j\frac{I_0 S}{2\pi r^2}\left(1 + \frac{1}{jkr}\right)k\cos\theta \exp[j(\omega t - kr)] \tag{8.40a}$$

$$H_\theta = -\frac{I_0 S}{4\pi r}\left[1 + \frac{1}{jkr} - \frac{1}{(kr)^2}\right]k^2 \sin\theta \exp[j(\omega t - kr)] \tag{8.40b}$$

$$H_\varphi = 0 \tag{8.40c}$$

で表せる。z 軸に垂直な面内の磁界成分 H_φ は，導体に流れる電流と同じ向きなので磁界が現れない。

十分遠方（$kr \gg 1$）では，放射電磁界 E_φ と H_θ の比が次式で得られる。

$$\frac{E_\varphi}{H_\theta} = -\eta \tag{8.41}$$

微小ループ電流による放射電磁界は, 微小ダイポールの場合と同じく, 電界と磁界が直交する球面波で, 近似的に平面波となっている。

微小ループ電流による電気型ベクトルポテンシャル成分は, 紙面の都合で導出過程を示さないが, 次式で得られる。

$$A_r = 0, \quad A_\theta = 0 \tag{8.42a,b}$$

$$A_\varphi = j\frac{I_0 S}{4\pi r}\mu\mu_0 \left(1 + \frac{1}{jkr}\right) k \sin\theta \exp\left[j(\omega t - kr)\right] \tag{8.42c}$$

これからも上記電界・磁界と同じ表現が導ける。

【例題 8.2】 原点近傍の z 軸上で, 微小長の $z' = dl/2$ から $dl/2$ の間に流れる電流 $I_0 \exp(j\omega t)$ によりできる磁界について, 次の問いに答えよ。ただし, I_0 は振幅である。

① x 軸上で原点から十分離れた位置 $(x, 0, 0)$ での磁界を, 遅延ポテンシャルを用いて求めよ。

② $I_0 = 0.05\,\text{A}$, $f = 1.0\,\text{GHz}$, $x = 1.0\,\text{m}$, $dl = 1\,\text{mm}$ のときの磁界の大きさを求めよ。

[解] ① デカルト座標系を用いると, 式 (8.31) で $r \fallingdotseq x$ と近似でき, 遅延ポテンシャルは次式で得られる。

$$\begin{aligned}
\boldsymbol{A}(\boldsymbol{r}, t) &= \frac{1}{4\pi} \int_{-dl/2}^{dl/2} \mu\mu_0 \boldsymbol{J}_{\text{ex}} \frac{\exp\left(-jkx\right)}{x} dz' \\
&= \frac{\mu\mu_0 I_0 dl}{4\pi x} \exp\left[j(\omega t - kx)\right] \mathbf{e}_z
\end{aligned}$$

ただし, $\mathbf{e}_z = (0, 0, 1)$ は電流の向きの単位ベクトルである。これらより

$$A_z = (\mu\mu_0 I_0 dl/4\pi x) \exp\left[j(\omega t - kx)\right], \quad A_x = A_y = 0$$

を得る。磁界成分は式 (7.2), 付録の式 (A.16c) を用いて, 次式で得られる。

$$H_y = \frac{I_0 dl}{4\pi} \left[\frac{j}{kx} + \frac{1}{(kx)^2}\right] k^2 \exp\left[j(\omega t - kx)\right], \quad H_x = H_z = 0$$

② 波数 k は式 (2.6), (2.9) を利用して, $k = 2\pi f/c = 2\pi \cdot 1.0 \times 10^9/(3.0 \times 10^8) = 20.9\,\mathrm{m}^{-1}$ となる。これらの数値を得られた磁界に代入すると, $H_y = 3.98(1 + j20.9)\,\mu\mathrm{A/m}$ を得る。$kx = 20.9 \cdot 1.0 = 20.9 \gg 1$ を満たしているので, $1/x^2$ の項が $1/x$ より速く減衰して, 虚部が大きくなる。

【微小ダイポールと微小ループ電流から放射される電磁波のまとめ】

(i) 振幅 I_0, 角周波数 ω の高周波電流が流れる微小ダイポールは, 電流源の両端に電荷密度 $\pm q = \pm I_0/(j\omega)$ が蓄積された電気双極子と等価である。

(ii) 微小ループ電流により放射される電磁波の大きさは, ループ面積 S に比例し, ループの形状に依存しない。

(iii) 微小ループ電流で発生する電磁界 E_φ, H_θ は, それぞれ微小ダイポールでの H_φ, E_θ とよく対応する。すなわち, 微小ダイポールと微小ループ電流では, 電界と磁界を入れ換えた形になっている。

(iv) 上記 (iii) は, 微小ダイポールによる電気双極子モーメントと微小ループ電流による磁気モーメントを対応づけることにより説明できる。

(v) 微小ダイポールと微小ループ電流による放射電磁界はアンテナで利用される。

【演習問題】

8.1 フレネル–キルヒホッフの回折公式における, 傾斜因子の物理的意味を述べよ。

8.2 幅 25 mm の正方形の開口から空気中に出る, 次の電磁波について回折角を求めよ。
① 周波数 20 GHz, ② 波長 500 nm (可視光)

8.3 微小ダイポールは, 素電流の両端 $(z' = \pm dl/2)$ に電荷密度 $\pm q = \pm I_0/(j\omega)$ が蓄積されているとみなせるから, 素電流は $p = qdl$ の電気双極子モーメントが存在することと等価である。このことを利用して, 次の問いに答えよ。

① 上記 2 つの点電荷による, 原点から十分離れた位置でのスカラーポテンシャル ϕ が, 極座標表示のもとで

$$\phi(r,t) = \frac{I_0 dl}{j4\pi}\eta\left[\frac{j}{kr} + \frac{1}{(kr)^2}\right]k\cos\theta\exp\left[j(\omega t - kr)\right]$$

で書けることを示せ。

② ベクトルポテンシャル $\boldsymbol{A}$ とスカラーポテンシャル ϕ を用いて, 原点から十分離れた観測点での電界分布を求めよ。ただし, $\boldsymbol{A}$ には式 (8.32) を利用せよ。

8.4 無損失媒質で外部電流密度 $\boldsymbol{J}_{\mathrm{ex}}$ が式 (8.28) のように角周波数 ω で変化しているとき，本文のようにベクトルポテンシャルを利用しても，ヘルツベクトル（§7.5 参照）を利用しても同じ結果が得られることを，次の手順で示せ。

① ベクトルポテンシャル $\boldsymbol{A}$ が

$$\boldsymbol{A}(\boldsymbol{r},t) = \frac{\mu_0}{4\pi} \int \frac{\boldsymbol{J}_{\mathrm{ex}}(\boldsymbol{r}',t)}{r} \exp\left(-jkr\right) dV' \quad : r = |\boldsymbol{r} - \boldsymbol{r}'|$$

で表されるとき，磁界 $\boldsymbol{H}$ と電界 $\boldsymbol{E}$ が次式で表されることを示せ。

$$\boldsymbol{H} = \frac{1}{4\pi} \mathrm{rot} \left[\int \frac{\boldsymbol{J}_{\mathrm{ex}}(\boldsymbol{r}',t)}{r} \exp\left(-jkr\right) dV' \right]$$

$$\boldsymbol{E} = \frac{1}{j4\pi\omega\varepsilon_0} \mathrm{rot}\,\mathrm{rot} \left[\int \frac{\boldsymbol{J}_{\mathrm{ex}}(\boldsymbol{r}',t)}{r} \exp\left(-jkr\right) dV' \right]$$

② ヘルツベクトル $\boldsymbol{\Pi}$ が次式で書けることを示せ。

$$\boldsymbol{\Pi}(\boldsymbol{r},t) = \frac{1}{j4\pi\omega\,\varepsilon_0} \int \frac{\boldsymbol{J}_{\mathrm{ex}}(\boldsymbol{r}',t)}{r} \exp\left(-jkr\right) dV'$$

③ ヘルツベクトル $\boldsymbol{\Pi}$ を用いるときも，磁界 $\boldsymbol{H}$ と電界 $\boldsymbol{E}$ が ① と同じ表現で得られることを示せ。

第9章　アンテナ

電波は空間を伝送媒体として，遠隔地との間で電気信号やエネルギーを送受する無線での利用ができる。その際に必須となるのがアンテナである。無線は放送あるいは移動通信システム（携帯電話）や衛星通信などで利用されている。アンテナに関する理論部分は，第8章の内容を利用して説明する。

本章では，アンテナの性能評価を述べた後，アンテナの基本形であるダイポールアンテナとループアンテナの特性を説明する。その後，基本形の延長線上にある線状アンテナや指向性の制御を目指したアレイアンテナの特性を説明する。後半では，高周波電波用のパラボラアンテナなどの開口面アンテナ，および壁面などに設置される平面アンテナに触れる。

§9.1　アンテナの性能評価

アンテナ（antenna）は，導体中を流れる電気信号と空間中の電磁波との相互作用を利用して，電磁波を送受信する装置であり，無線通信分野では**空中線**とも呼ばれる。本節では，さまざまなアンテナの性能を相互に比較するために必要な，指向性，電力利得，放射抵抗などの指標を紹介する（**表 9.1**）。

(1)　指向性

アンテナの向きにより，携帯ラジオの音声がよく聞こえたり聞こえにくかったりすることがある。これは，アンテナに入る電波の強さが方向によって変化するためである。このような電波の強さと方向との関係を表す図を**放射パターン**，その指標を**指向性**（directivity）という。これは，最大放射方向の大きさを 1 と規格化して極座標で表されることが多い。指向性を数値で表すため，電

表 **9.1** アンテナにおける性能指標

項目	概要
指向性	送・受信時の電波の強さと角度方向との関係
電力利得	放射が最大となる方向の電力密度の標準アンテナに対する比
放射抵抗	アンテナからの放射電力を負荷での消費とみなしたときの等価的な抵抗
有効面積	アンテナで電力を受信する際の等価的な面積
偏　波	電波における電界の偏りで，垂直偏波や水平偏波などがある

力が最大放射方向の 1/2 になる 2 方向を挟む角度を**半値角**または**ビーム半値幅**と呼ぶ。指向性は送信と受信のいずれに対しても同じ特性となる。

　指向性の有無は用途により異なる。衛星通信や通信設備間，家庭用アンテナなど場所が固定されている場合には，指向性があるほうが妨害電波や雑音の影響を受けにくいので望ましい。近年普及しているスマートフォンなどの移動用端末では無指向性が望ましい。

(2)　電力利得

　アンテナから放射される電波の強さ，あるいは受け取る電波の受信のしやすさは，指向性により方向に強く依存する。そこで，仮想的に考えた**標準利得アンテナ**を基準として，当該アンテナの単位面積当たりの放射が最大となる方向の電力密度との比で評価する。これを**電力利得 G** と呼び，次式で定義する。

$$G = \frac{当該アンテナにより放射される最大方向の電力密度}{標準利得アンテナにより放射される電力密度} \tag{9.1}$$

標準利得アンテナとして，等方性・無損失の点波源を用いる場合を絶対利得，半波長アンテナや角錐ホーンアンテナ等を利用する場合を相対利得という。

　原点 O にある等方性点波源に電力 P_r [W] が給電されているとし，原点 O から観測点 Q までの距離を r とする。半径 r の球面の表面積が $4\pi r^2$ だから，標準利得アンテナの点 Q での単位面積当たりの電力，つまり電力密度 P_d [W/m^2] が

$$P_d = \frac{P_r}{4\pi r^2} \tag{9.2}$$

で表せる。一方，当該アンテナでの放射電力密度は，観測点 Q での複素ポインティングベクトル $\bar{S}$ で表せ，式 (3.17)，(2.48b) を用いて

$$P'_\mathrm{d} = \bar{S} = \frac{1}{2}\boldsymbol{E}\times\boldsymbol{H}^* = \frac{|\boldsymbol{E}|^2}{2\eta} = \frac{1}{2}\frac{|\boldsymbol{E}|^2}{Z_0\sqrt{\mu/\varepsilon}} \tag{9.3}$$

と書ける。ここで，$\boldsymbol{E}$ と $\boldsymbol{H}$ は電界と磁界の瞬時値，η は波動インピーダンス，$Z_0 = 120\pi\,\Omega$ は真空インピーダンス，ε は媒質の比誘電率，μ は比透磁率である。ただし，式 (9.3) を計算する際には，放射電力が最大値となる方向にとる。式 (9.2)，(9.3) を式 (9.1) に代入することにより，電力利得 G が求められる。

電力利得は $10\log_{10}G\,[\mathrm{dBi}]$ のように，dB 表示も使われる。完全無指向性アンテナを基準とする場合，その利得 1 を基準 ($0\,\mathrm{dBi}$) として相対値で表される。

(3) 放射抵抗

アンテナから放射される電磁波の全電力のおおもとは，給電点などを介して電源から供給されており，アンテナは電力を消費する負荷として考えられる。つまり，アンテナからの放射電力は，負荷抵抗での消費電力と同一視でき，これと等価な抵抗 R_r を**放射抵抗**（radiation resistance）と呼ぶ。同じ電流値でも，放射抵抗が大きいほど強い電波が放射されることを意味する。

ポインティングベクトルで求められる放射電力 P_r は平均化された電力だから，電源側の電流の振幅 I_0 を実効値 $I_\mathrm{e} = I_0/\sqrt{2}$ で表す必要がある。したがって，$P_\mathrm{r} = I_\mathrm{e}^2 R_\mathrm{r} = I_0^2 R_\mathrm{r}/2$ より，放射抵抗 R_r が次式で計算できる。

$$R_\mathrm{r} = \frac{2P_\mathrm{r}}{I_0^2} \tag{9.4}$$

(4) 実効面積

アンテナで受信される電力を P_r，入射波のアンテナ位置における電力密度を P_d とおくとき，

$$P_\mathrm{r} = P_\mathrm{d}A_\mathrm{e} \tag{9.5}$$

で定義される面積 $A_\mathrm{e}\,[\mathrm{m}^2]$ を**実効面積**（effective area）または有効面積と呼ぶ。波長 λ の電磁波を受信する，電力利得 G のアンテナに対して，実効面積は

$$A_\mathrm{e} = G\frac{\lambda^2}{4\pi} \tag{9.6}$$

で書ける。実効面積は等価的なもので，後述する線状アンテナのように，面積がないものに対しても定義される。

(5) 偏波

電波は電界の偏りをもつ（§3.4 参照）。アンテナでよく使用されるのは直線偏波であり，円偏波が使用される場合もある。直線偏波の場合，偏波面が大地に対して垂直な場合を**垂直偏波**，水平な場合を**水平偏波**と呼び，送受信で偏波面が一致したアンテナを使用する必要がある。

アンテナを回路素子の立場から見ると，図 6.2 に示したように，伝送線路に接続された負荷とみなすことができる。そのため，電圧反射係数や VSWR，インピーダンスなどでも評価される（§6.2 参照）。

§9.2 基本的なアンテナ

アンテナの基本形は点波源やそれに類するものであり，アンテナとしての機能を果たす最小要素を総称して**素子**（element）と呼ぶ。電波の発生・受信を，電界の変化により行うものを電界アンテナ，磁界の変化により行うものを磁界アンテナと呼ぶ。本節では，前者の例としてダイポールアンテナを，後者の例としてループアンテナを説明する。

9.2.1 ダイポールアンテナ

微小ダイポール（§8.3，図 8.6 参照）に高周波電流を流したアンテナを**ダイポールアンテナ**（dipole antenna）と呼ぶ。原点 O 近傍に微小ダイポール（電流 $I_0 \exp(j\omega t)$，I_0：振幅，ω：角周波数，長さ dl は波長 λ に比べて十分短い）をおき，一部から給電する。観測点 Q を極座標系 (r, θ, φ) で表す。

波源から観測点 Q までの距離 r が波長に比べて十分離れた位置での放射電磁界は，式 (8.34b)，(8.33b) で $kr \gg 1$（$k = 2\pi/\lambda$：波数）として次式で書ける。

$$E_\theta = j\eta \frac{I_0 dl}{2\lambda r} D(\theta, \varphi) \exp\left[j(\omega t - kr)\right]$$

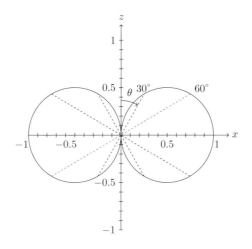

図 **9.1** ダイポールアンテナおよびループアンテナでの指向性

$$= j60\pi I_0 dl \sqrt{\frac{\mu}{\varepsilon}} \frac{D(\theta,\varphi)}{\lambda r} \exp\left[j(\omega t - kr)\right] \tag{9.7a}$$

$$H_\varphi = j\frac{I_0 dl}{2\lambda r} D(\theta,\varphi) \exp\left[j(\omega t - kr)\right] \tag{9.7b}$$

$$\frac{E_\theta}{H_\varphi} = \eta = Z_0\sqrt{\frac{\mu}{\varepsilon}} = 120\pi\sqrt{\frac{\mu}{\varepsilon}} \tag{9.7c}$$

$$D(\theta,\varphi) = \sin\theta \tag{9.7d}$$

ただし，$D(\theta,\varphi)$ は指向性，$k = 2\pi/\lambda$ は媒質での波数，λ は波長，ε と μ は伝搬媒質の比誘電率と比透磁率，η は波動インピーダンスを表す．ダイポールアンテナでの電磁界は，$E_r = E_\varphi = H_r = H_\theta = 0$ で，式 (2.53a) を参照すると，原点 O から r 方向へ伝搬する球面波（近似的に平面波）となっている．

ダイポールアンテナの z 軸を含む垂直面内での指向性を図 **9.1** に示す．指向性は，$\theta = \pi/2$ の方向（$z = 0$ 面），つまり電流の向きと直交する方向で最大となり，"8 の字型" となっている．その理由は，微小ダイポールは両端に電荷がある電気双極子とみなせるので（8.3.1 項参照），両端から出た電磁波の位相が $z = 0$ 面で一致して合成電磁界が強め合うためである．電流が z 軸上を流れて

いるので，電磁界が φ 方向には均一に分布し，この方向では無指向性となる。

　原点 O から十分遠方での電磁波のポインティングベクトルは，動径方向の成分しかもたない。動径方向の放射電力は，式 (9.7a,b) を式 (3.21) に代入して

$$P_{\rm r} = \frac{1}{2\eta} \int_0^{2\pi} \int_0^{\pi} |E_\theta|^2 r^2 \sin\theta d\theta d\varphi = 40\pi^2 \left(\frac{I_0 dl}{\lambda}\right)^2 \sqrt{\frac{\mu}{\varepsilon}}$$

$$= 10 I_0^2 (kdl)^2 \sqrt{\frac{\mu}{\varepsilon}} \, [{\rm W}] \tag{9.8}$$

で得られる。上記計算では $\int_0^\pi \sin^3\theta d\theta = 4/3$ を用いた。式 (9.8) は，放射電力が電流振幅の 2 乗と，ダイポール長の波長に対する比の 2 乗に比例することを示す。

　以下では，ダイポールアンテナの電力利得，実効面積，放射抵抗を順次求める。観測点での電界 E_θ を表す式 (9.7a) より，指向性が最大値になる方向は $\theta = \pi/2$ である。その値は瞬時値だから，この方向の電力密度は

$$P_{\rm d}' = \frac{1}{2}\frac{|E_\theta|^2}{\eta} = 15\pi \sqrt{\frac{\mu}{\varepsilon}} \left(\frac{I_0 dl}{\lambda r}\right)^2 \tag{9.9}$$

で得られる。電力利得 G は，式 (9.8)，(9.9) を式 (9.1) に代入して

$$G = \frac{P_{\rm d}'}{P_{\rm r}/4\pi r^2} = 1.5 \tag{9.10}$$

となる。これより，ダイポールアンテナの電力利得は，等方性波源を基準とすると $G = 1.5$，すなわち $10\log_{10} G = 1.76\,{\rm dBi}$ となる。

　実効面積は式 (9.10) を式 (9.6) に代入して

$$A_{\rm e} = \frac{3\lambda^2}{8\pi} \fallingdotseq 0.119\lambda^2 \tag{9.11}$$

で得られる。この実効面積は波長の平方値の約 1 割である。

　式 (9.8) での放射電力は時間平均値で，電流振幅 I_0 は瞬時値である。この式を式 (9.4) に代入して，放射抵抗が次式で求められる。

$$R_{\rm r} = \frac{2P_{\rm r}}{I_0^2} = 80\pi^2 \left(\frac{dl}{\lambda}\right)^2 \sqrt{\frac{\mu}{\varepsilon}} = 20(kdl)^2 \sqrt{\frac{\mu}{\varepsilon}} \, [\Omega] \tag{9.12}$$

放射抵抗はダイポール長 dl の波長 λ に対する比の 2 乗に比例している。

9.2.2 ループアンテナ

ループ状導体に給電点から電流を流すアンテナを**ループアンテナ**（loop antenna）と呼ぶ。これには微小ループ電流による電磁波の放射が利用される（§8.4 参照）。導体に電流を流すと，ループ面を貫く方向に磁界が発生する。逆に，ループ面を貫く磁界が変化すると，電磁誘導により導体に起電力が発生することを利用しており，ループアンテナは磁界の変化で動作する。ループを水平面内や垂直面内に設置したループアンテナがある。

水平面内の原点 O 近傍に設置された微小ループ電流（$I_0 \exp(j\omega t)$，ループ面積 S）により発生する電磁界を，極座標系 (r, θ, φ) のもとで求めた（§8.4，図 8.8 参照）。波源から観測点 Q までの距離 r が波長に比べて十分長いときの放射電磁界は，式 (8.39b)，(8.40b) で $kr \gg 1$（k：波数）として，次式で書ける。

$$E_\varphi = \frac{I_0 S}{4\pi r} \eta k^2 D(\theta, \varphi) \exp[j(\omega t - kr)] \tag{9.13a}$$

$$\frac{E_\varphi}{H_\theta} = -\eta \tag{9.13b}$$

$$D(\theta, \varphi) = \sin\theta \tag{9.13c}$$

ただし，η は波動インピーダンスを表す。微小ループ電流による放射電磁界も，r 方向へ伝搬する球面波（近似的に平面波）となっている。§8.4 で述べたように，ループの形状は任意であり，方形（$a \times b$）の場合には $S = ab$，円形（半径 a）の場合には $S = \pi a^2$ とすればよい。

式 (9.13c) の $D(\theta, \varphi)$ はループアンテナの指向性を表し，これはダイポールアンテナでの式 (9.7d) と同じである（図 9.1 参照）。電磁波は $\theta = \pi/2$，つまりループ面と一致する方向に強く発生する。

ループアンテナによる電磁波の r 方向への放射電力 P_r は，式 (9.13a,b) を式 (3.21) に代入して，次式で求められる。

$$P_\mathrm{r} = \frac{1}{2\eta} \int_0^{2\pi} \int_0^\pi |E_\varphi|^2 r^2 \sin\theta d\theta d\varphi = 160\pi^4 I_0^2 \left(\frac{S}{\lambda^2}\right)^2 \sqrt{\frac{\mu}{\varepsilon}}$$

$$= 10I_0^2(k^2S)^2\sqrt{\frac{\mu}{\varepsilon}}\,[\mathrm{W}] \tag{9.14}$$

式 (9.14) は，放射電力がループ電流の振幅 I_0 の 2 乗に比例し，ループ面積 S の λ^2 に対する比の 2 乗に比例することを表す．式 (9.14) を式 (9.8) と比較すると，ダイポールアンテナの kdl とループアンテナの k^2S が，放射電力に関して等価なはたらきをしていることがわかる．

　ループアンテナの共振（定在波）条件は，ループ 1 周の長さが波長の整数倍になるときで，このときインピーダンスが極小になり，強い電波が発生する．

　ループアンテナの電力利得は $G = 1.5$ で，ダイポールアンテナと同じ値となる．したがって，ループアンテナの実効面積もダイポールアンテナと同じく，$A_e = (3/8\pi)\lambda^2$ となる．放射抵抗は式 (9.4) より $R_r = 320\pi^4(S/\lambda^2)^2\sqrt{\mu/\varepsilon} = 20(k^2S)^2\sqrt{\mu/\varepsilon}\,[\Omega]$ で得られ（演習問題 9.4 参照），これもダイポールアンテナの放射電力と同じ対応関係をもつ．

　ループアンテナを受信用に使う場合，ループ面積やループ巻き数 N を増加させると，それらに比例してアンテナに誘起される電圧が増加する．

【ダイポールアンテナとループアンテナのまとめ】

(i) 電磁波の発生・受信を行うのに，ダイポールアンテナは電界の変化を，ループアンテナは磁界の変化を利用している．

(ii) 波源から波長に比べて十分離れた位置では，ダイポール・ループアンテナのいずれでも，波源からの距離に反比例する放射電磁界が寄与する．

(iii) 垂直方向に電流が流れるダイポールアンテナ，および水平面内で電流が流れるループアンテナの垂直面内での指向性は "8 の字型" となって，水平面内で最大となる．また，水平面内では無指向性となる．

(iv) 電波が強く発生するのは，ダイポールアンテナではアンテナ長が半波長の奇数倍，ループアンテナではループ長が波長の整数倍になるときである．

§9.3　線状アンテナ

　細い直線状の導体でできたアンテナを**線状アンテナ**（linear antenna）と呼

び，これは微小ダイポールの集合体とみなせる。線状アンテナはアンテナの基本形のひとつであり，半波長ダイポールアンテナやモノポールアンテナなどがある。線状アンテナは数 GHz 以下の比較的低い周波数で使用される。

9.3.1 線状アンテナからの放射電磁界

図 **9.2** に示すように，長さ l の線状アンテナが原点 O を中心とした z 軸上にあり，そこを電流が流れているとする。線状アンテナに電流が流れると，その周囲に磁界ができ，その磁界が電界を誘起することにより誘導界を生じ，波長に比べて十分遠方では放射界が外向きに伝搬するようになる。

電流分布を $I(z)$ で表し，この電流による放射電磁界を，原点 O から十分離れた点 Q で観測する。観測点 Q の位置を極座標系 (r, θ, φ) で表すと，ここでの放射電界は，式 (9.7a) を利用して，

$$E_\theta = j30\sqrt{\frac{\mu}{\varepsilon}}\exp{(j\omega t)}k\sin\theta\int_{-l/2}^{l/2}\frac{I(z')\exp{(-jkr')}}{r'}dz' \quad (9.15)$$

で書ける。ここで，r' は z 軸上の点 P と観測点 Q との距離，θ は z 軸と観測点 Q に対する r 軸のなす角度，k は電磁波の波数である。

線状アンテナの長さ l が微小で，点 P と観測点 Q との距離 r' が，線状アンテナの長さ l よりも十分長い（$r' \gg l$）とすると，θ は線状アンテナの位置 z' によらず一定値をとると近似できる。したがって，r を観測点 Q と原点 O と

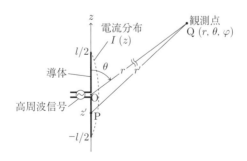

図 **9.2** 線状アンテナの概略（中央給電型）
l：導体長，λ：波長，$r \gg \lambda$

の距離とすると，r' は $r' \fallingdotseq r - z' \cos \theta$ と近似できる。式 (9.15) の振幅では $r' \fallingdotseq r$，位相項では r' の近似式を代入すると，放射電界は

$$
\begin{aligned}
E_\theta &\fallingdotseq j30\sqrt{\frac{\mu}{\varepsilon}} \exp\left(j\omega t\right) \frac{\exp\left(-jkr\right)}{r} k \sin\theta \\
&\times \int_{-l/2}^{l/2} I(z') \exp\left(jkz'\cos\theta\right)dz' \tag{9.16}
\end{aligned}
$$

で書ける。線状アンテナによる放射電磁界は，アンテナ上での電流分布 $I(z)$ を与えることにより，式 (9.16) を用いて計算できる。

　線状アンテナの中央に給電点（高周波電源からの電流供給点）があり，そこから正弦波状電流で励振され，両端からの反射波によりアンテナ内に定在波が形成されるとき，電流分布は次のように表せる。

$$
I(z) = I_0 \sin\left[k\left(\frac{l}{2} - |z|\right)\right] \quad : \quad |z| \leqq \frac{l}{2} \tag{9.17}
$$

ただし，I_0 は電流の振幅を表す。式 (9.17) を式 (9.16) に代入して z' について積分すると，線状アンテナから発せられる放射電界は次式で表せる。

$$
E_\theta = j60\sqrt{\frac{\mu}{\varepsilon}} I_0 \exp\left(j\omega t\right) \frac{\exp\left(-jkr\right)}{r} D(\theta,\varphi) \tag{9.18}
$$

$$
D(\theta,\varphi) \equiv \frac{1}{2} I_\theta k \sin\theta = \frac{\cos\left[(kl/2)\cos\theta\right] - \cos\left(kl/2\right)}{\sin\theta} \tag{9.19a}
$$

$$
I_\theta \equiv \int_{-l/2}^{l/2} \sin\left[k\left(\frac{l}{2} - |z'|\right)\right] \exp\left(jkz'\cos\theta\right)dz' \tag{9.19b}
$$

ここで，$D(\theta,\varphi)$ は指向性であり，線状アンテナからの放射電磁界の空間分布を表す。$D(\theta,\varphi)$ が φ を含まないのは，φ に対して一様なことを意味する。

　線状アンテナの z 軸を含む垂直面内の指向性を**図 9.3** に示す。最大値を 1 として規格化している。$l = \lambda/4$ と $\lambda/2$ での差異は小さい。いずれも指向性が $z = 0$（$\theta = \pi/2$）の面で最大値を示し，$\theta = 0$，π では 0 となり，垂直面内の指向性が "8 の字型" となっている。この理由は，ダイポールアンテナと同じく，線状電流の両端から出る電磁波が $z = 0$ の面で同位相となるからである。一方，線状アンテナの z 軸に垂直な水平面内での値は図示しないが，線状電流

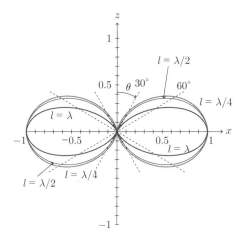

図 **9.3** 線状アンテナの指向性の長さ依存性
l：アンテナ長，λ：波長

からの電磁界が軸対称で φ に対して均一だから，円の無指向性となる。

9.3.2 半波長アンテナ

　線状アンテナ（導体長：l）において，波長 λ に対する共振（定在波）条件は，両端が波動の腹または節となることより，次式で与えられる。

$$l = m\frac{\lambda}{2} \quad (m：自然数) \tag{9.20}$$

共振条件が満たされるときに電力が発生しやすいが，長さが半波長の奇数倍になる周波数では，入力インピーダンスが低くなって電流が多く流れるので，電波が強く放射される。使用周波数はアンテナ長を調整することにより決定できる。長い線状アンテナは受信用として広く用いられている。

　線状アンテナの最短長は $l = \lambda/2$ であり，このアンテナは**半波長アンテナ**（half-wave antenna）または**半波長ダイポールアンテナ**と呼ばれる。これはさまざまなアンテナの基本形であり，長さの中央を給電点として動作させる。半波長アンテナは VHF 帯から SHF 帯で使用され，TV 用受信機として一般的である。

　半波長アンテナの概略は図 9.2 で導体長を $l = \lambda/2$ としたものである。電流分布は，式 (9.17) に $l = \lambda/2$ を代入して表せ，電流は中央で最大値をとり，両端で零となる。観測点での放射電界は式 (9.18) で表され，指向性は式 (9.19a) を用いて，次式で表される。

$$D_{\lambda/2}(\theta, \varphi) = \frac{\cos[(\pi/2)\cos\theta]}{\sin\theta} \tag{9.21}$$

ただし，θ は極座標系で観測点での r 軸が z 軸となす角度である。半波長アンテナの垂直面内の指向性は，すでに示した図 9.3 での $l = \lambda/2$ と同じである。

　原点から十分遠方での全放射電力は，式 (9.18) を式 (3.21) に代入して，

$$P_{\mathrm{r}} = \frac{1}{2\eta}\int_0^{2\pi}\int_0^{\pi}|E_\theta|^2 r^2\sin\theta d\theta d\varphi = 30 I_0^2\sqrt{\frac{\mu}{\varepsilon}}I_{\lambda/2} = 36.56 I_0^2\sqrt{\frac{\mu}{\varepsilon}} \tag{9.22}$$

$$I_{\lambda/2} \equiv \int_0^{\pi}\frac{\cos^2[(\pi/2)\cos\theta]}{\sin\theta}d\theta = \frac{1}{2}C(2\pi) = 1.219 \tag{9.23}$$

$$C(x) \equiv \int_0^{x}\frac{1-\cos t}{t}dt = \gamma + \ln x - \mathrm{Ci}(x) \tag{9.24}$$

で得られる。ここで，I_0 は電流の振幅，$\gamma (= 0.577216)$ はオイラーの定数，$\mathrm{Ci}(x) \equiv -\int_x^{\infty}[(1-\cos t)/t]dt$ は積分余弦関数である。

　電力 $P = I^2 R_{\mathrm{r}}$（R_{r}：放射抵抗）の等方性放射源から距離 r 離れた点での電力密度は

$$P_{\mathrm{d}} = \frac{P_{\mathrm{r}}}{4\pi r^2} = \frac{I^2 R_{\mathrm{r}}}{4\pi r^2} = \frac{I_0^2 R_{\mathrm{r}}}{4\pi r^2} \tag{9.25}$$

で得られる。半波長ダイポールによる観測点での電界 E_θ の式 (9.18) で，指向性が $\theta = \pi/2$ の方向で最大だから，電力密度をこの方向で見積もる。電力密度は，式 (3.21)，(9.18) より

$$P_{\mathrm{d}}' = \frac{1}{2}\frac{|E_\theta|^2}{\eta} = \frac{15}{\pi}\sqrt{\frac{\mu}{\varepsilon}}\frac{I_0^2}{r^2} \tag{9.26}$$

で得られる。半波長アンテナの電力利得は，式 (9.25)，(9.26) より

$$G_{\lambda/2} = \frac{P_{\mathrm{d}}'}{P_{\mathrm{d}}} = 1.64\sqrt{\frac{\mu}{\varepsilon}} \tag{9.27}$$

で，$\varepsilon = \mu = 1$ のとき $2.15\,\mathrm{dBi}$ となる．式 (9.27) では放射抵抗 $R_\mathrm{r} = 73.13\,\Omega$ を用いた（例題 9.1 参照）．実効面積は $A_\mathrm{e} = (\lambda^2/7.66)\sqrt{\mu/\varepsilon} = 0.131\lambda^2\sqrt{\mu/\varepsilon}$ となる（例題 9.1 参照）．

【例題 9.1】 半波長アンテナに関する次の各値を求めよ．
① 周波数 $100\,\mathrm{MHz}$ の電波を受信するのに必要なアンテナの最短長，② 放射抵抗，③ 実効面積．

[解] ① $100\,\mathrm{MHz}$ に対応する波長は，式 (2.8) より $\lambda = c/f = 3.0\,\mathrm{m}$ となる．アンテナ長は式 (9.20) で $m = 1$ とおいて $l = \lambda/2 = 1.5\,\mathrm{m}$ となる．② 式 (9.22) で与えられている全放射電力での I_0 は電流の振幅である．よって，放射抵抗 R_r は式 (9.22) を式 (9.4) に代入して，$R_\mathrm{r} = (2P_\mathrm{r}/I_0^2) = 2\cdot36.56\sqrt{\mu/\varepsilon} = 73.1\sqrt{\mu/\varepsilon}\,[\Omega]$ で得られる．③ 実効面積 A_e は式 (9.27) を式 (9.6) に代入して，$A_\mathrm{e} = G\lambda^2/4\pi = (1.64\lambda^2/4\pi)\sqrt{\mu/\varepsilon} = 0.131\lambda^2\sqrt{\mu/\varepsilon}\,[\mathrm{m}^2]$ で得られる．

§9.4　アレイアンテナ

前節の線状アンテナは，極座標系のもとで z 軸と角度 θ をなす方向の指向性をもつが，z 軸に垂直な面内の φ 方向では無指向性である．このように，単体アンテナ素子だけでは得られる放射特性や受信特性には限界がある．

複数のアンテナ素子を用いて，アンテナ素子の配列方法あるいは各アンテナ素子への給電電流の振幅や位相などを適切に選ぶことにより，所望の指向性や受信感度などの特性を実現するアンテナを，総称して**アレイアンテナ**（array antenna）またはアンテナアレイと呼ぶ．配列方法には，N 個のアンテナ素子を一直線上に等間隔で配列する直線アレイアンテナや，アンテナ素子を平面上に配列する平面アレイアンテナなどがある．

9.4.1　直線アレイアンテナ

複数個のアンテナ素子が一定の間隔で一直線状に設置されたアンテナを，**直線アレイアンテナ**（linear array antenna）または**リニアアレイアンテナ**と呼ぶ．アレイ間隔は通常，半波長かそれ以下にとられる．

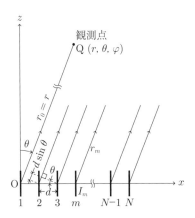

図 9.4　直線アレイアンテナの概略
観測点 Q は原点 O から波長より十分離れた位置
d：隣接素子間の間隔で，高々波長程度の距離
I_m：m 番目の素子の電流振幅，r_m：m 番目の素子と点 Q との距離

　x 軸上で原点 O から有限の等しい間隔 d で N 個の素子が設置されていると
する（**図 9.4**）。観測点 Q の位置を極座標系 (r, θ, φ) で表す。観測点が各素子
の分布域から波長に比べて十分離れた位置にあるとし，各素子の位置を $z = 0$
で代表させ，x 軸上での位置の違いのみを考慮する。このとき，各素子と観測点
を結ぶ方向が z 軸となす角度は θ で近似できる。いま $\varphi = 0$ 面に限定すると，
隣接する素子から観測点 Q までの距離差は $d \sin \theta$ で表せるから，この位相差
が $kd \sin \theta$ で書ける（k：波数）。原点 O から出た電磁波が観測点 Q に作る放
射電界を E_0 とすると，全 N 素子からの放射電界の和は次式で近似できる。

$$
\begin{aligned}
E^{(\mathrm{ar})} &\fallingdotseq E_0 + E_0 \exp\left(-jkd \sin \theta\right) + \cdots + E_0 \exp\left[-j(N-1)kd \sin \theta\right] \\
&= E_0 \frac{1 - \exp\left(-jN\delta'\right)}{1 - \exp\left(-j\delta'\right)} \\
&= E_0 \frac{\exp\left(-jN\delta'/2\right)}{\exp\left(-j\delta'/2\right)} \frac{\exp\left(jN\delta'/2\right) - \exp\left(-jN\delta'/2\right)}{\exp\left(j\delta'/2\right) - \exp\left(-j\delta'/2\right)} \\
&= E_0 \exp\left[-j\frac{\delta'(N-1)}{2}\right] \frac{\sin\left(N\delta'/2\right)}{\sin\left(\delta'/2\right)}
\end{aligned}
$$

$$= E_0 N \exp\left[-j\frac{\delta'(N-1)}{2}\right]\frac{\text{sinc}\,(N\delta'/2)}{\text{sinc}\,(\delta'/2)} \tag{9.28a}$$

$$\delta' \equiv kd\sin\theta \tag{9.28b}$$

$$\text{sinc}\,x \equiv \frac{\sin x}{x} \tag{9.29}$$

上式を導く際には，等比数列の和およびオイラーの公式を用いた。式 (9.29) の sinc x は式 (8.16) で定義した sinc 関数である。式 (9.28a) における E_0 以外は，N 素子による干渉効果を表す。

アンテナ素子として線状アンテナを用いる。放射電界の式 (9.18) での r を，点 Q と m 番目のアンテナ素子との距離 r_m とみなし，OQ 間の距離を $r_0 = r$ とする。アンテナ素子から十分遠方で観測するものとして，距離 r_m を極座標系 (r,θ,φ) で表すと，付録の式 (A.16e) を用い，各素子の位置を $z = 0$ で代表させるから，

$$r_m = \sqrt{(x-md)^2 + y^2 + (z-z')^2} \fallingdotseq r[1 - 2(xmd + zz')/r^2]^{1/2}$$
$$\fallingdotseq r - md(x/r) - z'(z/r) \fallingdotseq r - md\sin\theta\cos\varphi \tag{9.30}$$

と書ける。電界の振幅では $r_m \fallingdotseq r$ と近似し，位相項では上記 r_m を用いる。

各アンテナ素子での電流が，前節と同じく z 軸方向に流れているとする。m 番目の素子の電流の振幅が I_{am} で，隣接する素子間では位相が順に α ずつずれているものとする。このとき，m 番目の素子の電流は次式で表せる。

$$I_m = I_{am}\exp\left(-jm\alpha\right) \tag{9.31}$$

直線アレイアンテナでの全放射電界は，式 (9.30)，(9.31) を用いて

$$E_\theta^{(\text{ar})} = j60\sqrt{\frac{\mu}{\varepsilon}}\exp\left(j\omega t\right)\sin\theta\sum_{m=0}^{N-1}I_{am}\frac{\exp\left(-jkr_m\right)\exp\left(-jm\alpha\right)}{r_m}$$
$$= j60\sqrt{\frac{\mu}{\varepsilon}}I_{a0}\exp\left(j\omega t\right)\frac{\exp\left(-jkr\right)}{r}D^{(\text{ar})}(\theta,\varphi) \tag{9.32}$$

$$D^{(\text{ar})}(\theta,\varphi) \equiv D_0(\theta,\varphi)F_N^{(1)}(\theta,\varphi) \tag{9.33}$$

$$D_0(\theta,\varphi) \equiv \sin\theta \tag{9.34a}$$

$$F_N^{(1)}(\theta, \varphi) \equiv \sum_{m=0}^{N-1} \frac{I_{am}}{I_{a0}} \exp\left[jm(kd\sin\theta\cos\varphi - \alpha)\right] \qquad (9.34\text{b})$$

で表される。式 (9.32) の $D^{(\text{ar})}(\theta, \varphi)$ より前の部分は，原点にある線状アンテナ単体による放射電界を表す。

上式で，$D_0(\theta, \varphi)$ は線状アンテナ単体での指向性を表す。$F_N^{(1)}(\theta, \varphi)$ は原点にある単一素子に対する電流の振幅比・位相比やアレイ間隔 d で決まる，N 素子による干渉効果を表し，**配列係数** (array factor) と呼ばれる。直線アレイアンテナの指向性 $D^{(\text{ar})}(\theta, \varphi)$ は単一素子での指向性 $D_0(\theta, \varphi)$ と配列係数 $F_N^{(1)}(\theta, \varphi)$ の積で表せ，これを**指向性合成の原理**と呼ぶ。$D_0(\theta, \varphi)$ は，一般に点波源とみなせる単一素子での指向性である。指向性合成の原理は，配列係数 $F_N^{(1)}(\theta, \varphi)$ を適切に選んで，単一素子では実現できない指向性をもたせられることを示す。

ここで，各素子の電流振幅が等しい（$I_{am} = I_{a0}$）場合について，式 (9.34b) の配列係数 $F_N^{(1)}(\theta, \varphi)$ を求めると，式 (9.28a) と同様にして，次式で得る。

$$F_N^{(1)}(\theta, \varphi) \equiv \sum_{m=0}^{N-1} \exp\left(-jm\delta\right) = N\exp\left[-j\frac{\delta(N-1)}{2}\right]\frac{\text{sinc}\,(N\delta/2)}{\text{sinc}\,(\delta/2)}$$
$$(9.35\text{a})$$

$$\delta \equiv \alpha - kd\sin\theta\cos\varphi \qquad (9.35\text{b})$$

$F_N^{(1)}(\theta, \varphi)$ は N 素子アレイによる $\theta \cdot \varphi$ 方向の指向性を表す。

全アンテナ素子からの放射電力が等しいとして，配列係数を定義し直す。波源の全電力の和を P とすると，各素子には P/N の電力が供給される。よって，この場合の観測点における放射電界は，式 (9.32) の値の $1/\sqrt{N}$ 倍となる。式 (9.34a) の $D_0(\theta, \varphi)$ は N を含まないが，式 (9.35a) の $F_N^{(1)}(\theta, \varphi)$ は N に依存する。よって，$F_N^{(1)}(\theta, \varphi)$ の値を式 (9.35a) の $1/\sqrt{N}$ 倍とすればよい。このときの配列係数が

$$|F_N^{(1)}(\theta, \varphi)| = \frac{\sin\,(N\delta/2)}{\sqrt{N}\sin\,(\delta/2)} = \sqrt{N}\frac{\text{sinc}\,(N\delta/2)}{\text{sinc}\,(\delta/2)} \qquad (9.36)$$

で書ける。波源の全電力の和が一定のときの N 素子直線アレイアンテナでは，同じ電力の単一素子に比べて，指向性が $\sqrt{N}$ 倍，電力利得が N 倍となる。

(1) ブロードサイドアレイ

直線アレイアンテナで，全アンテナ素子の電流を等振幅，同相 ($\alpha = 0$) に設定すると，式 (9.36) で示した指向性が

$$
\begin{aligned}
|F_N^{(1)}(\theta, \varphi)| &= \frac{\sin\left[(\pi N d \sin\theta \cos\varphi)/\lambda\right]}{\sqrt{N}\sin\left[(\pi d \sin\theta \cos\varphi)/\lambda\right]} \\
&= \sqrt{N}\,\frac{\operatorname{sinc}\left[(\pi N d \sin\theta \cos\varphi)/\lambda\right]}{\operatorname{sinc}\left[(\pi d \sin\theta \cos\varphi)/\lambda\right]}
\end{aligned}
\tag{9.37}
$$

で書ける。

図 9.5 に式 (9.37) で水平面 ($\theta = \pi/2$)，$d = \lambda/2$，$\alpha = 0$ とおくとき，$N = 2$ ～4 に対する指向性を示す。これは，アレイの配列に垂直な方向 ($\varphi = \pi/2$) に鋭い指向性を示し，**ブロードサイドアレイ** (broadside array) と呼ばれる。$N = 3$，4 では，放射が強くなる方向が葉片 (ローブ，lobe) 状に分かれている。このとき，最も強い放射を**主ローブ** (main lobe) または主ビーム，その他を**サイドローブ** (side lobe) または副ローブと呼ぶ。主ローブに対する半値角は，$N = 2$ のとき 83.6°，$N = 3$ のとき 49.6°，$N = 4$ のとき 36.0° である。N の増加とともに指向性が増し，サイドローブの数が増えている。

ブロードサイドアレイの指向性を**図 9.6** で定性的に考える。$N = 2$ の場合，2 素子間の間隔が半波長 ($\lambda/2$) で位相差が $\alpha = 0$ である。この場合，2 素子の垂直 2 等分線方向 (y 方向) の電磁界は，2 素子からの位相が同相となり，合成

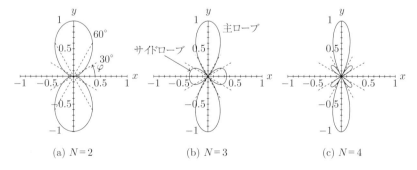

(a) $N=2$ (b) $N=3$ (c) $N=4$

図 9.5 ブロードサイドアレイの指向性
$d = \lambda/2$，$\alpha = 0$

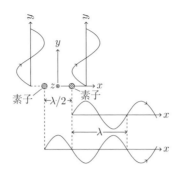

図 9.6 ブロードサイドアレイによる指向性の説明
$N = 2$ の場合，$d = \lambda/2$，$\alpha = 0$

電磁界は強め合う。また，2 素子の配列と同方向（x 方向）では，2 素子から発生する電磁波の位相が等しく，間隔が半波長だから，2 素子からの電磁界が観測点では逆相となって相殺し，合成電磁界が零となる。$N = 3$ のときに $\varphi = 0$ 方向でサイドローブが生じているのは，この方向で両端の距離がちょうど λ となり，ここからの波動が同相となるためである。$N = 4$ のときに 4 つのサイドローブが生じているのは，ひとつ置いた隣どうしの距離がちょうど λ となるためである。

(2)　エンドファイアアレイ

直線アレイアンテナで，N 本の素子を等間隔 d で設置し，電流の位相を各アンテナ素子間の電磁波の位相に等しくとる場合（$\alpha = kd$），水平面（$\theta = \pi/2$）内での指向性は式 (9.36) より次式で表される。

$$
\begin{aligned}
|F_N^{(1)}(\theta,\varphi)| &= \frac{\sin\left[(2\pi Nd/\lambda)\sin^2(\varphi/2)\right]}{\sqrt{N}\sin\left[(2\pi d/\lambda)\sin^2(\varphi/2)\right]} \\
&= \sqrt{N}\frac{\operatorname{sinc}\left[(2\pi Nd/\lambda)\sin^2(\varphi/2)\right]}{\operatorname{sinc}\left[(2\pi d/\lambda)\sin^2(\varphi/2)\right]}
\end{aligned}
\tag{9.38}
$$

図 9.7 に，式 (9.38) で $d = \lambda/4$，$\alpha = \pi/2$ とおき，$N = 2\sim4$ に対する指向性を示す。いずれも水平面（$\theta = \pi/2$）内ではアレイの配列方向（$\varphi = 0$），つま

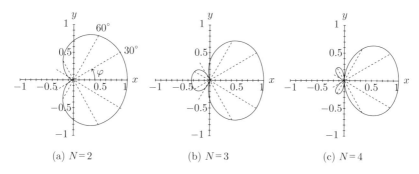

(a) $N=2$ (b) $N=3$ (c) $N=4$

図 **9.7** エンドファイアアレイの指向性
$d = \lambda/4,\ \alpha = \pi/2$

り x 軸方向に鋭い指向性を示しており，これは**エンドファイアアレイ**（end-fire array）と呼ばれる。$N = 3$，4 ではサイドローブが現れている。この特性も，ブロードサイドアレイと同様，2 素子間隔と位相差を考慮した合成電磁界で説明できる。

VHF・UHF 帯アンテナとして有名な**八木・宇田アンテナ**は 1925 年に発明されたもので，長さが半波長に近い励振用主素子および無給電素子の反射器と複数の導波器からなり，エンドファイアアレイの一種である。一般的には，ブロードサイドアレイのほうがエンドファイアアレイよりも鋭い指向性を示すので，前者がよく利用される。

9.4.2 平面アレイアンテナ

複数個のアンテナ素子を平面上に設置したアンテナは，**平面アレイアンテナ**（planar array antenna）または**プレーナアンテナ**と呼ばれる。平面アレイアンテナの配列方法として 4 角配列や 3 角配列があるが，ここでは代表的な前者を説明する。4 角配列として，**図 9.8** のように，線状アンテナが原点 O から x (y) 軸に沿って N_x (N_y) 個，等間隔 d_x (d_y) で設置された場合を考える。各アンテナ素子には前項と同じく，等振幅 I_{a0} の電流が z 軸方向に流れ，隣接するアンテナ素子間では位相が x (y) 方向で α_x (α_y) ずつずれているとする。

アンテナ群と極座標系 (r, θ, φ) で表される観測点 Q との距離が，アンテナ群

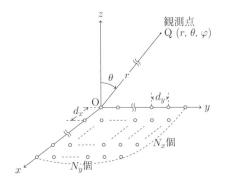

図 **9.8** 平面アレイアンテナの概略
観測点 Q は原点 O から波長より十分離れた位置
$d_x, \, d_y$：$x, \, y$ 方向の隣接素子間の間隔で，高々波長程度の距離

の分布域や波長に比べて十分大きいとし，各素子の z 方向の位置を $z = 0$ で代表させる。ここでも全素子の電力和を単一素子の場合と等しくする。$x \cdot y$ 方向が独立だから，これは前項の直線アレイアンテナと同様にして定式化できる。

以上より，4 角配列での全放射電界が式 (9.32) より次式で表される。

$$E_\theta^{(\mathrm{ar})} = j60\sqrt{\frac{\mu}{\varepsilon}}I_{a0}\exp\left(j\omega t\right)\frac{\exp\left(-jkr\right)}{r}D^{(\mathrm{ar})}(\theta,\varphi) \tag{9.39}$$

$$D^{(\mathrm{ar})}(\theta,\varphi) \equiv D_0(\theta,\varphi)F^{(2)}_{N_x,N_y}(\theta,\varphi) \tag{9.40}$$

$$F^{(2)}_{N_x,N_y}(\theta,\varphi) = F^{(1)}_{N_x}(\theta,\varphi)F^{(1)}_{N_y}(\theta,\varphi) \tag{9.41}$$

$$F^{(1)}_{N_i}(\theta,\varphi) \equiv \sum_{m_i=0}^{N_i-1}\exp\left(-jm_i\delta_i\right)$$
$$= \sqrt{N_i}\exp\left[-j\frac{\delta_i(N_i-1)}{2}\right]\frac{\mathrm{sinc}\left(N_i\delta_i/2\right)}{\mathrm{sinc}\left(\delta_i/2\right)} \quad (i=x,y) \tag{9.42a}$$

$$\delta_x \equiv \alpha_x - kd_x\sin\theta\cos\varphi, \quad \delta_y \equiv \alpha_y - kd_y\sin\theta\sin\varphi \tag{9.42b}$$

ただし，k は媒質中の波数である。式 (9.40) で，$D^{(\mathrm{ar})}(\theta,\varphi)$ は 4 角配列での指向性，$D_0(\theta,\varphi) = \sin\theta$ は原点にある単一素子の指向性（式 (9.34a) 参照），$F^{(1)}_{N_x}(\theta,\varphi)$ と $F^{(1)}_{N_y}(\theta,\varphi)$ はそれぞれ x 軸と y 軸に沿って配列されたアンテナ群

による配列係数を表す。$F_{N_y}^{(1)}(\theta,\varphi)$ は，$\cos(\varphi+\pi/2) = -\sin\varphi$ を利用することにより，x 軸方向の直線アレイアンテナと同じ位相や間隔をもつ，直線アレイアンテナに関する配列係数（式 (9.36) または図 9.5 または図 9.7）から求められる。

4 角配列の指向性は，$x\cdot y$ 方向についての直線アレイアンテナの配列係数の積で表される。波源の全電力の和が単一素子の電力と同じ 4 角配列アンテナでは，単一素子に比べて指向性が $\sqrt{N_x N_y}$ 倍，電力利得が $N_x N_y$ 倍となる。平面アレイアンテナでは，アンテナ素子の位相と間隔を，x 軸方向と y 軸方向で独立に制御できる。また，指向性の主ローブの方向を電子的に変えることができる。

【例題 9.2】 垂直方向に同一振幅の電流が流れる半波長アンテナが 4 本あるとき，アレイに関する次の問いに答えよ。
① 水平面で一直線上に 4 本が $\lambda/2$ 間隔で置かれ，これらが同相で励振される場合，アレイの水平面内での指向性を求めよ。
② 上記 ① で 4 本の素子に供給される全電力が単一素子の場合と同じとき，アレイの電力利得は単一素子の場合の何倍となるか。
③ 対角線の距離が半波長である正方形の四隅に 4 本が設置され，各素子が同相で励振される場合，アレイの水平面内での指向性を求めよ。
④ 水平面内での ① と ③ の指向性を，素子が 1 本の場合と比較せよ。
[解] ① このときの配列係数は，式 (9.37) で $N=4$，$d=\lambda/2$ とおいて，$F_L = [\sin(2\pi\sin\theta\cos\varphi)]/\{2\sin[(\pi/2)\sin\theta\cos\varphi]\}$ で得られる。半波長アンテナの指向性は水平面内では円となっているから，$\theta=\pi/2$ での配列係数は $F_L = [\sin(2\pi\cos\varphi)]/\{2\sin[(\pi/2)\cos\varphi]\}$ となり，図 9.5(c) の $N=4$，$d=\lambda/2$ と同じ。② アレイの電力利得 G は単一素子の 4 倍となる。③ 対角線方向を一組とすると，この 2 素子による配列係数 F_1 は式 (9.37) で $N=2$，$d=\lambda/2$ とおいて，$F_1 = [\sin(\pi\cos\varphi)]/\{\sqrt{2}\sin[(\pi/2)\cos\varphi]\} = \sqrt{2}\cos[(\pi/2)\cos\varphi]$ で得られ，その結果が図 9.5(a) に示されている。これに直交する残りの 2 素子による配列係数 F_2 は，F_1 の結果で φ の部分を $\varphi+\pi/2$ に置き換えて $F_2 = \sqrt{2}\cos[(\pi/2)\sin\varphi]$ で得られる。正方形での配列係数は $F_X = F_1 F_2$

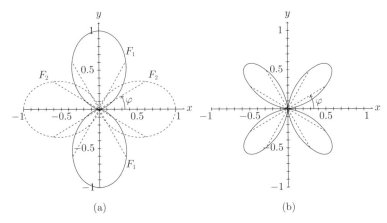

図例題 9.2 指向性合成の原理
(a) F_1：対角線方向を一組とした指向性，F_2：これと直交する方向の一組による指向性（最大放射方向の値を 1 に規格化）
(b) 合成波 $F_1 \times F_2$ の指向性（わかりやすくするため，各方向を 2 倍にしてプロット）

で得られ，その結果を**図例題 9.2** に示す。④ 素子が 1 本の場合は水平面内で無指向性であるが，アレイ化により φ 方向に指向性をもたせることができる。

§9.5 開口面アンテナ

電磁波が開口面から放射されているとみなせるアンテナを，総称して**開口面アンテナ**（aperture antenna）または開口アンテナと呼ぶ。開口面アンテナは指向性が高いことが特徴であり，他の形式のアンテナと異なり，高周波（10 GHz 以上）で使用される。これにはホーンアンテナ，反射鏡アンテナ，電波レンズなどがある。ここでは，前の 2 種類のみを説明する。

9.5.1 ホーンアンテナ

導波管の断面を切断すると，開口端から電磁波を空中に放射できる。しかし，導波管のインピーダンスが大きいため（例題 10.2 参照），そのままでは開口端

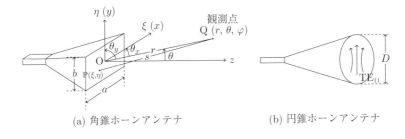

(a) 角錐ホーンアンテナ　　　　　　　(b) 円錐ホーンアンテナ

図 **9.9**　ホーンアンテナ
P：開口面上の点，Q：観測点
PQ 間の距離 s は開口の大きさより十分大

における導波管と空中でのインピーダンス不整合により，反射が生じてしまう（6.2.2 項参照）。これを避けるため，開口端の開口面積を徐々に広げて電磁波を開口面から空中に放射するものは**ホーンアンテナ**（horn antenna）または**電磁ホーン**（electromagnetic horn），俗に電磁ラッパと呼ばれる。これには，断面形状が方形の角錐ホーンアンテナや，円形の円錐ホーンアンテナなどがある。これらでは，導波管で発生させたマイクロ波以上の高周波の電波を開口端から送出する。ホーン長が長くなるほど指向性が鋭くなる。以下では主として角錐ホーンアンテナについて説明し，円錐ホーンアンテナには若干触れる。

　角錐ホーンアンテナ（pyramidal horn antenna）は，方形導波管（§10.3 参照）の基本モードである TE_{10} 波を平面波の TEM 波に変換して放射するアンテナである（**図 9.9**(a)）。これはマイクロ波帯の単体放射器以外に，パラボラアンテナなどの大きな反射鏡アンテナの 1 次放射器としても供せられている。これは構造が簡単であり，その形状から利得が高精度に計算できるので，標準利得アンテナとしても利用される。

　方形開口面の幅を a，b とする（通常，$a = 2b$ にとられる）。開口面の中心を原点 O として，開口面座標を (ξ, η)，開口面に垂直な方向に z 軸をとり，電磁波の放射側に極座標系 (r, θ, φ) をとる（本項での η は座標であることに注意）。r 軸と x 軸のなす角度を θ_x，r 軸と y 軸のなす角度を θ_y とする。

　開口面での電界分布を方形導波管（a：横幅，b：縦）における最低次の TE_{10} モードにとる。§10.3 では方形導波管の断面を $0 \leqq \xi \leqq a$，$0 \leqq \eta \leqq b$ にとっ

ているが，本節では方形導波管の中心を開口の中心に一致させるため，各方向
に対して $a/2$ と $b/2$ ずらす。方形導波管の非零成分は，式 (10.35) より E_y と
H_x で

$$
\begin{aligned}
E_y(\xi,\eta) &= -jC_{10}\frac{\pi\omega\mu\mu_0}{k_c^2 a}\sin\left[\frac{\pi}{a}\left(\xi+\frac{a}{2}\right)\right]\\
&= -jC_{10}\frac{\pi\omega\mu\mu_0}{k_c^2 a}\cos\left(\frac{\pi\xi}{a}\right)\\
&= -\eta_{\mathrm{TE}}H_x \quad : |\xi|\leqq\frac{a}{2},\quad |\eta|\leqq\frac{b}{2}
\end{aligned}\quad(9.43)
$$

とおく。ただし，$k_c^2=(\pi/a)^2$，C_{10} は規格化定数，η_{TE} は TE モードの波動
インピーダンス，μ は伝搬媒質の比透磁率である。

　開口面上の点 P(ξ,η) と観測点 Q との距離を s とし，s は開口面の大きさよ
りも十分大きいとすると，式 (8.10) と同じく，s は次式で近似できる。

$$
s=\sqrt{(x-\xi)^2+(y-\eta)^2+z^2}\fallingdotseq r-\xi\cos\theta_x-\eta\cos\theta_y\quad(9.44)
$$

$$
\cos\theta_x=x/r=\sin\theta\cos\varphi,\quad \cos\theta_y=y/r=\sin\theta\sin\varphi
$$

ただし，$\cos\theta_x$ と $\cos\theta_y$ は r 軸の x，y 方向への方向余弦である。

　開口面からの電界が観測点 Q に形成する放射電界は，式 (9.44) を式 (8.9) に
代入し回折も考慮すると，次式で求められる。

$$
E_y(\mathrm{Q})=\frac{a^2 b}{\pi^2}\omega\mu\mu_0\frac{1+\cos\theta}{\lambda r}D(\theta_x)D(\theta_y)\exp\left[j(\omega t-kr)\right]\quad(9.45)
$$

$$
D(\theta_x)\equiv\frac{\cos X}{1-(2X/\pi)^2}=\frac{\pi}{2a}f_x(\theta_x)\quad(9.46\mathrm{a})
$$

$$
X\equiv\frac{ka\cos\theta_x}{2}=\frac{\pi a\sin\theta\cos\varphi}{\lambda}\quad(9.46\mathrm{b})
$$

$$
f_x(\theta_x)\equiv\int_{-a/2}^{a/2}\cos\left(\frac{\pi\xi}{a}\right)\exp\left(jk\xi\cos\theta_x\right)d\xi\quad(9.46\mathrm{c})
$$

$$
D(\theta_y)=\frac{\sin Y}{Y}=\mathrm{sinc}\,Y=\frac{1}{b}f_y(\theta_y)\quad(9.47\mathrm{a})
$$

$$
Y\equiv\frac{kb\cos\theta_y}{2}=\frac{\pi b\sin\theta\sin\varphi}{\lambda}\quad(9.47\mathrm{b})
$$

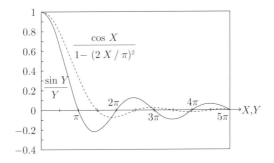

図 9.10 角錐ホーンアンテナの指向性曲線
$$D(\theta_x) = \cos X / [1 - (2X/\pi)^2], \quad D(\theta_y) = \sin Y / Y$$

$$f_y(\theta_y) \equiv \int_{-b/2}^{b/2} \exp\left(jk\eta \cos \theta_y\right) d\eta = b \frac{\sin Y}{Y} = b \operatorname{sinc} Y \quad (9.47c)$$

式 (9.45) で, $D(\theta_i)$ は i 方向 ($i = x,\ y$) の指向性, $(1 + \cos \theta)$ は式 (8.20)
(図 8.3 参照) で示した回折効果である。方形導波管での TE_{10} モードは放射
側の座標で垂直 (y) 方向には均一だから, $f_y(\theta_y)$ は実質的に一様分布での式
(8.14) の I_y と同じである。式 (9.47a,c) における sinc 関数の定義は式 (8.16),
(9.29) と同じである。

開口面に方形導波管の TE_{10} モードがあるときの指向性 $D(\theta_x)$ と $D(\theta_y)$ を
図 9.10 に示す。放射波が最大となるのは開口面に垂直な方向 ($\theta = 0$, $\theta_x =$
$\theta_y = \pi/2$) である。電力が最大放射方向の半値となるのは, 電界面内 (y 方向,
$\theta_y = \pi/2 - \theta$) では $Y = (\pi b \cos \theta_y)/\lambda = (\pi b \sin \theta)/\lambda = 1.39$ のときであり, 磁
界面内 (x 方向, $\theta_x = \pi/2 - \theta$) では $X = (\pi a \cos \theta_x)/\lambda = (\pi a \sin \theta)/\lambda = 1.87$
のときである。x 方向の半値角は一様分布の場合より少し広いが, サイドロー
ブはかなり小さい。

正弦波分布をもつ開口面からの電力利得は $G = 32ab/\pi\lambda^2$ で, 実効面積は
$A_e = (8/\pi^2)ab \fallingdotseq 0.811ab$ で得られる。

円錐ホーンアンテナ (conical horn antenna) は, 円形導波管 (§10.4 参照) の
基本モードである TE_{11} モードを開口面から放射するアンテナである (図 9.9(b)
参照)。この特性は定性的には角錐ホーンアンテナとほぼ同様である。

9.5.2 反射鏡アンテナ

アンテナの放射面の大きさが使用波長に比べて十分大きい場合，放射面をあたかも鏡面とみなせ，その特性は光学領域での反射鏡と同じように光線で考えられる。電波領域でこのような条件を満たす，1 枚以上の反射鏡と 1 次放射器から構成されるアンテナを**反射鏡アンテナ**（reflector antenna）と呼ぶ。

反射鏡アンテナには，反射鏡を 1 枚用いたパラボラアンテナ，また反射鏡を 2 枚用いたカセグレンアンテナやグレゴリアンアンテナなどがある。いずれも，主反射鏡には電波を効率良く反射させることができる回転放物面が用いられている。反射鏡アンテナは衛星放送，衛星通信，マイクロ波の中継回線，電波望遠鏡などに利用されている。以下では，パラボラアンテナのみを説明する。

反射鏡アンテナで代表的なものは，**図 9.11** に示す，軸対称の回転放物面と 1 次放射器から構成されている**パラボラアンテナ**（parabolic antenna）である。放物面は図の座標系で，次式で表される。

$$z = \frac{x^2 + y^2}{4f} \quad (f：焦点距離) \tag{9.48}$$

これでは，焦点 F に設置された 1 次放射器から出た電波が，放物面で反射後に放物面の軸と平行に伝搬する。このようにエネルギーを単一方向に伝搬させるものはペンシルビーム（pencil beam）と呼ばれ，電波を遠方まで低損失で到

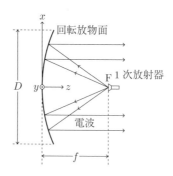

図 **9.11** パラボラアンテナの概略
f：焦点距離，F：焦点，D：開口直径
放物面は z 軸が回転軸

達させることができる。そのため，パラボラアンテナは広く利用されている。

開口面の直径が D のパラボラアンテナで，回転放物面の軸方向を z 軸として極座標系 (r, θ, φ) をとる。このとき，観測点 Q での放射波の電界は，開口理論における式 (8.26) を用いて，次式で表される。

$$E(\mathrm{Q}) = E_\mathrm{i}\frac{\pi D^2}{4}\frac{\exp\left(-j2\pi r/\lambda\right)}{\lambda r}D(\theta) \tag{9.49a}$$

$$D(\theta) = \frac{2J_1(R)}{R}, \qquad R \equiv \frac{\pi D \sin \theta}{\lambda} \tag{9.49b}$$

ここで，$D(\theta)$ は指向性を表し（図 8.4 参照），その最大値は $\pi D \sin \theta/\lambda = 0$，つまり $\theta = 0$ または π のときに 1 で得られ，R に対して減衰振動する。

開口面直径 D のパラボラアンテナの電力利得は，次式で得られる。

$$G = 4\pi\frac{\pi D^2/4}{\lambda^2}g = \left(\frac{\pi D}{\lambda}\right)^2 g = 9.87\left(\frac{D}{\lambda}\right)^2 g \tag{9.50}$$

これは等方性波源に対するものであり，$g = A_\mathrm{e}/A$ は開口効率，A_e は実効面積，A は幾何学的面積で，通常 $g = 0.5{\sim}0.6$ 程度である。たとえば，直径 1 m のパラボラアンテナが 10 GHz で動作し，開口効率が 0.5 のとき，波長が $\lambda = 3.0 \times 10^{-2}\,\mathrm{m} = 3\,\mathrm{cm}$ で，電力利得が $G = 5483$（37.4 dB）となる。

§9.6 平面アンテナ

プリント基板などの平面上に形成された放射素子と導体板からなるアンテナを**平面アンテナ**（planar antenna）またはフラットアンテナと呼ぶ。これは平面で薄いという特徴をもち，壁面や物体の側面に設置される。

その代表例としてマイクロストリップアンテナ（microstrip antenna）がある。これは，誘電体基板上に設置された方形や円形のストリップ導体と，裏面の地導体板で共振器を形成している（**図 9.12**）。方形での共振条件は，導体長 l に対して式 (9.20) と同じであり，導体幅 w にはあまり依存しない。このアンテナは，アレイアンテナのアンテナ素子としても用いられる。

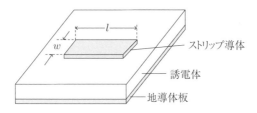

図 **9.12**　マイクロストリップアンテナの概略

【演習問題】

9.1　式 (9.2), (9.3) を等値すると，自由空間での電界が $|\boldsymbol{E}| = \sqrt{60P_{\mathrm{r}}}/r$ で表せる。この電界は，等方性・無損失の点波源を用いる場合，電力利得が $G = 1$ の観測点での値とみなせる。原点にある電力利得 G のアンテナは送信電力 $P_{\mathrm{r}}G$ に相当するから，これによる観測点での電界瞬時値は $|\boldsymbol{E}| = \sqrt{60P_{\mathrm{r}}G}/r$ となる。よって，実際のアンテナの電力利得 G は，そのアンテナの観測点 Q における放射電力を今の式に代入し，第 1 式と等値したときの G からも求められる。この考え方に基づき，本文での電界と放射電力の結果を用いて，① ダイポールアンテナと ② 半波長アンテナの電力利得 G を求めよ。ただし，$\varepsilon = \mu = 1$ とする。

9.2　一様な電磁界分布をもつ方形開口面（断面が $a \times b$, 8.2.1 項参照）から放射される電波（波長 λ）では，電力利得が $G = 4\pi ab/\lambda^2$, 実効面積が $A_{\mathrm{e}} = ab$ となることを示せ。この場合，実効面積は開口面積に一致している。

9.3　地上 36000 km にある静止衛星に搭載された送信アンテナが，等方性波源を基準として 20 dBi の電力利得をもっているとする。これに 10 W の電力が供給されるとき，地上局で受信される電界の大きさを求めよ。

9.4　ループアンテナ（ループ面積 S）から放射される電磁波について，電力利得 G と放射抵抗 R_{r} を求めよ。

9.5　長さ 1.0 m の線状アンテナと一辺の長さが 25 cm の正方形ループアンテナにおいて，電波が強く発生する周波数を低周波側から 2 つずつ求めよ。

9.6　ダイポールアンテナ（微小長 l）が原点を中心として垂直方向にある場合と，長方形（各辺の長さ $a \times b$）のループアンテナが原点を中心として水平面にある場合を考える。両アンテナに等しい高周波電流を流すとき，放射電界が原点から十分離れた同じ距離で等

振幅となるとき, a, b, l 間にどのような関係があるか。

9.7 開口面直径 $D = 1.0\,\mathrm{m}$ のパラボラアンテナで動作波長を λ とするとき, 次の問いに答えよ。ただし, 開口効率を 1 とせよ。

① $D/\lambda \geqq 20$ を満たす周波数を求めよ, ② そのときに実現できる, 等方性波源に対する電力利得を dB 表示で求めよ, ③ 開口面直径 D が大きくなると, どうなるか。

第10章　伝送線路による電磁波伝搬

　電磁波の周波数が高くなって波長がある程度短くなると，電磁波を物理的実体のある線路内で伝送させることが可能となる。これは，空間を伝送媒体とする無線に対して，有線と呼ばれる。電波領域の伝送線路として，平行線路，同軸線路，導波管などがあり，光波領域では光ファイバがある。

　本章では，まず伝送線路の基本式を導き，平面波伝送に近い TEM 波伝送路となる条件を検討する。TEM 波伝送路の具体例として同軸線路を取り上げ，その構造や伝送特性を説明する。次に，中空の金属管で電磁波を伝搬させる導波管を扱い，方形導波管と円形導波管の伝送特性を説明する。最後に，誘電体伝送線路である光ファイバの伝搬特性を説明する。

§10.1　伝送線路解析の基礎

10.1.1　伝送線路での波動方程式

　伝送線路が無損失（$\boldsymbol{J} = \rho = 0$）の等方性媒質（比誘電率 ε，比透磁率 μ）からなるとする。図 **10.1** に示すデカルト座標系 (x, y, z) で，断面内の構造は任意で z 方向には一様とする。電磁波は z 方向へ伝搬する前進波だけであり，電磁波を形成する各電磁界成分が時空間変動因子 $\exp[j(\omega t - \beta z)]$ をもち，

$$\Psi(x, y, z, t) = \psi(x, y) \exp[j(\omega t - \beta z)] \quad (\Psi：各電磁界成分)$$

$$(10.1)$$

に従って変化するものとする。ただし，ω は角周波数，位相定数 β は第 6 章で定義した伝搬定数 γ と $\gamma = j\beta$ で関係づけられるが，無損失伝送線路を扱う場合には β 自体を**伝搬定数**と呼ぶことが多い。式 (10.1) より，以下での電磁界成

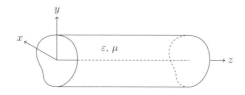

図 10.1　伝送線路での座標系
　　　　断面内の構造は任意だが，電磁波の伝搬方向（z 軸）には一様。

分は z に依存しないことに注意せよ。

　電界 E と磁界 H を決めるため，マクスウェル方程式 (2.13a,b) に式 (2.19a,b) を代入し，$\partial/\partial t$ を $j\omega$，$\partial/\partial z$ を $-j\beta$ に置き換えて，次式を得る。

$$\frac{\partial E_z}{\partial y} + j\beta E_y = -j\omega\mu\mu_0 H_x, \quad -j\beta E_x - \frac{\partial E_z}{\partial x} = -j\omega\mu\mu_0 H_y$$

$$(10.2\text{a,b})$$

$$\frac{\partial E_y}{\partial x} - \frac{\partial E_x}{\partial y} = -j\omega\mu\mu_0 H_z, \quad \frac{\partial H_z}{\partial y} + j\beta H_y = j\omega\varepsilon\varepsilon_0 E_x$$

$$(10.2\text{c,d})$$

$$-j\beta H_x - \frac{\partial H_z}{\partial x} = j\omega\varepsilon\varepsilon_0 E_y, \quad \frac{\partial H_y}{\partial x} - \frac{\partial H_x}{\partial y} = j\omega\varepsilon\varepsilon_0 E_z$$

$$(10.2\text{e,f})$$

ここで，ε_0 は真空の誘電率，μ_0 は真空の透磁率である。

　式 (10.2) で偏微分項が 2 つ含まれる式 (10.2c,f) 以外の 4 式に着目して，横方向電磁界成分を軸方向電磁界成分の関数として表す。式 (10.2b,d) と式 (10.2a,e) のそれぞれから H_y と H_x を消去して整理すると，E_x と E_y を得る。得られた E_y と E_x をそれぞれ式 (10.2a) と式 (10.2b) に代入して，H_x と H_y を得る。これらをまとめると，電界・磁界の横方向成分は次のように表せる。

$$E_x = -\frac{j}{k_{\mathrm{c}}^2}\left(\beta\frac{\partial E_z}{\partial x} + \omega\mu\mu_0\frac{\partial H_z}{\partial y}\right) \tag{10.3a}$$

$$E_y = -\frac{j}{k_{\mathrm{c}}^2}\left(\beta\frac{\partial E_z}{\partial y} - \omega\mu\mu_0\frac{\partial H_z}{\partial x}\right) \tag{10.3b}$$

$$H_x = -\frac{j}{k_{\mathrm{c}}^2}\left(\beta\frac{\partial H_z}{\partial x} - \omega\varepsilon\varepsilon_0\frac{\partial E_z}{\partial y}\right) \tag{10.3c}$$

$$H_y = -\frac{j}{k_{\mathrm{c}}^2}\left(\beta\frac{\partial H_z}{\partial y} + \omega\varepsilon\varepsilon_0\frac{\partial E_z}{\partial x}\right) \tag{10.3d}$$

$$k_{\mathrm{c}}^2 \equiv k^2 - \beta^2, \quad k^2 \equiv \omega^2\varepsilon\varepsilon_0\mu\mu_0 = \varepsilon\mu k_0^2 \tag{10.4}$$

ここで，k_{c} は構造から決まる定数，k は電磁波の媒質中での波数，$k_0 = \omega/c$ は真空中の波数，c は真空中の光速である．式 (10.3) は，軸方向電磁界成分が既知となれば，これらから横方向電磁界成分が求められることを示す．

式 (10.3c,d), (10.3a,b) をそれぞれ式 (10.2f), (10.2c) に代入すると，軸方向電磁界成分 E_z と H_z に対するスカラー波動方程式が，次のように同一形式で表せる．

$$\frac{\partial^2\psi(x,y)}{\partial x^2} + \frac{\partial^2\psi(x,y)}{\partial y^2} + k_{\mathrm{c}}^2\psi(x,y) = 0 \quad (\psi = E_z, H_z) \tag{10.5}$$

この定数係数の 2 階偏微分方程式は変数分離法で容易に解ける．

ここで参考のため，電磁波の分類を示す．

(i) **TEM 波**：軸方向電磁界成分をもたない（$E_z = H_z = 0$）ので横波である．

(ii) **TE 波**：軸方向電界成分をもたない（$E_z = 0$）．

(iii) **TM 波**：軸方向磁界成分をもたない（$H_z = 0$）．

(iv) ハイブリッド波（HE・EH 波）：軸方向電磁界成分をもつ（$E_z H_z \neq 0$）．

10.1.2　TEM 波伝送路

TEM 波（$E_z = H_z = 0$）で非零の横方向電磁界成分を得るには，式 (10.3) より

$$k_{\mathrm{c}}^2 \equiv \omega^2\varepsilon\varepsilon_0\mu\mu_0 - \beta^2 = 0 \tag{10.6}$$

を常に満たす必要がある．これより位相定数が $\beta = \omega\sqrt{\varepsilon\varepsilon_0\mu\mu_0} = \omega\sqrt{\varepsilon\mu}/c$，位相速度が $v_{\mathrm{p}} = \omega/\beta = 1/\sqrt{\varepsilon\varepsilon_0\mu\mu_0} = c/\sqrt{\varepsilon\mu}$ となる．TEM 波はすべての周波数で同一の伝搬速度をもつので，原理的には，信号が周波数歪を生じることなく伝送される．また，TEM 波は平面波と同じ伝搬定数と位相速度をもつ．

$E_z = H_z = 0$ の場合，式 (10.5) が利用できず式 (10.2) まで遡ると，式

(a) 導体が平行   (b) 導体が同軸対称

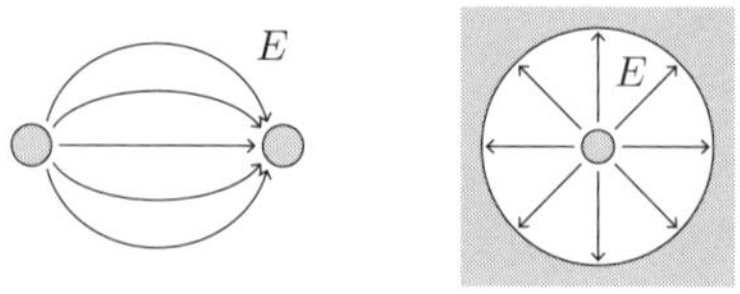

図 **10.2**　TEM 波伝送路の断面構造と電界
網掛け部分は導体，矢印は電界の向き

(10.2c,f) より

$$\frac{\partial E_y}{\partial x} - \frac{\partial E_x}{\partial y} = 0, \quad \frac{\partial H_y}{\partial x} - \frac{\partial H_x}{\partial y} = 0 \tag{10.7a,b}$$

を得る。式 (10.7b) に式 (10.2a,b) を代入すると，次式を得る。

$$\frac{\partial E_x}{\partial x} + \frac{\partial E_y}{\partial y} = 0 \tag{10.8}$$

　いま，§7.2 のスカラーポテンシャル ϕ の式 (7.9) で電荷密度を $\rho = 0$ とおき，式 (10.1) の時空間変動因子で $\partial/\partial t = j\omega$, $\partial/\partial z = -j\beta$ とすれば，式 (10.6) を利用して，2 次元のラプラス方程式

$$\frac{\partial^2 \phi}{\partial x^2} + \frac{\partial^2 \phi}{\partial y^2} = 0 \tag{10.9}$$

を得る。式 (7.3) より，電界成分 $E_x = -\partial\phi/\partial x$, $E_y = -\partial\phi/\partial y$ を得る。これは式 (10.7a) を満たし，これを式 (10.8) に代入すると，式 (10.9) に一致する。

　式 (10.9) は静電界が満たすべき微分方程式と同一である。したがって，TEM 波の伝搬方向に垂直な面内では，電界は 2 次元の静電界と同じになる。つまり，図 **10.2** に示すように，平面内に 2 つの導体があり，電界が一方の導体を始点，他方の導体を終点となるようにすれば，TEM 波の伝送ができる。言い換えれば，TEM 波を伝送するには少なくとも 2 つの導体を必要とする。

　TEM 波伝送路として平行線路や同軸線路があるが，ここではよく使用されている同軸線路のみを，次節で説明する。

§10.2　同軸線路

　同軸線路（coaxial line）は図 **10.3**(a) に示すように軸対称で，主要部は半径 a の内部導体と半径 b の外部導体からなり，絶縁のため両者の間に絶縁体（誘電体）が挟まれている。これは内部導体に信号が流れ，接地された外部導体で遮蔽されているので，雑音に強いという特徴をもつ。同軸線路は TEM 波伝送路であり，原理的にはすべての周波数で歪なく使用できる。しかし，これの伝送損失は低周波域では導体損失（4.2.3 項参照）が支配的で，高周波になるにつれて誘電損失（4.2.3 項参照）が顕著となるので，使用されるのは直流から UHF 帯位までである。これは無線通信機器や放送機器，電子計測機器等で使用される。同軸線路で TE・TM 波伝送も可能だが，TEM 波伝送のほうが優先されるので，これらについては割愛する。

10.2.1　同軸線路の伝送特性

　同軸線路の伝送特性を解析するため，無損失媒質（誘電体）中のマクスウェル方程式 (2.13a,b) を円筒座標系 (r, θ, z) で表し，軸方向電磁界成分が零（$E_z = H_z = 0$）で軸対称（$\partial/\partial\theta = 0$）とし，時間変動因子を $\exp(j\omega t)$ で表す。このとき，付録の式 (A.15c) を利用して，$a \leqq r \leqq b$ での電磁界成分に対

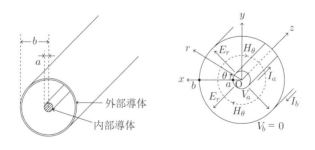

(a) 構造　　　　　(b) 電磁界と電圧・電流の関係

図 **10.3**　同軸線路の構造と電磁界
　　　　　　内部導体に電流が流れており，外部導体を接地。

して次式が得られる。

$$-\frac{\partial E_\theta}{\partial z} = -j\omega\mu\mu_0 H_r, \quad \frac{\partial E_r}{\partial z} = -j\omega\mu\mu_0 H_\theta, \quad \frac{1}{r}\frac{\partial}{\partial r}(rE_\theta) = 0$$
$$\text{(10.10a,b,c)}$$

$$-\frac{\partial H_\theta}{\partial z} = j\omega\varepsilon\varepsilon_0 E_r, \quad \frac{\partial H_r}{\partial z} = j\omega\varepsilon\varepsilon_0 E_\theta, \quad \frac{1}{r}\frac{\partial}{\partial r}(rH_\theta) = 0$$
$$\text{(10.10d,e,f)}$$

ただし, ε と μ は両導体間にある誘電体の比誘電率と比透磁率を表す。式 (10.10c) を満たす rE_θ は r と θ に依存しない定数で, $E_\theta = 0$ と設定する。このとき, 式 (10.10a,e) が整合性良く満たされる。また, 式 (2.13c) に式 (A.15b) を適用して

$$\frac{1}{r}\frac{\partial}{\partial r}(rE_r) = 0 \tag{10.11}$$

が得られる。

式 (10.10f), (10.11) より, rE_r と rH_θ がともに r と θ に依存しないから,

$$rE_r = f(z), \quad rH_\theta = g(z) \tag{10.12a,b}$$

とおける。これらを式 (10.10b,d) に代入すると, 電磁界成分の代わりに

$$\frac{df(z)}{dz} = -j\omega\mu\mu_0 g(z), \quad \frac{dg(z)}{dz} = -j\omega\varepsilon\varepsilon_0 f(z) \tag{10.13a,b}$$

のように, f と g で記述できる。式 (10.13) から g および f を消去すると,

$$\frac{d^2\psi(z)}{dz^2} - \gamma^2\psi(z) = 0 \quad (\psi(z) = f(z), g(z)) \tag{10.14a}$$

$$\gamma^2 \equiv -\omega^2\varepsilon\varepsilon_0\mu\mu_0 \tag{10.14b}$$

が導ける。マクスウェル方程式から導いた式 (10.14) は, 無損失伝送線路での式 (6.6a) と形式的に一致している。

式 (10.14) の一般解は, f を電圧, g を電流とみなして式 (6.7), (6.10) の結果を利用すると, 次式で得られる（図 10.3(b) 参照）。

$$E_r(r, z) = \frac{1}{r}[f_+ \exp(-j\beta z) + f_- \exp(j\beta z)] \tag{10.15a}$$

$$H_\theta(r, z) = \frac{1}{r}\frac{1}{\eta}[f_+ \exp(-j\beta z) - f_- \exp(j\beta z)] \tag{10.15b}$$

$$\beta = \omega\sqrt{\varepsilon\varepsilon_0\mu\mu_0} \tag{10.16}$$

ただし，f は境界条件から決まる定数で，その添え字 $+$（$-$）は前（後）進波，β は位相定数，η は波動インピーダンスを表す。

　TEM 波伝送路では内部導体（$r=a$）と外部導体（$r=b$）の間を静電界でつなぐことができる（§10.1 参照）。外部導体を接地して，ここの電位を $V_b=0$ とおくと，式 (10.15a) を用いて，内部導体表面での電位 V_a が

$$V_a = -\int_b^a E_r(r,z)dr = \ln\left(\frac{b}{a}\right)[f_+\exp(-j\beta z) + f_-\exp(j\beta z)] \tag{10.17}$$

で書ける。内部・外部導体を完全導体とすると，境界条件により，導体表面の接線方向に表面電流が流れる（§2.6 参照）。内部導体表面での磁界接線成分 H_θ と表面電流 I_a との関係は，アンペールの法則と式 (10.15b) を用いて，

$$I_a = 2\pi a H_\theta(a, z) = \frac{2\pi}{\eta}[f_+\exp(-j\beta z) - f_-\exp(j\beta z)] \tag{10.18}$$

で書け，外部導体での表面電流は $I_b = -I_a$ で得られる。

　前進波のみが存在するものとし，内部導体表面（$r=a$）での電位を $V_a = V_0\exp(-j\beta z)$ とおくと，式 (10.17) との比較により $f_+ = V_0/\ln(b/a)$ を得る。これを式 (10.15a,b) に戻すと，電界と磁界が次式で書ける。

$$E_r(r,z) = \frac{V_0}{\ln(b/a)}\frac{\exp(-j\beta z)}{r} \tag{10.19a}$$

$$H_\theta(r,z) = \frac{1}{\eta}\frac{V_0}{\ln(b/a)}\frac{\exp(-j\beta z)}{r} \tag{10.19b}$$

同軸線路の特性インピーダンス Z_c は，内部導体表面での電位と電流の式 (10.17)，(10.18) で前進波の比を用いて，次式で表せる。

$$Z_c = \frac{V_a}{I_a} = \frac{\eta}{2\pi}\ln\frac{b}{a} = 60\sqrt{\frac{\mu}{\varepsilon}}\ln\frac{b}{a}\,[\Omega]\left(=\sqrt{\frac{L}{C}}\right) \tag{10.20}$$

位相速度は，式 (6.13) の定義を用いて，式 (10.16) より次式で得られる。

$$v_{\mathrm{p}} \equiv \frac{\omega}{\beta} = \frac{1}{\sqrt{\varepsilon\varepsilon_0\mu\mu_0}} = \frac{c}{\sqrt{\varepsilon\mu}}\,[\mathrm{m/s}]\left(=\frac{1}{\sqrt{LC}}\right) \qquad (10.21)$$

ここで，c は真空中での光速であり，（ ）内は無損失伝送線路での結果を参考の
ため示している（§6.1 参照）。式 (10.21) は，同軸線路での位相速度が周波数に
依存しないことを表す。

式 (10.20)，(10.21) を辺々掛けた値および割った値より，単位長さ当たりの
電気容量 C とインダクタンス L が

$$C = \frac{2\pi\varepsilon\varepsilon_0}{\ln(b/a)}\,[\mathrm{F/m}], \quad L = \frac{\mu\mu_0}{2\pi}\ln\frac{b}{a}\,[\mathrm{H/m}] \qquad (10.22\mathrm{a,b})$$

で書ける。この電気容量は静電気的に求めたものと一致している。

伝送電力は，式 (10.19a,b)，$E_\theta = H_r = 0$ を式 (3.20) に代入して，

$$P = \pi\int_a^b E_r H_\theta^* r dr = \frac{\pi}{\eta}\left[\frac{V_0}{\ln(b/a)}\right]^2\int_a^b\frac{1}{r}dr = \frac{1}{60}\sqrt{\frac{\varepsilon}{\mu}}\frac{V_0^2}{\ln(b/a)} \qquad (10.23)$$

で求められる。伝送電力は，導体表面での電圧・電流等で表した電力

$$\frac{1}{2}V_a I_a^* = \frac{1}{2}|I_a|^2 Z_{\mathrm{c}} = P \qquad (10.24)$$

とも等しい。

同軸ケーブルは中心導体が軟銅線，外部導体がアルミ箔や編組からなり，そ
の間の支持誘電体は低周波用ではポリエチレン，高周波用ではテフロンが用い
られている。同軸ケーブルの特性インピーダンスは通常 75Ω または 50Ω で用
いられ，75Ω は「C 型」，50Ω は「D 型」と呼ばれる。

【例題 10.1】特性インピーダンスが 50Ω の同軸線路を作製する場合，内部導体
の外径を $1.4\,\mathrm{mm}$，絶縁体（ポリエチレン）の比誘電率を 2.3 とするとき，外部
導体の内径を求めよ。ただし，導体損失や誘電損失は無視できるものとする。
[解] 式 (10.20) より $\ln(b/a) = (Z_{\mathrm{c}}/60)\sqrt{\varepsilon/\mu} = 1.26$, $b/a = 3.52$, 外部導体
の直径は $2b = 3.52 \cdot 1.4 = 4.93\,\mathrm{mm}$。

【同軸線路の主な結果】

(i) 同軸線路は TEM 波伝送路だから，すべての周波数の電磁波の位相速度が等しくなり，原理的にはすべての周波数の電磁波を歪なく伝送し得る。

(ii) 実際には周波数の増加とともに導体損失や誘電損失が大きくなるので，これらで高周波限界が決まる。

(iii) 線路の特性インピーダンスは構造と絶縁体の特性で決まり，通常，75Ω または 50Ω で用いられる。

§10.3　方形導波管

　電波を中空金属管の内部に閉じ込めて伝送するものを**導波管**（waveguide）と呼ぶ。高周波の電波は同軸線路や導波管で伝送できるが，導波管のほうがより高周波まで利用でき，また，より大きい電力を伝送できる。導波管は電波を中空部分で伝送させるので同軸線路よりも低損失となるが，TEM 波伝送路ではないので，遮断周波数という低周波の伝送限界をもつ。

　導波管は同軸ケーブルとともに，かつては通信用伝送線路にも用いられたが，伝送容量の違い等によりこの用途は光ファイバにとって代わられた（演習問題 10.10 参照）。現在は，SHF 帯から EHF 帯の大電力伝送用として，高周波発振器あるいは出力増幅器とアンテナとの接続，パラボラアンテナへの 1 次放射器などに利用されている。

　導波管には，断面形状が長方形の方形導波管と，円形の円形導波管があり，前者を本節で，後者を次節で説明する。

10.3.1　方形導波管の構造と TE モード

　方形導波管（rectangular waveguide）は断面形状が長方形または正方形で，形状と大きさが電磁波の伝搬方向に対して一様である。導波管の内部は完全誘電体（導電率 $\sigma = 0$）で，管壁は完全導体（$\sigma = \infty$）とする。**図 10.4** のように，デカルト座標系 (x, y, z) を用い，断面で四隅のうちのひとつを原点にとり，x，y 方向の長さをそれぞれ a，b（$a \geqq b$）とし（$0 \leqq x \leqq a$，$0 \leqq y \leqq b$），電磁波の伝搬方向を z 軸にとる。よく利用される形状は $a = 2b$ である。

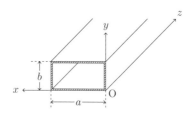

図 **10.4**　方形導波管の構造

　比誘電率 ε と比透磁率 μ は時空間的に一定とする。z 方向に対して導波管の構造が一様だから，この方向に伝搬不変量が存在する。これを**伝搬定数**（propagation constant）と呼び，β で表す。いま前進波だけを考慮し，角周波数を ω として，電磁界が時空間変動因子 $\exp[j(\omega t - \beta z)]$ で伝搬するものとする。

　TE モードの場合，式 (10.3a)，(10.5) で電磁波の伝搬方向の電界成分を $E_z = 0$ とおく。軸方向の磁界成分 H_z は，式 (10.5) に変数分離法（2.3.2 項参照）を適用して求められるが，ここでは結果のみ示す。H_z の形式解が次式で得られる。

$$H_z = [A_1 \cos(k_x x) + A_2 \sin(k_x x)][B_1 \cos(k_y y) + B_2 \sin(k_y y)]$$
$$\times \exp[j(\omega t - \beta z)] \tag{10.25}$$
$$k_c^2 = k_x^2 + k_y^2 \tag{10.26}$$

ただし，A_i と B_i $(i = 1, 2)$ は境界条件から決定される振幅係数，k_x と k_y は導波管内での $x \cdot y$ 方向の波数であり，式 (10.26) を満たす必要がある。

　式 (10.25) の形式解のうち，境界条件（§2.6 参照）を満たすものだけが物理的に許される。管壁が完全導体としているから，管壁で電界の接線成分と磁界の法線成分が零でなくてはならない。電界を利用すると，管壁の方向によって境界条件の式が異なり，

$$E_y = E_z = 0 \quad : x = 0 \text{ と } x = a \tag{10.27a}$$
$$E_x = E_z = 0 \quad : y = 0 \text{ と } y = b \tag{10.27b}$$

で書ける。TE モードの場合，$E_z = 0$ はすでに満たされている。

　$E_y = 0$ を適用するため，式 (10.3b) を利用すると，次式を得る。

$$E_y \propto \frac{\partial H_z}{\partial x} = [-A_1 k_x \sin(k_x x) + A_2 k_x \cos(k_x x)]$$
$$\times [B_1 \cos(k_y y) + B_2 \sin(k_y y)] \tag{10.28}$$

$x = 0$ で y の値によらず $E_y = 0$ を満たすには $A_2 = 0$ となる。また，$x = a$ で $E_y = 0$ が成立するためには，$\sin(k_x a) = 0$，つまり $k_x a = m\pi$ より，x 方向の波数が

$$k_x = m\frac{\pi}{a} \quad (m: \text{整数}) \tag{10.29}$$

で得られる。式 (10.27b) の条件より同様にして，$B_2 = 0$ と y 方向の波数を

$$k_y = n\frac{\pi}{b} \quad (n: \text{整数}) \tag{10.30}$$

で得る。式 (10.29)，(10.30) を式 (10.26) に代入すると，整数 m, n が

$$k_c^2 = k_x^2 + k_y^2 = \pi^2 \left[\left(\frac{m}{a}\right)^2 + \left(\frac{n}{b}\right)^2 \right] \quad (m, n: \text{整数}) \tag{10.31}$$

を満たす必要がある。伝搬定数すなわち位相定数は，式 (10.31) を式 (10.4) に代入して，次式で求められる。

$$\beta = \sqrt{k^2 - k_c^2} = \sqrt{k^2 - \pi^2 \left[\left(\frac{m}{a}\right)^2 + \left(\frac{n}{b}\right)^2 \right]} \tag{10.32}$$

ただし，$k = \omega\sqrt{\varepsilon\mu}/c$ は電磁界の媒質中の波数である。

　以上をまとめて，式 (10.25) で示した z 方向磁界成分が次のように書ける。

$$H_z = C_{mn} \cos\left(m\frac{\pi}{a}x\right) \cos\left(n\frac{\pi}{b}y\right) \exp\left[j(\omega t - \beta z)\right] \tag{10.33}$$

ここで，C_{mn} は電磁界の規格化条件から決まる振幅係数である。m, n はともに整数であるが，cos は偶関数だから，負の整数を除外してもよい。m, n に対する拘束条件は整数ということだけで，式 (10.33) の 1 次結合も解となる。よって，TE モードの z 方向磁界成分の一般解は次のように書ける。

$$H_z = \sum_{m=0}^{\infty} \sum_{n=0}^{\infty} C_{mn} \cos \left(m\frac{\pi}{a}x \right) \cos \left(n\frac{\pi}{b}y \right) \exp\left[j(\omega t - \beta z) \right]$$

$$(10.34)$$

他の電磁界成分は式 (10.34) を式 (10.3a-d) に代入して，次式で表される。

$$E_x = \frac{\omega\mu\mu_0}{\beta} H_y = \sum_{m=0}^{\infty} \sum_{n=0}^{\infty} \frac{j\pi n\omega\mu\mu_0}{k_c^2 b} C_{mn} \cos \left(m\frac{\pi}{a}x \right) \sin \left(n\frac{\pi}{b}y \right)$$

$$(10.35a)$$

$$E_y = -\frac{\omega\mu\mu_0}{\beta} H_x = -\sum_{m=0}^{\infty} \sum_{n=0}^{\infty} \frac{j\pi m\omega\mu\mu_0}{k_c^2 a} C_{mn} \sin \left(m\frac{\pi}{a}x \right) \cos \left(n\frac{\pi}{b}y \right)$$

$$(10.35b)$$

式 (10.35) で共通項 $\exp\left[i(\omega t - \beta z) \right]$ を省略した。

　整数 m, n を指定することにより，伝搬定数 β が式 (10.32)，k_c^2 が式 (10.31) より決まり，これらを用いて x, y 方向の電磁界分布が式 (10.35) より決まる。方形導波管内の電磁界は x および y 方向に対する定在波となり，管壁で波動の節または腹となる。

　式 (10.35a,b) より，次式を得る。

$$\frac{E_y}{H_x} = -\eta_{\mathrm{TE}}, \quad \frac{E_x}{H_y} = \eta_{\mathrm{TE}} \qquad (10.36a,b)$$

$$\eta_{\mathrm{TE}} \equiv \frac{\omega\mu\mu_0}{\beta} = v_{\mathrm{p}}\mu\mu_0 \qquad (10.37)$$

ここで，η_{TE} は TE モードの**波動インピーダンス**と呼ばれ，導波管と他の機器，たとえばホーンアンテナを接続する際に反射を避けるために重要な値となる。もし $k \gg k_c$（遮断から十分離れている）ならば $\beta \fallingdotseq k$ と近似でき，η_{TE} は式 (2.37) で定義された波動インピーダンスに近づく。

　m, n の組合せにより，対応するひとつの電磁界分布や伝搬定数が決定され，これを**モード**（mode）と称する。TE モードを TE_{mn} と記述し，整数 m,, n を**モード次数**と呼ぶ。m, n の値は 0 を取り得るが，ともには零とできない。なぜなら，TE_{00} モードは導波管断面で電磁界が一定値を示すことを意味するが，境界条件も考慮すればその値は零となり，物理的に意味をもたないからで

ある。導波管中を伝搬するモードを**伝送モード**と呼ぶ。電磁界の関数形からわかるように，m, n はそれぞれ x, y 方向の電磁界の節の数に対応する。

10.3.2 方形導波管での **TM** モード

TM モードの場合，E_z 成分の形式解が式 (10.25) と同じ形で得られる。TEモードと同様の手順により，式 (10.3) から得られる成分に境界条件を適用すると，全電磁界成分が求められる。ここでは重要な結果のみを示す。

TM モードの前進波について，E_z の一般解が

$$E_z = \sum_{m=1}^{\infty} \sum_{n=1}^{\infty} D_{mn} \sin\left(m\frac{\pi}{a}x\right) \sin\left(n\frac{\pi}{b}y\right) \quad (m,\ n: 整数)$$

(10.38)

で書ける。また，他の電磁界成分は次式で表せる。

$$H_x = -\frac{\omega\varepsilon\varepsilon_0}{\beta}E_y = \sum_{m=1}^{\infty} \sum_{n=1}^{\infty} \frac{j\pi n\omega\varepsilon\varepsilon_0}{k_c^2 b}D_{mn} \sin\left(m\frac{\pi}{a}x\right) \cos\left(n\frac{\pi}{b}y\right)$$

(10.39a)

$$H_y = \frac{\omega\varepsilon\varepsilon_0}{\beta}E_x = -\sum_{m=1}^{\infty} \sum_{n=1}^{\infty} \frac{j\pi m\omega\varepsilon\varepsilon_0}{k_c^2 a}D_{mn} \cos\left(m\frac{\pi}{a}x\right) \sin\left(n\frac{\pi}{b}y\right)$$

(10.39b)

式 (10.38)，(10.39) で，D_{mn} は電磁界の規格化条件から決まる振幅係数で，共通項 $\exp\left[j(\omega t - \beta z)\right]$ を省略した。k_c^2 と β は式 (10.31)，(10.32) と同じ表式である。式 (10.39) から電磁界成分間で式 (10.36) と類似の関係が導け，$\eta_{\mathrm{TM}} \equiv \beta/\omega\varepsilon\varepsilon_0 = 1/v_{\mathrm{p}}\varepsilon\varepsilon_0$ を TM モードの波動インピーダンスと呼ぶ。

TM モードも TM_{mn} で指定する。TE モードと異なり，モード次数 m, n のいずれかが 0 となるときは，式 (10.38) からわかるように，電磁界の大きさが常に零となるので，このときは伝送モードが存在しない。よって，方形導波管の TM モードでの最低次モードは TM_{11} モードとなる。

方形導波管における低次伝送モードの電磁界分布の概略を**図 10.5** に示す。TE_{m0} モードでは常に $E_x = H_y = 0$ である。TE_{10} モードの場合，E_y と H_x

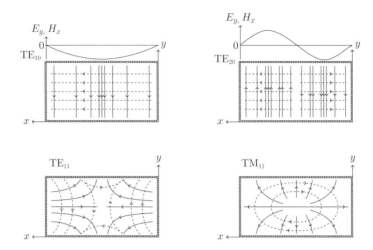

図 **10.5** 方形導波管における低次伝送モードの電磁界分布（切り口断面）
実線は電界，破線は磁界の相対的な大きさを表す。
TE_{10}, TE_{20} モードで E_y, H_x の y 方向の大きさは一定値。

が x 方向では電界と磁界の絶対値が中央で最大値をとり，y 方向の変化がない。
TE_{20} モードでは，E_y と H_x が x 方向の中央部で電界と磁界の向きが反転するが，y 方向の変化がない。$\text{TE}_{mn} \cdot \text{TM}_{mn}$ の各モードで内積が $\boldsymbol{E} \cdot \boldsymbol{H}^* = 0$ となるから，導波管内でも電界と磁界が直交することがわかる。

10.3.3　方形導波管での伝送特性

本節では，方形導波管において重要な概念である，遮断周波数，管内波長，位相速度，群速度，伝送電力などを説明する。

(1)　遮断

式 (10.31) でモード次数 m や n が大きくなったり，周波数が低くなったりして $k_c > k$ となれば，式 (10.32) で $\beta = \sqrt{k^2 - k_c^2} = \pm j\sqrt{k_c^2 - k^2}$ となり，電磁界成分の z 依存性が $\exp(-j\beta z) = \exp(\pm\sqrt{k_c^2 - k^2}z)$ で書ける。前進波で正符号をとると，これは伝搬とともに増加する電磁波を表し，増幅媒質がない今の場合，物理的に不適である。負符号を採用すると，電磁波は伝搬とともに

指数関数的に減衰する波動を意味する。この状態を**遮断**（cut-off）または**カットオフ**という。したがって，電磁波が導波管中を伝搬するには，伝搬定数 β が実数となり，式 (10.32) より $k \geq k_c$ を満たす必要がある。

電磁波が伝搬と遮断の境目，つまり $k = k_c$ となるときの周波数 f_c を**遮断周波数**（cut-off frequency）または**カットオフ周波数**と呼ぶ。この値は，式 (10.4) から得られる $k_c = \sqrt{\varepsilon\mu}\,\omega_c/c$ と式 (10.31) を等値し，$\omega_c = 2\pi f_c$ より次式で与えられる。

$$f_c = \frac{c}{2\sqrt{\varepsilon\mu}}\sqrt{\left(\frac{m}{a}\right)^2 + \left(\frac{n}{b}\right)^2} \quad (m,n \geq 1: \text{整数}) \tag{10.40}$$

遮断周波数はモードごとに異なる値をとる。また，このときの波長は**遮断波長** λ_c または**カットオフ波長**といわれ，$\lambda_c = 2\pi/k_c$ と式 (10.31) より，次式で表せる。

$$\lambda_c = \frac{2}{\sqrt{(m/a)^2 + (n/b)^2}} \tag{10.41}$$

したがって，遮断周波数よりも高周波（$f > f_c$）の電磁波，つまり遮断波長よりも短波長（$\lambda < \lambda_c$）の電磁波が導波管中を伝搬することになる。

モード次数 m，n が増加するほど遮断周波数 f_c が大きくなり，遮断波長 λ_c が短くなる。よって，動作周波数や動作波長を固定した場合，高次モードほどカットオフになりやすい。方形導波管の寸法は通常 $a = 2b$ または $a = b$ に選ばれるが，多くの場合 $a = 2b$ である。TM_{mn} モードで m と n がともに 1 より大きいとき，TE_{mn} と TM_{mn} は同じ固有値 k_c をもつため分離できない。このように異なるモードが同じ固有値 k_c をもつとき，これらは**縮退**している（degenerate）という。

表 10.1 に方形導波管と正方形導波管の遮断波長 λ_c を，後に示す円形導波管とともに示す。方形導波管で $a > b$ の場合の最低次モードは TE_{10} モードで，第 1 高次モードは TE_{01} と TE_{20} モードとなる。これで $a < \lambda < 2a$ に設定すれば，TE_{10} モードだけを伝送させることができる。よって，TE_{10} モードは**基本モード**（fundamental mode, dominant mode）といわれる。複数モードを同時に伝送させると，後述するように，モードごとに群速度が異なるため

表 **10.1**　方形および円形導波管の遮断波長 λ_c

方形導波管 $(a=2b)$		正方形導波管 $(a=b)$		円形導波管 (半径: a)	
モード	λ_c	モード	λ_c	モード	λ_c
TE_{10}	$2a$	TE_{10}	$2a$	TE_{11}	$3.41a$
TE_{01}	a	TE_{01}		TM_{01}	$2.61a$
TE_{20}		TE_{11}	$1.41a$	TE_{21}	$2.06a$
TE_{11}	$0.894a$	TM_{11}		TE_{01}	$1.64a$
TM_{11}		TE_{20},TE_{02}	a	TM_{11}	

波形が歪むので，通常は，基本モードのみを伝送する**単一モード伝送**が利用される。基本モードの TE_{10} モードは角錐ホーンアンテナの波源としても用いられる（9.5.1 項参照）。

(2)　管内波長

導波管内での電磁波の伝送モードの管軸方向の波長を**管内波長**（guide wavelength）といい，これは次式で定義される。

$$\lambda_g \equiv \frac{2\pi}{\beta} \tag{10.42}$$

式 (10.42) に後掲する式 (10.44) を用いると，位相速度と関係づけられる。また，式 (10.42)，$k = 2\pi/\lambda$, $k_c = 2\pi/\lambda_c$ を式 (10.32) に代入して，$(2\pi/\lambda_g)^2 = (2\pi/\lambda)^2 - (2\pi/\lambda_c)^2$ より管内波長 λ_g は次式で表される。

$$\lambda_g = \frac{v_p}{f} = \frac{\lambda}{\sqrt{1-(\lambda/\lambda_c)^2}} = \frac{2\pi}{\sqrt{k^2 - \pi^2[(m/a)^2 + (n/b)^2]}} \tag{10.43}$$

電磁波が導波管内を伝搬するのは，遮断条件より $\lambda < \lambda_c$ のときで $\lambda < \lambda_g$, つまり管内波長 λ_g は常に自由空間波長 λ よりも長い。

(3)　位相速度と群速度

導波管内の伝送モードの位相速度 v_p は，式 (6.13), (10.32), (2.8) より

$$v_{\mathrm{p}} = \frac{\omega}{\beta} = \frac{\omega}{\sqrt{k^2 - k_{\mathrm{c}}^2}} = \frac{f}{\sqrt{(1/\lambda)^2 - (1/\lambda_{\mathrm{c}})^2}} = \frac{v}{\sqrt{1 - (f_{\mathrm{c}}/f)^2}} \tag{10.44}$$

で得られる。一方，伝送モードの群速度 v_{g} は，式 (10.32) から得られる $\omega^2\varepsilon\mu/c^2 = k_{\mathrm{c}}^2 + \beta^2$ を式 (6.14) に適用した結果より，管内波長 λ_{g} を用いて

$$v_{\mathrm{g}} = \frac{1}{d\beta/d\omega} = \frac{\beta}{\omega}\frac{c^2}{\varepsilon\mu} = \frac{\sqrt{k^2 - k_{\mathrm{c}}^2}}{\omega}v^2 = \frac{v^2}{\lambda_{\mathrm{g}}f} = \frac{v\lambda}{\lambda_{\mathrm{g}}} \tag{10.45}$$

で表される。

式 (10.44)，(10.45) で辺々の積をとって，次式が得られる。

$$v_{\mathrm{p}}v_{\mathrm{g}} = \frac{\omega}{\beta}\frac{\beta}{\omega}\frac{c^2}{\varepsilon\mu} = v^2 \tag{10.46}$$

式 (10.46) は，導波管内での電磁波の位相速度 v_{p} と群速度 v_{g} の積が，同じ比誘電率と比透磁率をもつ一様媒質中での伝搬速度 v の 2 乗に等しくなることを意味する。式 (10.44) の最右辺より，一般に導波管中での伝送モードの位相速度 v_{p} は自由空間での伝搬速度 v より速いから，群速度 v_{g} は v より遅い ($v_{\mathrm{g}} \leqq v \leqq v_{\mathrm{p}}$)。導波管内が中空のときの電磁波の伝搬速度は，近似的に真空中の光速 c に等しくなる。位相速度 v_{p} は光速を超えることがあり得るが，群速度 v_{g} は管内における電磁波エネルギーの伝搬速度であり（演習問題 10.5 参照），必ず光速より遅い。特に，周波数 f がカットオフ周波数 f_{c} に等しいとき，式 (10.44) より $v_{\mathrm{p}} = v_{\mathrm{g}} = v$ となる。

(4) 伝送電力：

管軸方向の伝送電力 P は，TE$_{mn}$ モードでは式 (10.35) を式 (3.19) に代入した後，式 (10.31) を利用して，次式で求められる。

$$P = \frac{ab}{8\pi^2}s_{mn}\frac{\beta\omega\mu\mu_0}{(m/a)^2 + (n/b)^2}|C_{mn}|^2, \quad s_{mn} = \begin{cases} 1 & : mn \neq 0 \\ 2 & : mn = 0 \end{cases} \tag{10.47a}$$

TM$_{mn}$ モードでは式 (10.39) を式 (3.19) に代入し，式 (10.31) を用いて，

$$P = \frac{ab}{8\pi^2} s_{mn} \frac{\beta\omega\varepsilon\varepsilon_0}{(m/a)^2 + (n/b)^2} |D_{mn}|^2 \tag{10.47b}$$

で得られる。ただし，m, n は $m = n = 0$ を除く，0 または正の整数である。
上式を導く際，次の積分結果を利用した。

$$\int_0^a \cos^2\left(m\frac{\pi}{a}x\right) dx = \begin{cases} a/2 & m \neq 0 \\ a & : m = 0 \end{cases}$$

$$\int_0^a \sin^2\left(m\frac{\pi}{a}x\right) dx = \begin{cases} a/2 & m \neq 0 \\ 0 & m = 0 \end{cases}$$

　方形導波管の管壁は金属なので，表面電流が流れることにより伝送電力の一部が導体損失で失われる（4.2.3 項参照）。式 (10.34)，(10.35)，(10.47a) を式 (4.34) に代入して，TE_{10} モードに対する振幅減衰定数 α が

$$\alpha = \frac{R_s}{\eta b\sqrt{1 - (\lambda/2a)^2}}\left[1 + \frac{2b}{a}\left(\frac{\lambda}{2a}\right)^2\right] \tag{10.48}$$

で表せる（演習問題 10.6 参照）。ただし，R_s は表皮抵抗を表す。式 (10.41) を参照すると，導体損失は遮断波長 λ_c 近傍で非常に大きくなることがわかる。電磁波が中空部分を伝搬するので，誘電損失は無視できる程度である。

【例題 10.2】方形導波管（内径：$40.39 \times 20.193\,\text{mm}$）に関する次の各値を求めよ。

① 単一モード伝送できる周波数帯。
② 単一モード伝送が可能な周波数帯の中央値に対する位相速度，管内波長，群速度。
③ 上記中央値に対する波動インピーダンス。

[解] ① 導波管は中空だから，比誘電率と比透磁率をともに 1.0 とおく。基本モードである TE_{10} モードの遮断周波数は，式 (10.40) より $f_c = 3.71 \times 10^9\text{Hz} = 3.71\,\text{GHz}$ で得られる。内径寸法がほぼ $a = 2b$ だから，次の低次モードの遮断周波数は，TE_{01} モードが $f_c = 7.43\,\text{GHz}$，TE_{20} モードが $f_c = 7.43\,\text{GHz}$

となる。したがって，単一モード伝送は $3.71\sim7.43\,\mathrm{GHz}$ で可能である。実用上は作製誤差等を考慮して，理論値より狭くとられる。② 単一モード伝送が可能な周波数帯の中央値は $f = 5.57\,\mathrm{GHz}$ である。位相速度は，式 (10.44) を用いて $v_\mathrm{p} = 3.0 \times 10^8 / \sqrt{1 - (3.71/5.57)^2} = 4.02 \times 10^8\,\mathrm{m/s}$。管内波長は，式 (10.43) を用いて $\lambda_\mathrm{g} = v_\mathrm{p}/f = 7.22 \times 10^{-2}\,\mathrm{m} = 7.22\,\mathrm{cm}$。群速度は，式 (10.45) を用いて $v_\mathrm{g} = v^2/\lambda_\mathrm{g}f = 2.24 \times 10^8\,\mathrm{m/s}$。③ 波動インピーダンスは，式 (10.37)，(2.11) より $\eta_\mathrm{TE} = v_\mathrm{p}\mu\mu_0 = 505\,\Omega$。

10.3.4 導波管特性の定性的説明

本項では，方形導波管での管内波長と電磁界分布を，平面波（TEM 波）の重ね合わせという立場から導き，電磁波論的に求めた結果との一致を検証する。

簡単のため，**図 10.6** に示すように，導波管の x-z 面内で z 軸と角度 $\pm\theta_m$ をなして z 方向に伝搬する，等振幅の平面波 1，2 を考える。まず，導波管の幅 a と電磁波の自由空間での波長 λ を関係づける。すでに求めた式 (8.22) は，開口面で同相の電磁波が十分遠方では合成電界が零となる条件だから，a を固定すると，これは自由空間での電磁波の半波長に相当する。よって，

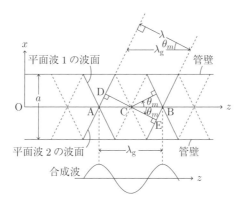

図 10.6 方形導波管内での電磁波の形成
a：x 方向の導波管の幅，λ_g：管内波長
λ：電磁波の自由空間での波長
管内の実線：波動の山，破線：波動の谷

$$a \sin \theta_m = m\,(\lambda/2) \quad (m\,;整数) \tag{10.49a}$$

が導かれる。

　図中の D から E までの距離が平面波の自由空間での波長 λ で DE $= \lambda$ となる。平面波 1, 2 の山が一致する位置 A, B で合成波の振幅が最大となり, この距離 AB が管内波長 λ_{g} に相当し, AB$= \lambda_{\mathrm{g}}$ と書ける。点 A, B の中間点 C では両平面波の谷が一致して合成波でも谷となる。幾何学的関係より

$$\mathrm{DE} = \mathrm{AB}\cos\theta_m, \quad つまり \quad \lambda = \lambda_{\mathrm{g}}\cos\theta_m \tag{10.49b}$$

が成り立つ。式 (10.49a,b) より, 管内波長 λ_{g} が次式で書ける。

$$\lambda_{\mathrm{g}} = \frac{\lambda}{\cos\theta_m} = \frac{\lambda}{\sqrt{1-(m\lambda/2a)^2}} \tag{10.50}$$

式 (10.50) は, 式 (10.43) で x 方向のみを考慮した結果と一致している。
　次に, 電磁界分布を求めるため, 上記 2 つの平面波を次のようにおく。

$$\psi_1 = \exp\left[j(xk\sin\theta_m - zk\cos\theta_m)\right]\exp\left(j\omega t\right) \quad (k:波数) \tag{10.51a}$$

$$\psi_2 = \exp\left[j(-xk\sin\theta_m - zk\cos\theta_m)\right]\exp\left(j\omega t\right) \tag{10.51b}$$

ψ_1 と ψ_2 が同相および逆相で相加されるとき, 両者の合成波は次式で書ける。

$$\begin{aligned}
\psi &= \psi_1 \pm \psi_2 \quad (複号で上（下）側は同（逆）相) \\
&= \left[\exp\left(jxk\sin\theta_m\right) \pm \exp\left(-jxk\sin\theta_m\right)\right]\exp\left[j(\omega t - zk\cos\theta_m)\right] \\
&= 2\left\{\begin{array}{c} \cos\left(xk\sin\theta_m\right) \\ j\sin\left(xk\sin\theta_m\right) \end{array}\right\}\exp\left[j(\omega t - zk\cos\theta_m)\right]
\end{aligned}$$

上式の指数部に, 式 (10.49a,b), (10.42) から得られる $\beta = k\cos\theta_m$ を代入して,

$$\psi = 2\left\{\begin{array}{c} \cos\left(m\pi x/a\right) \\ j\sin\left(m\pi x/a\right) \end{array}\right\}\exp\left[j(\omega t - \beta z)\right] \tag{10.52}$$

が得られる。

　式 (10.52) は，x 方向での分布が時間的に変化しないので，定在波が形成されていることを示す。式 (10.52) で同相または逆相で相加される電磁界分布は，電磁波論的に求めた式 (10.34) または式 (10.35b) で $n = 0$ とおいたものと等価である。同相（逆相）で相加される場合，管壁では腹（節）となる。

　同様の議論は一般の TE モードや TM モードに対しても成り立つ。すなわち，平面波の重ね合わせにより，方形導波管での導波モードの電磁界分布が表せることが確認できた。

【方形導波管の主な結果】

(i) 伝送モードとして TE モードと TM モードがある。TE_{m0} モードと TE_{0n} モードは存在し得るが，TM_{m0} モードと TM_{0n} モードは電磁界がすべて零となるので存在しない。

(ii) モードごとに異なる遮断周波数 f_c や遮断波長 λ_c をもち，f_c 以下の周波数，あるいは λ_c よりも長い波長の電磁波を伝送できない。

(iii) 断面形状は $a = 2b$ のことが多く，基本モードは TE_{10} モードである。TE_{mn} モードと TM_{mn} モードは縮退している。

(iv) 導波管内での伝送モードの電磁界分布は三角関数で記述できる。また，電磁界分布が平面波の重ね合わせで表せる。

(v) 管内での電波の位相速度 v_p と群速度 v_g の積は，同じ比誘電率と比透磁率をもつ一様媒質中での電波の伝搬速度 v の 2 乗に等しい。

(vi) 導波管での電磁波エネルギーは群速度で伝搬する。

§10.4　円形導波管

10.4.1　円形導波管での電磁界特性

　断面形状が円形で，形状や媒質などの構造が，伝送軸方向に一様な中空金属管を**円形導波管**（circular waveguide）という。これは軸対称だから円筒座標系 (r, θ, z) を用い，電磁波の伝送方向を z 軸にとり，管壁の半径を a とする（図 **10.7**）。導波管の内部は完全誘電体（導電率 $\sigma = 0$）で，管壁は完全導体とし，

導波管内部の比誘電率 ε と比透磁率 μ は空間的に均一とする。

　構造が電磁波の伝搬方向 z に対して一様だから，この方向に伝搬の不変量が存在し，それを伝搬定数 β とおき，電磁波の時空間変動因子を $\exp\left[j(\omega t - \beta z)\right]$ とする。軸方向電磁界成分に対する波動方程式は，式 (10.5) を円筒座標系で表すため付録の式 (A.13) を利用して，

$$\frac{\partial^2 \psi}{\partial r^2} + \frac{1}{r}\frac{\partial \psi}{\partial r} + \frac{1}{r^2}\frac{\partial^2 \psi}{\partial \theta^2} + k_{\mathrm{c}}^2 \psi = 0 \quad (\psi = E_z, H_z) \tag{10.53}$$

$$k_{\mathrm{c}}^2 \equiv k^2 - \beta^2 \tag{10.54}$$

で書ける。ここで，k は媒質中の波数を表す。

　式 (10.53) の解を次のように，半径・方位角座標に関する変数分離形で表す。

$$\psi(r, \theta) = F(r)\cos(\nu\theta) \tag{10.55}$$

ただし，ν は**方位角モード次数**であり，方位角方向の電磁界分布について $\cos(2\pi\nu) = 1$ なる連続条件より，ν は 0 または正の整数である。

　式 (10.55) を式 (10.53) に代入すると，境界条件（境界では電界の接線成分が零）を考慮に入れると，電磁界関数 $F(r)$ は次式を満たす。

$$\frac{d^2 F}{dr^2} + \frac{1}{r}\frac{dF}{dr} + \left(k_{\mathrm{c}}^2 - \frac{\nu^2}{r^2}\right)F = 0 \tag{10.56}$$

式 (10.56) は，円形導波管の半径方向電磁界分布を与える式であり，ν が整数，k_{c} が実定数のとき，ベッセルの微分方程式となる。その解は，ν 次ベッセル関数 $J_\nu(\kappa_{\mathrm{c}} r)$ である（**図 10.8**）。$J_\nu(x)$ は，x の増加とともに $|J_\nu(x)| \leqq 1$ の範

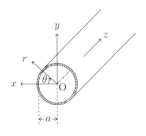

図 **10.7**　円形導波管の構造

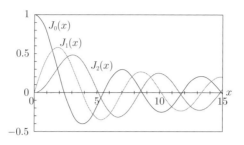

図 10.8 低次のベッセル関数 $J_\nu(x)$

囲で減衰振動する関数である．円形導波管での E_z と H_z の形式解が次式で書ける．

$$\Psi = C_{\nu\mu} J_\nu(k_{\rm c} r) \cos{(\nu\theta)} \exp{\left[j(\omega t - \beta z) \right]} \quad (\Psi = E_z, H_z) \quad (10.57)$$

ただし，$C_{\nu\mu}$ は振幅係数である．

式 (10.3) を円筒座標系に関する式に変換するため，次のようにおく．

$$x = r\cos{\theta}, \quad y = r\sin{\theta} \tag{10.58}$$

ここで連鎖定理を用いると，円筒座標系での電磁界の横方向電磁界成分は

$$E_r = -\frac{j}{k_{\rm c}^2} \left(\beta \frac{\partial E_z}{\partial r} + \frac{\omega\mu\mu_0}{r} \frac{\partial H_z}{\partial \theta} \right) \tag{10.59a}$$

$$E_\theta = -\frac{j}{k_{\rm c}^2} \left(\frac{\beta}{r} \frac{\partial E_z}{\partial \theta} - \omega\mu\mu_0 \frac{\partial H_z}{\partial r} \right) \tag{10.59b}$$

$$H_r = -\frac{j}{k_{\rm c}^2} \left(\beta \frac{\partial H_z}{\partial r} - \frac{\omega\varepsilon\varepsilon_0}{r} \frac{\partial E_z}{\partial \theta} \right) \tag{10.59c}$$

$$H_\theta = -\frac{j}{k_{\rm c}^2} \left(\frac{\beta}{r} \frac{\partial H_z}{\partial \theta} + \omega\varepsilon\varepsilon_0 \frac{\partial E_z}{\partial r} \right) \tag{10.59d}$$

のように，軸方向電磁界成分の関数として表せる．

管壁（$r = a$）を完全導体とするから，境界条件より，管壁で電界の接線成分と磁界の法線成分が零でなくてはならず，電界に着目すると TE・TM モードが

$$E_\theta = E_z = 0 \quad : r = a \tag{10.60}$$

を満たす必要がある。

TE モードでは $E_z = 0$ はすでに満たされている。$E_\theta = 0$ を満たすため，式 (10.59b) を利用すると，次式を得る。

$$E_\theta \propto \frac{\partial H_z}{\partial r} \propto J_\nu'(k_c r)$$

ここで，$'$ 記号は r に対する微分を表す。$r = a$ で $E_\theta = 0$ となるためには，

$$J_\nu'(k_c a) = 0, \quad U_m = k_c a = j_{\nu,\mu}' \tag{10.61a,b}$$

を満足する必要がある。式 (10.61a) を満たす ν 次ベッセル関数の微分 $J_\nu'(k_c a)$ の零点で，小さいほうから μ 番目の値 $j_{\nu,\mu}'$ をとるものを $\mathrm{TE}_{\nu\mu}$ モードという。$\mathrm{TE}_{\nu\mu}$ モードの横方向電磁界成分は，式 (10.57)，(10.59) より次のように書ける。

$$E_r = \frac{\omega\mu\mu_0}{\beta} H_\theta = \frac{j\omega\mu\mu_0}{k_c^2} C_{\nu\mu} \frac{1}{r} J_\nu\left(j_{\nu,\mu}' \frac{r}{a}\right) \sin(\nu\theta) \exp[j(\omega t - \beta z)]$$
$$\tag{10.62a}$$

$$E_\theta = -\frac{\omega\mu\mu_0}{\beta} H_r = \frac{j\omega\mu\mu_0}{k_c^2} C_{\nu\mu} J_\nu'\left(j_{\nu,\mu}' \frac{r}{a}\right) \cos(\nu\theta) \exp[j(\omega t - \beta z)]$$
$$\tag{10.62b}$$

TM モードで，電界の接線成分 E_z と E_θ がともに $r = a$ で零となるには，TE モードと同様な手順を経て，次式を満たす必要がある。

$$J_\nu(k_c a) = 0, \quad U_m = k_c a = j_{\nu,\mu} \tag{10.63a,b}$$

式 (10.63) を満たす ν 次ベッセル関数 $J_\nu(k_c a)$ の零点で，小さいほうから μ 番目の値 $j_{\nu,\mu}$ をとるモードを $\mathrm{TM}_{\nu\mu}$ モードと呼ぶ。$\mathrm{TM}_{\nu\mu}$ モードの横方向電磁界成分は，式 (10.57)，(10.59) を用いて次のように書ける。

$$H_r = -\frac{\omega\varepsilon\varepsilon_0}{\beta} E_\theta = -\frac{j\omega\varepsilon\varepsilon_0}{k_c^2} C_{\nu\mu} \frac{1}{r} J_\nu\left(j_{\nu,\mu} \frac{r}{a}\right) \sin(\nu\theta) \exp[j(\omega t - \beta z)]$$
$$\tag{10.64a}$$

$$H_\theta = \frac{\omega\varepsilon\varepsilon_0}{\beta} E_r = -\frac{j\omega\varepsilon\varepsilon_0}{k_c^2} C_{\nu\mu} J_\nu'\left(j_{\nu,\mu} \frac{r}{a}\right) \cos(\nu\theta) \exp[j(\omega t - \beta z)]$$
$$\tag{10.64b}$$

表 10.2 ν 次ベッセル関数 $J_\nu(x)$ とその微分 $J'_\nu(x)$ の零点

	$J_\nu(x)$ の零点				$J'_\nu(x)$ の零点		
$\nu \setminus \mu$	1	2	3	$\nu \setminus \mu$	1	2	3
0	2.405	5.520	8.654	0	3.832	7.016	10.17
1	3.832	7.016	10.17	1	1.841	5.331	8.536
2	5.136	8.417	11.62	2	3.054	6.706	9.970
3	6.380	9.761	13.02	3	4.201	8.015	11.35

円形導波管と光ファイバのモード分類で使用。

 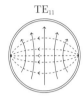

TE$_{01}$　　TE$_{11}$　　TM$_{01}$　　TM$_{11}$

図 10.9 円形導波管における低次伝送モードの電磁界分布（切り口断面）
実線：電界，破線：磁界

式 (10.62)，(10.64) より，TE・TM モードの波動インピーダンス η_{TE}, η_{TM} が方形導波管と同じ式で表せる。

TE・TM モードについて，伝搬定数 β は次式で書ける。

$$\beta = k\sqrt{1 - \left(\frac{U_\mathrm{m}}{ka}\right)^2}, \qquad U_\mathrm{m} = \begin{cases} j'_{0,\mu+1} = j_{1,\mu} & : \mathrm{TE}_{0\mu}\,\text{モード} \\ j'_{\nu,\mu}(\nu \geqq 1) & : \mathrm{TE}_{\nu\mu}\,\text{モード} \\ j_{\nu,\mu}(\nu \geqq 0) & : \mathrm{TM}_{\nu\mu}\,\text{モード} \end{cases}$$

$$(10.65)$$

表 10.2 に ν 次ベッセル関数 $J_\nu(x)$ とその微分 $J'_\nu(x)$ の零点を示す。前者（後者）は円形導波管の TM（TE）モードに適用する。円形導波管の遮断波長は表 10.1 に示した。これより，円形導波管の**基本モード**が TE$_{11}$ モードであることがわかる。これは円錐ホーンアンテナの波源としても用いられている（9.5.1 項参照）。円形導波管では，TE$_{0\mu}$ モードと TM$_{1\mu}$ モードが縮退している。

図 10.9 に円形導波管の断面における電磁界分布を示す。TE$_{\nu\mu}$・TM$_{\nu\mu}$ モードで内積が $\boldsymbol{E} \cdot \boldsymbol{H}^* = E_r H_r^* + E_\theta H_\theta^* = 0$ を満たすから，電界と磁界が直交

する。TM$_{11}$ モードの半径方向の特性は $r/a = 1.84/3.83 = 0.48$ の前後で変化する。

10.4.2　円形導波管での伝送特性

円形導波管での特性は，方形導波管における $k_c = \pi\sqrt{(m/a)^2 + (n/b)^2}$ を形式的に $k_c = U_m/a$ に置き換えて得られる。遮断周波数またはカットオフ周波数は

$$f_c = \frac{cU_m}{2\pi a\sqrt{\varepsilon\mu}} \tag{10.66}$$

で，遮断波長 λ_c またはカットオフ波長は $\lambda_c = 2\pi/k_c$ より

$$\lambda_c = \frac{2\pi}{k_c} = \frac{2\pi a}{U_m} \tag{10.67}$$

で得られる。管内波長 λ_g は，$\beta = 2\pi/\lambda_g$ より次式で書ける。

$$\lambda_g = \frac{2\pi}{\beta} = \frac{\lambda}{\sqrt{1 - (U_m/ka)^2}} \tag{10.68}$$

式 (10.68) より，管内波長 λ_g は自由空間波長 λ よりも常に長いことがわかる。

k_c は方形・円形導波管でともに定数だから，これに関係する位相速度 v_p は式 (10.44)，群速度 v_g は式 (10.45)，v_p と v_g の関係は式 (10.46) と同じ表現となる。

§10.5　光ファイバ

光ファイバは屈折率の高い中心部を屈折率の低い物質で囲んだ，軸対称の構造をもち，誘電体で構成されている。材料の多くは石英で，その低損失帯である近赤外領域で使用される。光ファイバは導波管よりもはるかに高帯域で細径なので，通信用伝送線路として社会インフラを支えている。本節では，光波の導波原理を述べた後，光ファイバの電磁界特性と伝搬特性を説明する。

10.5.1　光波の導波原理

光波を長距離にわたって安定に伝搬させるため，全反射が利用されている。

全反射は，光波が屈折率の高い物質から低い物質に入射する際に生じる（§5.5 参照）。そのため，屈折率 n_1 の高い中心部の**コア**（core）が，屈折率 n_2 の低いクラッド（cladding）で囲まれている（$n_2 < n_1$）。

光は波長が短いので光線で扱える。光線の角度は，光学の分野（第5章）では境界面の法線に対する角度 θ でとられるが，導波光学の分野では境界面の接線に対する角度 ϑ でとられる習慣がある。スネルの法則の式 (5.7) で $\vartheta = \pi/2 - \theta$ とおくと，臨界角 ϑ_c は次式で表される。

$$\vartheta_\mathrm{c} = \cos^{-1}\frac{n_2}{n_1} = \sin^{-1}\sqrt{1 - \left(\frac{n_2}{n_1}\right)^2} = \sin^{-1}\sqrt{2\Delta} \qquad (10.69)$$

$$\Delta \equiv \frac{n_1^2 - n_2^2}{2n_1^2} \qquad (10.70)$$

ただし，Δ は**比屈折率差**（relative index difference）と呼ばれる。

光線が中心軸となす角度を伝搬角と呼び，これを ϑ_m で表すと，$0 < \vartheta_m < \vartheta_\mathrm{c}$ を満たすとき，光線はコア・クラッド境界で全反射を繰り返しながら，コア内を伝搬する。式 (10.69) より，比屈折率差 Δ が大きくなるほど臨界角 ϑ_c が大きくなって，より多くの光がコア内に閉じ込められる。

厳密には，光波の一部はクラッドに浸み出しており，この電磁界の漏れをエバネッセント波と呼び（5.5.2 項参照），電磁界の浸入深さは波長と同程度である（式 (5.57) 参照）。

10.5.2 光ファイバにおける電磁界と固有値方程式

光ファイバの断面内屈折率分布は，用途によりさまざまなものが利用されている。ここでは基本特性を理解するため，コアとクラッドの屈折率が各領域で一定値をとり，階段状に変化する**ステップ形光ファイバ**を説明する（**図 10.10**）。

ステップ形光ファイバで円筒座標系 (r, θ, z) をとり，コア中心を z 軸，コア半径を a として，光波が z 軸方向に伝搬するものとする。コアの屈折率 n_1 とクラッドの屈折率 n_2 および形状が z 方向に対して一様とすると，z 方向に**伝搬定数** β が存在する。角周波数を ω として，時空間変動因子を $\exp[j(\omega t - \beta z)]$ とする。

このときの電磁界は，円形導波管と類似の形で扱え，軸方向電磁界成分に対

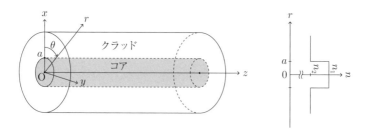

(a) 円筒座標系 (r, θ, z)　　　　(b) 屈折率分布（ステップ形）

図 **10.10**　ステップ形光ファイバの構造と座標系
n_1：コア屈折率，n_2：クラッド屈折率，a：コア半径

する波動方程式は式 (10.53), (10.56) と形式的に同じとなるが，コアとクラッドに対する結果が若干異なる。各領域の電磁界関数 $F(r)$ が次式で表せる。

$$\frac{d^2F}{dr^2} + \frac{1}{r}\frac{dF}{dr} + \left(\kappa_1^2 - \frac{\nu^2}{r^2}\right)F = 0 \quad : \text{コア}\ (0 \leqq r \leqq a) \quad (10.71\text{a})$$

$$\kappa_1 \equiv \sqrt{(n_1 k_0)^2 - \beta^2} \tag{10.71b}$$

$$\frac{d^2F}{dr^2} + \frac{1}{r}\frac{dF}{dr} - \left(\gamma_2^2 + \frac{\nu^2}{r^2}\right)F = 0 \quad : \text{クラッド}\ (a \leqq r) \quad (10.72\text{a})$$

$$\gamma_2 \equiv \sqrt{\beta^2 - (n_2 k_0)^2} \tag{10.72b}$$

ここで，ν は**方位角モード次数**で，0 または正の整数である。κ_1 と γ_2 はコア・クラッドでの横方向伝搬定数，k_0 は真空中の波数を表す。

　式 (10.71a), (10.72a) の解として，コア中心で有界となり，クラッドの無限遠で零に収束する関数が物理的に意味をもつ。よって κ_1 と γ_2 が実定数のとき，式 (10.71a), (10.72a) の解は，それぞれ ν 次ベッセル関数 $J_\nu(\kappa_1 r)$（図 10.8 参照）と ν 次変形ベッセル関数 $K_\nu(\gamma_2 r)$ で得られる。K_ν は $r = \infty$ で零に収束する性質をもつ。このとき，軸方向の電磁界成分の形式解は次のように表せる。

$$
\left\{ \begin{array}{c} E_z \\ H_z \end{array} \right\} =
\left\{
\begin{array}{l}
\left\{ \begin{array}{c} A \\ B \end{array} \right\} J_\nu \left(u\frac{r}{a} \right) \left\{ \begin{array}{c} \cos(\nu\theta) \\ \sin(\nu\theta) \end{array} \right\} \quad : \text{コア} \ (0 \leqq r \leqq a) \\[3mm]
\left\{ \begin{array}{c} C \\ D \end{array} \right\} K_\nu \left(w\frac{r}{a} \right) \left\{ \begin{array}{c} \cos(\nu\theta) \\ \sin(\nu\theta) \end{array} \right\} \quad : \text{クラッド} \ (a \leqq r)
\end{array}
\right.
$$

$$(10.73)$$

$$
u \equiv \kappa_1 a = a\sqrt{(n_1 k_0)^2 - \beta^2}, \quad w \equiv \gamma_2 a = a\sqrt{\beta^2 - (n_2 k_0)^2}
$$

$$(10.74\text{a,b})$$

式 (10.73) で { } 内の上下は，それぞれ E_z, H_z 成分に対応する。$A \sim D$ は境界条件から決まる振幅係数である。u と w は横方向規格化伝搬定数と呼ばれる。

式 (10.73) を式 (10.59) に代入して横方向電磁界分布を求め，コア・クラッド境界（$r = a$）で電磁界の接線成分（$E_z, E_\theta, H_z, H_\theta$）が連続という境界条件（§2.6 参照）を適用する。その結果で，係数 $A \sim D$ に関する連立方程式を解くと，

$$
\left[\frac{J_\nu'(u)}{uJ_\nu(u)} + \frac{K_\nu'(w)}{wK_\nu(w)} \right] \left[\frac{n_1^2 J_\nu'(u)}{uJ_\nu(u)} + \frac{n_2^2 K_\nu'(w)}{wK_\nu(w)} \right]
$$
$$
= \nu^2 \left(\frac{1}{u^2} + \frac{1}{w^2} \right) \left[\left(\frac{n_1}{u} \right)^2 + \left(\frac{n_2}{w} \right)^2 \right]
$$

$$(10.75)$$

が得られる。上式で，$'$ は引数に対する微分を表す。式 (10.75) はステップ形光ファイバで屈折率 n_1, n_2 が与えられたとき，ν, u, w を関係づける式であり，**固有値方程式**または特性方程式と呼ばれる。固有値方程式は，光ファイバの特性を規定する伝搬定数 β を求める基本式である。

式 (10.75) は u と w に関する解曲線群を与えるだけで，これだけからは伝搬定数を定めることができない。式 (10.74a,b) から β を消去して，

$$
V \equiv \sqrt{u^2 + w^2} = \frac{2\pi a}{\lambda}\sqrt{n_1^2 - n_2^2} = \frac{2\pi a n_1}{\lambda}\sqrt{2\Delta}
$$

$$(10.76)$$

を得る。式 (10.76) における V は，**V パラメータ**または規格化周波数と呼ばれ，光ファイバの動作波長 λ や構造パラメータの個々の値によらず，特性を包括的に表す上で重要な無次元のパラメータである。

　グラフ解法では，横軸を u，縦軸を w として式 (10.75) を描き，指定した V パラメータを半径とする円との交点から u と w の組合せが求められる．数値解法では式 (10.75)，(10.76) を連立させて解く．u，w の値と式 (10.74a,b) から伝搬定数 β が求められる．伝搬定数が決定されると，式 (10.73) より電磁界分布が決まり，これらから他の各種伝搬特性が求められる．

10.5.3　光ファイバにおける導波モード

　横方向規格化伝搬定数 u と w がともに実数，つまり伝搬定数 β が $n_2 k_0 \leqq \beta \leqq n_1 k_0$ を満たすとき，光波がコア内に安定して導波され，これを**導波モード**（guided mode）または**伝搬モード**と呼ぶ．伝搬定数を真空中の波数 k_0 で割った値を等価屈折率と呼び，これがコア・クラッド屈折率間のどの辺りにあるかを表す尺度として，**規格化伝搬定数** b を

$$b \equiv \frac{(\beta/k_0)^2 - n_2^2}{n_1^2 - n_2^2} = \left(\frac{w}{V}\right)^2 \quad (0 \leqq b < 1) \tag{10.77}$$

で定義する．上式の後半では式 (10.74b)，(10.76) を利用した．導波モードの伝搬定数 β は，光線の伝搬角 ϑ_m と $\beta = n_1 k_0 \cos \vartheta_m$ の関係がある．

　w の値が小さくなると，クラッドにおける電磁界の閉じ込めが弱くなる．そして $w = 0$（$\beta = n_2 k_0$）となると，クラッドでの電磁界が平坦となり，もはや光ファイバ中に閉じ込められなくなる．この状態を**遮断**または**カットオフ**，そのときの V パラメータ V_c を**カットオフ V 値**または**遮断 V 値**，波長 λ_c を**遮断波長**または**カットオフ波長**という．V_c と λ_c は，式 (10.76) における V，λ と置換して関係づけられる．λ_c より短波長の光波が導波される．

　$\beta \leqq |n_2 k_0|$ を満たすとき，w が虚数となって，クラッド内の電磁界が r に対して振動して導波されなくなり，この状態を**放射モード**と呼ぶ．

　ステップ形光ファイバにおける導波モードは，固有値方程式を用いて分類できる．固有値方程式は u，ν に対して振動特性を示すため，解は ν に対して多値特性を示す．そこで，特定の方位角モード次数 ν に対して，カットオフ V 値 V_c が小さいモードから順に**半径方向モード次数** μ で区別し，2 つのパラメータ ν と μ を用いて導波モードを分類する．

　方位角モード次数が $\nu = 0$ のとき，式 (10.73) より $E_z = 0$ または $H_z = 0$ とな

る。式 (10.73) で振幅係数を $A = C = 0$ とおくと $\mathrm{TE}_{0\mu}$ モードが, $B = D = 0$ とおくと $\mathrm{TM}_{0\mu}$ モードが得られる。前者（後者）の固有値方程式は式 (10.75) 左辺第 1 (2) 項の $[\ ] = 0$ から得られる。カットオフ条件は, 両モードともに $J_0(V_c) = 0$ を満たす零点 V_c（∵ カットオフでは $V = u$）から求められる（表 10.2 参照）。

式 (10.73) で $\nu \neq 0$ のとき, 軸方向電磁界成分 E_z, H_z の両方をもち, これを**ハイブリッドモード**（hybrid mode）と呼ぶ。これには $\mathrm{HE}_{\nu\mu}$ モードと $\mathrm{EH}_{\nu\mu}$ モードがあり, これらの区別は次の値を用いて行う。

$$p = -\frac{\omega\mu_0}{\beta}\frac{H_z}{E_z} \tag{10.78}$$

$\nu \geqq 1$ のとき $p < 0\,(p > 0)$ となるのを HE（EH）モードと名づける。ハイブリッドモードのカットオフ条件は次式で得られる。

$$J_1(V_c) = 0 \quad (V_c = 0 \text{ を含む}) \quad : \mathrm{HE}_{1\mu}\text{モード} \tag{10.79a}$$

$$\frac{V_c J_{\nu-2}(V_c)}{J_{\nu-1}(V_c)} = -\frac{(\nu-1)(n_1^2 - n_2^2)}{n_2^2} \quad : \mathrm{HE}_{\nu\mu}\text{モード } (\nu \geqq 2) \tag{10.79b}$$

$$J_\nu(V_c) = 0 \quad (V_c \neq 0) \quad : \mathrm{EH}_{\nu\mu}\text{モード} \tag{10.79c}$$

HE_{11} モードはカットオフをもたない唯一のモードである。ハイブリッドモードでは軸方向 $E_z \cdot H_z$ 成分の大きさは横方向成分に比べて微小である。

ステップ形光ファイバの規格化伝搬定数 b の V パラメータ依存性を図 **10.11** に示す。HE_{11} モードはカットオフをもたないので, どのような動作条件のもとでも伝搬可能である。第 1 高次モード群（$\mathrm{TE}_{01} \cdot \mathrm{TM}_{01} \cdot \mathrm{HE}_{21}$ モード）のカットオフ V 値は 2.405（J_0 の最初の零点）である。したがって, コア半径 a や比屈折率差 Δ を小さくして $V < 2.405$ を満たせば, **基本モード**の HE_{11} モードだけが伝搬する**単一モード光ファイバ**（single-mode fiber）となる（例題 10.3 参照）。$V > 2.405$ では複数モードが伝搬する多モード光ファイバ（multimode fiber）となる。多モード光ファイバは, Δ が 1.0%, コア直径が 50 μm 程度である。光ファイバでは石英のすぐ外側に保護のための被覆層があり, 光ファイバ素線の直径は約 1 mm である。

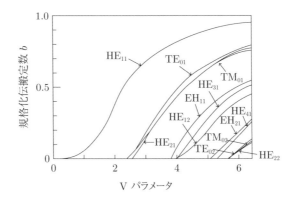

図 **10.11**　ステップ形光ファイバの規格化伝搬定数 b

表 **10.3**　ステップ形光ファイバの低次導波モード

モード名	HE_{11}	TE_{01}	TM_{01}	HE_{21}	HE_{31}	EH_{11}
カットオフ	なし		$V_c = 2.405$		$V_c = 3.832$	
電界分布 （断面内）						
光強度分布	断面内　半径方向		断面内　半径方向		断面内　半径方向	

ステップ形光ファイバの導波モードの特性概略を**表 10.3**に示す。導波原理
で述べたように，電磁界がクラッドにも広がっているため，管壁で電磁界が遮
蔽される導波管と異なり，光ファイバは開放型伝送路とも呼ばれる。

10.5.4　光ファイバの伝搬特性

　光ファイバが誘電体伝送路として実用的になったのは，低損失材料として石
英が見出され，その損失値が 1970 年に実用レベルに達したことによる。石英
系光ファイバでは，コアの屈折率を高くするため，GeO_2 や P_2O_5 が添加され
る。光ファイバの損失は波長に依存し，短波長側は主にレイリー散乱と紫外吸

収, 長波長側は SiO_2 の赤外振動吸収で決まる。その谷間の波長 $1.55\,\mu m$ で理論的な低損失限界 $0.2\,dB/km$（$1\,km$ 当たりの透過率 95.5% 以上）が達成されている。

光パルスを光ファイバに入射させると, 出射端ではパルス幅が入射端よりも広がる。このようにパルス幅が伝搬により広がる性質を**分散**と呼ぶ。分散は, 導波モード等が異なる群速度で伝搬することによって生じる。光ファイバでは, 信号の単位長さ当たりの伝搬遅延時間に相当する, 群速度 v_g の逆数である**群遅延**（group delay）

$$\tau_g \equiv \frac{1}{v_g} = \frac{1}{c}\frac{d\beta}{dk_0}\,[\mathrm{ps/km}] \tag{10.80}$$

がよく使用される。ここで, c は真空中の光速, k_0 は真空中の波数であり, [ ] 内は実用的によく使用される単位を示す。

多モード光ファイバで各モードの群速度の違いで生じる分散を, モード分散という。単一モード光ファイバでは, 光源であるレーザがもつスペクトルの波長の違いによって分散を生じ, これを色分散と呼ぶ。石英系ステップ形単一モード光ファイバでは, 色分散が通常 $1.3\,\mu m$ 近傍で零となり, ここを**零分散波長**と呼ぶ。分散は, 通信用途では中継間隔や符号伝送速度の上限を与える。

石英系光ファイバの使用波長域は, 比較的低損失の $0.85\,\mu m$ 帯, 低分散の $1.3\,\mu m$ 帯, 低損失の $1.55\,\mu m$ 帯である。$1.55\,\mu m$ 帯では低損失・低分散を兼ね備えた分散シフト光ファイバが用いられている。石英以外では, 可視域に低損失波長域をもつプラスチックファイバが短距離用に用いられている。

【例題 10.3】 石英系ステップ形光ファイバに関する次の問いに答えよ。
① コア屈折率を $n_1 = 1.45$ として, 波長 $\lambda = 1.55\,\mu m$ で単一モード動作させる場合, 比屈折率差 Δ とコア半径 a の間に成立すべき条件を求めよ。
② $\Delta = 0.2\%$ のときに対応するコア直径を求めよ。
[解答] ① 単一モード条件 $V < 2.405$ を式 (10.76) に適用して, $a\sqrt{\Delta} < 2.405\lambda/(2\sqrt{2}\pi n_1) = 0.289\,\mu m$ を得る。② $2a < 2 \cdot 0.289/\sqrt{\Delta}$ に $\Delta = 0.2\%$ を代入して $2a < 12.9\,\mu m$ を得る。

【演習問題】

10.1　同軸線路である 5C-2V（内部導体の外径：約 0.8 mm, 外部導体の内径：5.0 mm）と 5D-2V（内部導体の外径：1.4 mm, 外部導体の内径：4.8 mm）において，内部導体と外部導体の間がポリエチレン（比誘電率 2.3）で満たされているとする。このとき，次の問いに答えよ。

① それぞれの特性インピーダンス Z_c を求めよ。

② 伝搬する電磁波の位相速度を求め，同じ物質の一様媒質中での位相速度との異同を答えよ。

10.2　TEM 波伝送でスカラーポテンシャル ϕ が満たす 2 次元のラプラス方程式 (10.9) を円筒座標系で表し，軸対称 $(\partial/\partial\theta = 0)$ を仮定する。付録の式 (A.13) を利用すると，下記の式が導ける。このとき，次の問いに答えよ。

$$\frac{\partial^2 \phi}{\partial r^2} + \frac{1}{r}\frac{\partial \phi}{\partial r} = \frac{1}{r}\frac{\partial}{\partial r}\left(r\frac{\partial \phi}{\partial r}\right) = 0$$

① 上記微分方程式の解が $\phi = C_1 \ln r + C_2$（C_1, C_2：積分定数）となることを示せ。

② 同軸線路の外部導体表面 $(r = b)$ を接地し，内部導体表面 $(r = a)$ での電位を ϕ_0 とするとき，導体間の電位 ϕ を r の関数として求めよ。

③ 外部導体と内部導体の間での電界を求め，それが式 (10.19a) と一致していることを示せ。

10.3　方形導波管 WRI-26（内径：86.36 × 43.18 mm）について次の各値を求めよ。① 単一モード伝送できる周波数帯。② 単一モード伝送が可能な周波数帯の中央値に対する位相速度，管内波長，群速度。③ 上記中央値に対する伝送モードの波動インピーダンス。

10.4　径が $a = 2b$ の方形導波管で動作最低周波数を 10 GHz とするとき，a をいくらに設定すればよいか。これを単一モード伝送で使用する場合，上限周波数がいくらになるか。

10.5　方形導波管（幅 $a \times b$）での電磁波エネルギーが群速度で伝搬することを，次に示す手順に従って求めよ。

① TE$_{10}$ モードの単位長さ当たりに存在する電磁波エネルギーが $W = (a^3 b/4\pi^2)\mu\mu_0 k^2 |C_{10}|^2$ [J/m] で求められることを示せ。ただし，k は波数である。

② 式 (10.47a) で求めた伝送電力 P [W] を利用して P/W を求め，これが群速度 v_g [m/s] に一致すること，つまり $P = W v_g$ となることを示せ。このことはいずれのモードにつ

いてもいえる。

10.6 方形導波管における TE_{10} モードに対する導体損失の式 (10.48) を導け。

10.7 円形導波管 WC-62（内径 69.0 mm）について次の問いに答えよ。

① TE_{11}，TM_{01}，TE_{21}，TE_{01}，TM_{11} モードの遮断周波数を求めよ。

② 単一モード伝送が可能な周波数領域を求めよ。

10.8 光波が屈折率 n_1 の媒質から屈折率 n_2（$= n_1 + \delta n$，$|\delta n| \ll n_1$）の媒質へ角度 θ_i で入射するときの反射特性につき，次の問いに答えよ。

① $\delta n < 0$ のとき，境界面の接線に対する角度を ϑ で表し，臨界角 ϑ_c を n_1 と δn で表せ。

② 前問で $n_1 = 1.45$，$\delta n = -0.01$ および $\delta n = -0.002$ のとき，臨界角 ϑ_c を角度で表示せよ。

10.9 同軸線路，導波管，光ファイバが使用される周波数（波長）帯を決める要因について説明せよ。

10.10 導波管および光ファイバで画像を送信する場合，何枚が可能か求めよ。画像 1 枚を送信するのに要する帯域を 6 MHz とせよ。

① 演習問題 10.3① のように，方形導波管で単一モード伝送する場合。

② 光ファイバで波長 1.55 μm 近傍の C バンド（1530〜1565 nm）で伝送する場合。

付　　録

SI 単位系での接頭語

名称	記号	大きさ	名称	記号	大きさ
エクサ exa	E	10^{18}	デシ deci	d	10^{-1}
ペタ peta	P	10^{15}	センチ centi	c	10^{-2}
テラ tera	T	10^{12}	ミリ milli	m	10^{-3}
ギガ giga	G	10^{9}	マイクロ micro	μ	10^{-6}
メガ mega	M	10^{6}	ナノ nano	n	10^{-9}
キロ kilo	k	10^{3}	ピコ pico	p	10^{-12}
ヘクト hecto	h	10^{2}	フェムト femto	f	10^{-15}
デカ deca	da	10^{1}	アト atto	a	10^{-18}

ベクトルの演算公式

$$\operatorname{div}(f\boldsymbol{A}) = f(\operatorname{div}\boldsymbol{A}) + (\operatorname{grad} f)\cdot\boldsymbol{A} \tag{A.1}$$

$$\operatorname{rot}(f\boldsymbol{A}) = f(\operatorname{rot}\boldsymbol{A}) + (\operatorname{grad} f)\times\boldsymbol{A} \tag{A.2}$$

$$\boldsymbol{A}\cdot(\boldsymbol{B}\times\boldsymbol{C}) = \boldsymbol{B}\cdot(\boldsymbol{C}\times\boldsymbol{A}) = \boldsymbol{C}\cdot(\boldsymbol{A}\times\boldsymbol{B}) : \text{スカラー 3 重積}$$
$$\tag{A.3}$$

$$\boldsymbol{A}\times(\boldsymbol{B}\times\boldsymbol{C}) = (\boldsymbol{A}\cdot\boldsymbol{C})\boldsymbol{B} - (\boldsymbol{A}\cdot\boldsymbol{B})\boldsymbol{C} : \text{ベクトル 3 重積} \tag{A.4}$$

$$\operatorname{div}(\boldsymbol{A}\times\boldsymbol{B}) = (\operatorname{rot}\boldsymbol{A})\cdot\boldsymbol{B} - \boldsymbol{A}\cdot(\operatorname{rot}\boldsymbol{B}) \tag{A.5}$$

$$\operatorname{rot}(\operatorname{rot}\boldsymbol{A}) = \operatorname{grad}(\operatorname{div}\boldsymbol{A}) - \nabla^2\boldsymbol{A} \tag{A.6}$$

$$\mathrm{rot}\,(\boldsymbol{A} \times \boldsymbol{B}) = (\mathrm{div}\,\boldsymbol{B})\boldsymbol{A} - (\mathrm{div}\,\boldsymbol{A})\boldsymbol{B} + (\boldsymbol{B} \cdot \nabla)\boldsymbol{A} - (\boldsymbol{A} \cdot \nabla)\boldsymbol{B}$$
$$\text{(A.7)}$$

$$\mathrm{rot}(\mathrm{grad}f) \equiv 0 \tag{A.8}$$

$$\mathrm{div}(\mathrm{rot}\boldsymbol{A}) \equiv 0 \tag{A.9}$$

ベクトル場 $\boldsymbol{A}$ の中に，任意の閉曲線 C を縁とする曲面 S がある．曲面 S の外向き単位法線ベクトルを $\boldsymbol{n}$，閉曲線 C 上の線素ベクトルを $d\boldsymbol{r}$ とするとき，

$$\int_S (\nabla \times \boldsymbol{A}) \cdot \boldsymbol{n}dS = \int_C \boldsymbol{A} \cdot d\boldsymbol{r} \quad : \text{ストークスの定理} \tag{A.10}$$

が成り立つ．また，領域 V を囲む閉曲面を S とすると，次式が成立する．

$$\int_V \nabla \cdot \boldsymbol{A}dV = \int_S \boldsymbol{A} \cdot \boldsymbol{n}dS \quad : \text{ガウスの定理} \tag{A.11}$$

ある領域 V で 2 階連続微分可能な関数 f と g があり，この領域を囲む十分大きな閉曲面を S とするとき，次式が成立している．

$$\int_V (f\nabla^2 g - g\nabla^2 f)dV = \int_S \left(f\frac{\partial g}{\partial n} - g\frac{\partial f}{\partial n} \right) dS \quad : \text{グリーンの定理}$$
$$\text{(A.12)}$$

ここで，n は閉曲面上での外向き法線方向を表す．

図付 1 に，本書でよく用いるデカルト座標系 (x, y, z)，円筒座標系 (r, θ, z)，極（球）座標系 (r, θ, φ) の概略を示す．極座標系で，θ は r 軸が z 軸となす角度，φ は座標点の x-y 面への射影が x 軸となす角度である．ラプラシアン ∇^2 は次のように書ける．

$$\nabla^2 = \begin{cases} \dfrac{\partial^2}{\partial x^2} + \dfrac{\partial^2}{\partial y^2} + \dfrac{\partial^2}{\partial z^2} & : \text{デカルト座標系} \\[2ex] \dfrac{\partial^2}{\partial r^2} + \dfrac{1}{r}\dfrac{\partial}{\partial r} + \dfrac{1}{r^2}\dfrac{\partial^2}{\partial \theta^2} + \dfrac{\partial^2}{\partial z^2} & : \text{円筒座標系} \\[2ex] \dfrac{\partial^2}{\partial r^2} + \dfrac{2}{r}\dfrac{\partial}{\partial r} + \dfrac{1}{r^2}\left(\dfrac{\partial^2}{\partial \theta^2} + \cot\theta\dfrac{\partial}{\partial \theta} + \dfrac{1}{\sin^2\theta}\dfrac{\partial^2}{\partial \varphi^2} \right) & : \text{極座標系} \end{cases}$$
$$\text{(A.13)}$$

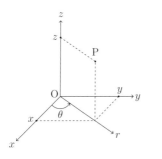 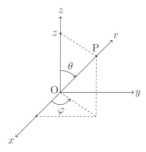

(a) デカルト・円筒座標系　　　　(b) 極（球）座標系

図付 1　座標系

デカルト：$P(x, y, z)$, 円筒：$P(r, \theta, z)$, 極：$P(r, \theta, \varphi)$

デカルト座標系でのベクトルを $\boldsymbol{A} = A_x\mathbf{e}_x + A_y\mathbf{e}_y + A_z\mathbf{e}_z$（$\mathbf{e}_i$ は添え字方向の単位ベクトル）で表すとき，

$$\operatorname{grad} f = \nabla f = \frac{\partial f}{\partial x}\mathbf{e}_x + \frac{\partial f}{\partial y}\mathbf{e}_y + \frac{\partial f}{\partial z}\mathbf{e}_z \tag{A.14a}$$

$$\operatorname{div} \boldsymbol{A} = \nabla \cdot \boldsymbol{A} = \frac{\partial A_x}{\partial x} + \frac{\partial A_y}{\partial y} + \frac{\partial A_z}{\partial z} \tag{A.14b}$$

$$\operatorname{rot} \boldsymbol{A} = \nabla \times \boldsymbol{A} = \begin{vmatrix} \mathbf{e}_x & \mathbf{e}_y & \mathbf{e}_z \\ \partial/\partial x & \partial/\partial y & \partial/\partial z \\ A_x & A_y & A_z \end{vmatrix} \tag{A.14c}$$

となる。円筒座標系でのベクトルを $\boldsymbol{A} = A_r\mathbf{e}_r + A_\theta\mathbf{e}_\theta + A_z\mathbf{e}_z$ で表すとき，

$$\operatorname{grad} f = \nabla f = \frac{\partial f}{\partial r}\mathbf{e}_r + \frac{1}{r}\frac{\partial f}{\partial \theta}\mathbf{e}_\theta + \frac{\partial f}{\partial z}\mathbf{e}_z \tag{A.15a}$$

$$\operatorname{div} \boldsymbol{A} = \nabla \cdot \boldsymbol{A} = \frac{1}{r}\frac{\partial}{\partial r}(rA_r) + \frac{1}{r}\frac{\partial A_\theta}{\partial \theta} + \frac{\partial A_z}{\partial z} \tag{A.15b}$$

$$\operatorname{rot} \boldsymbol{A} = \nabla \times \boldsymbol{A} = \frac{1}{r}\begin{vmatrix} \mathbf{e}_r & r\mathbf{e}_\theta & \mathbf{e}_z \\ \partial/\partial r & \partial/\partial \theta & \partial/\partial z \\ A_r & rA_\theta & A_z \end{vmatrix} \tag{A.15c}$$

$$A_r = A_x \cos\theta + A_y \sin\theta$$
$$\left.\begin{aligned} A_\theta &= -A_x \sin\theta + A_y \cos\theta \\ A_z &= A_z \end{aligned}\right\} \qquad (A.15d)$$

となる。極座標系でのベクトルを $\boldsymbol{A} = A_r \mathbf{e}_r + A_\theta \mathbf{e}_\theta + A_\varphi \mathbf{e}_\varphi$ で表すとき,

$$\operatorname{grad} f = \nabla f = \frac{\partial f}{\partial r}\mathbf{e}_r + \frac{1}{r}\frac{\partial f}{\partial \theta}\mathbf{e}_\theta + \frac{1}{r\sin\theta}\frac{\partial f}{\partial \varphi}\mathbf{e}_\varphi \qquad (A.16a)$$

$$\operatorname{div} \boldsymbol{A} = \nabla \cdot \boldsymbol{A} = \frac{1}{r^2}\frac{\partial}{\partial r}(r^2 A_r) + \frac{1}{r\sin\theta}\frac{\partial}{\partial \theta}(A_\theta \sin\theta) + \frac{1}{r\sin\theta}\frac{\partial A_\varphi}{\partial \varphi} \qquad (A.16b)$$

$$\operatorname{rot} \boldsymbol{A} = \nabla \times \boldsymbol{A} = \frac{1}{r^2 \sin\theta}\begin{vmatrix} \mathbf{e}_r & r\mathbf{e}_\theta & (r\sin\theta)\mathbf{e}_\varphi \\ \partial/\partial r & \partial/\partial\theta & \partial/\partial\varphi \\ A_r & rA_\theta & (r\sin\theta)A_\varphi \end{vmatrix} \qquad (A.16c)$$

$$\left.\begin{aligned} A_r &= A_x \sin\theta\cos\varphi + A_y \sin\theta\sin\varphi + A_z \cos\theta \\ A_\theta &= A_x \cos\theta\cos\varphi + A_y \cos\theta\sin\varphi - A_z \sin\theta \\ A_\varphi &= -A_x \sin\varphi + A_y \cos\varphi \end{aligned}\right\} \qquad (A.16d)$$

$$x/r = \sin\theta\cos\varphi, \quad y/r = \sin\theta\sin\varphi, \quad z/r = \cos\theta \qquad (A.16e)$$

となる。式 (A.16e) は r 座標のデカルト座標成分への方向余弦である。

演習問題の解答

【第 2 章】

2.1 ① 角周波数は式 (2.3) を用いて，$\omega = 2\pi f = 2\pi \times 10^9$ rad/s となる．媒質中の伝搬速度は式 (2.27) より，$v = c/\sqrt{\varepsilon\mu} = 3.0 \times 10^8/\sqrt{2.25} = 2.0 \times 10^8$ m/s で，媒質中の位相定数は式 (2.6) より，$\beta = \omega/v = 2\pi \times 10^9/(2.0 \times 10^8) = 10\pi$ rad/m となる．② 周期は式 (2.4) より $T = 2\pi/\omega = 2\pi/(2\pi \times 10^9) = 1.0 \times 10^{-9}$ s $= 1.0$ ns [ナノ秒] で，波長は式 (2.5) より $\lambda = 2\pi/\beta = 2\pi/10\pi = 0.2$ m となる．③ 波動インピーダンスが式 (2.37) より，$\eta = 120\pi\sqrt{1/2.25} = 80.0\pi$ Ω となるから，磁界が $H = (A/80.0\pi)\cos(2\pi \times 10^9 t - 10\pi z)$ で表せる．

2.2 ① 周波数は $f = \omega/2\pi = \pi \times 10^8/2\pi = 0.5 \times 10^8$ Hz $= 50$ MHz．電波ゆえ式 (2.6) より位相定数が $\beta = \pi \times 10^8/(3.0 \times 10^8) = 1.05$ rad/m となる．② 与えられた E_x を式 (2.48b) に代入すると，磁界成分が $H_y = (1/120)\cos[\pi \times 10^8(t - z/c)]$ [A/m]，$H_x = H_z = 0$ となる．

2.3 η のすぐ右の辺はただちに [Ω] であることがわかる．その次の辺は $\omega\mu\mu_0/k$ [(rad/s)(H/m)]/[m^{-1}] $=$ [H/s] $=$ [(Vs/A)/s] $=$ [V/A] $=$ [Ω] となり，最右辺は $k/\omega\varepsilon\varepsilon_0$[m^{-1}]/[(rad/s)(F/m)] $=$ 1/[F/s] $=$ 1/[C/Vs] $=$ 1/[(As)/(Vs)] $=$ [Ω] となる．

2.4 式 (2.23a,b) で簡単のため $E_x = 0$ とおくと，式 (2.23b) が零となる．このとき，式 (2.23b,c) より，H_y と H_z の時間変化は常に零となり $H_y = H_z = 0$ とおけ，結局 $E_x = E_z = H_y = H_z = 0$ となる．式 (2.23a) より，与式の第 1 式が導ける．次に，式 (2.13b) を成分ごとに書き，$H_y = 0$ を利用すると，式 (2.24a) が零となり，式 (2.24b) より与式の第 2 式が導ける．第 1 式の両辺を z で偏微分した式と第 2 式の両辺を t で偏微分した式から H_x を消去して，E_y に関する微分方程式が式 (2.26) と同じ形で得られる．両式から E_y を消去して，H_x に関する微分方程式が得られる．

2.5 ① 磁界成分を書き直すと $H_x = -\sin\{2 \times 10^9[t - z/(1.90 \times 10^8)]\}$ となる。よって，周波数は $f = 2 \times 10^9/2\pi = 3.18 \times 10^8\,\mathrm{Hz} = 318\,\mathrm{MHz}$，伝搬速度は $v = 1.9 \times 10^8\,\mathrm{m/s}$。比誘電率は式 (2.27) を用いて $\varepsilon = (c/v)^2 = 2.49$。② 磁界成分を式 (2.48a) に代入して，電界成分が $E_x = E_y = 239\sin(2 \times 10^9 t - 10.5z)\,[\mathrm{V/m}]$ となる。③ 電束密度成分は，式 (2.19a) を用いて $D_x = D_y = \varepsilon\varepsilon_0 E_x = 2.49 \cdot 8.85 \times 10^{-12} \cdot 239\sin(2 \times 10^9 t - 10.5z)\,[\mathrm{C/m^2}] = 5.27\sin(2 \times 10^9 t - 10.5z)\,[\mathrm{nC/m^2}]$ となる。

2.6 ① $\boldsymbol{s} = (s_x, s_y, s_z)$ とおくと $E = f[(s_x x + s_y y + s_z z) \pm vt]$ と書け，$s_x^2 + s_y^2 + s_z^2 = 1$ が成立している。f を式 (2.44) に代入すると，$(1/v^2)(\partial^2 E/\partial t^2) - [\partial^2/\partial x^2 + \partial^2/\partial y^2 + \partial^2/\partial z^2]E = [(\pm v)^2/v^2]f'' - (s_x^2 + s_y^2 + s_z^2)f'' = 0$ となり，波動方程式を満たす。② $rE = g(r \pm vt)$ と置き直して，これを式 (2.52) に代入すると，左辺 $= [(\pm v)^2/v^2]g'' - g'' = 0$ となり，球面波も波動方程式を満たす。

【第 3 章】

3.1 素波面の式を α で偏微分すると $2(x - \alpha) = 0$ を得る。素波面の式と偏微分した式から α を消去すると，$z^2 = (vt)^2$ を得る。$|x| \leqq a$ で $z = \pm vt$ なる平面で複号の上（下）側が時間 t 後の前進波（後進波）の 2 次波面となる。$|x| \geqq a$ では $(x \mp a)^2 + z^2 = (vt)^2$ が 2 次波面となる。

3.2 ① 周波数は式 (2.3) より $f = \omega/2\pi = 2\pi \times 10^9/2\pi = 10^9\,\mathrm{Hz} = 1\,\mathrm{GHz}$，波長は式 (2.12) より $\lambda = c/f = 3.0 \times 10^8/10^9 = 0.3\,\mathrm{m}$ となる。② 磁界成分は式 (2.48b) で $\boldsymbol{s} = (0, 0, 1)$，$\eta = 120\pi$ とおき，電界成分を代入して $H_x = -0.1\sin[2\pi \times 10^9\,(t - z/c)]\,[\mathrm{A/m}]$，$H_y = 0.1\cos[2\pi \times 10^9\,(t - z/c)]\,[\mathrm{A/m}]$ となる。③ 複素ポインティングベクトルは，上記電磁界成分を式 (3.17b) に代入して，$\bar{\boldsymbol{S}} = \boldsymbol{E} \times \boldsymbol{H}^*/2 = 12\pi \cdot 0.1/2 = 0.6\pi\,\mathrm{W/m^2}\boldsymbol{e}_z$ となる。

3.3 群速度は $v_\mathrm{g} = (\omega_1 - \omega_2)/(k_1 - k_2)$ で，v_g で移動する座標系は $z' = z - v_\mathrm{g}t$ で書ける。このとき，式 (3.2) の包絡線である第 2 項は，$\cos\{[(\omega_1 - \omega_2)t - (k_1 - k_2)(z' + v_\mathrm{g}t)]/2\} = \cos[(k_1 - k_2)z'/2]$ と変形でき，移動座標系では時間に依存しない波形となる。

3.4 $\beta = C\omega^p$ とおく（C：定数）。これを式 (2.8) に代入して $v_\mathrm{p} = \omega/\beta = \omega^{1-p}/C$，また式 (3.4) に代入して $v_\mathrm{g} = 1/(d\beta/d\omega) = \omega^{1-p}/pC = v_\mathrm{p}/p$ を得る。これらより，β が ω に比例する（$\beta \propto \omega$）とき，群速度と位相速度が一致する。

3.5 U_m の式 (3.11c) に式 (2.48b) を代入し，付録の式 (A.3) を適用すると，$U_\mathrm{m} = (\mu\mu_0/2\eta^2)(\boldsymbol{s} \times \boldsymbol{E}) \cdot (\boldsymbol{s} \times \boldsymbol{E})^* = (\mu\mu_0/2\eta^2)\boldsymbol{s} \cdot [\boldsymbol{E}^* \times (\boldsymbol{s} \times \boldsymbol{E})]$ を得る。これに公式 (A.4) を適用して得られる $\boldsymbol{E}^* \times (\boldsymbol{s} \times \boldsymbol{E}) = (\boldsymbol{E}^* \cdot \boldsymbol{E})\boldsymbol{s} - (\boldsymbol{E}^* \cdot \boldsymbol{s})\boldsymbol{E} = |\boldsymbol{E}|^2\boldsymbol{s}$ と式 (2.37) を用いて，$U_\mathrm{m} = (\varepsilon\varepsilon_0/2)|\boldsymbol{E}|^2$ を得る。これは U_e の式 (3.11b) に一致する。

3.6 ① 瞬時値の電力は電界の 2 乗に比例するから，1 周期 T について平均をとると，半角の公式を用いて

$$
\begin{aligned}
\langle E_1^2 \rangle &= \frac{A^2}{T} \int_t^{t+T} \cos^2\left[2\pi\left(\frac{t}{T} - \frac{z}{\lambda}\right) + \theta\right] dt \\
&= \frac{A^2}{2T} \int_t^{t+T} \left\{1 + \cos\left[4\pi\left(\frac{t}{T} - \frac{z}{\lambda}\right) + 2\theta\right]\right\} dt \\
&= \frac{A^2}{2} + \frac{A^2 T}{8\pi T}\left\{\sin\left[4\pi\left(\frac{t+T}{T} - \frac{z}{\lambda}\right) + 2\theta\right]\right. \\
&\qquad \left. - \sin\left[4\pi\left(\frac{t}{T} - \frac{z}{\lambda}\right) + 2\theta\right]\right\} \\
&= \frac{A^2}{2}
\end{aligned}
$$

となる。最後の直前では加法定理を用いた。② $E_2 E_2^* = A'^2 = A^2/2 = <E_1^2>$ となり，計算は複素表示を用いるほうが楽になる。

3.7 電磁波の単位体積当たりのエネルギー密度 U は式 (3.11a-c) で表され，電気・磁気エネルギー密度が等しい。よって $U = \varepsilon\varepsilon_0|E|^2$ で表せる。電界 E として式 (3.9) を用いると，$U = \varepsilon\varepsilon_0|E(t - z/v_\mathrm{g})|^2$ と書け，U が群速度 v_g で伝搬する。

3.8 ① 式 (3.24) より $\delta = \delta_y - \delta_x = 0$，直線偏波ゆえ式 (3.28) より $\tan\theta = -1$ で主軸方位角が $\theta = 3\pi/4$，式 (3.25b,c) より $a^2 = 2A^2$，$b^2 = 0$，式 (3.27) より偏波楕円率が $\tan\chi = 0$，$\chi = 0$ となる。以上より，これは x 軸と角度 $135°$ をなす直線偏波。② $E_y = A\sin(\omega t - kz + \delta_2) = A\cos[(\omega t - kz + \delta_2) - \pi/2]$ と書き直すと，$\delta = -\pi/2 < 0$，主軸方位角は不定，$a^2 = A^2$，$b^2 = A^2$，$\tan\chi = A/A = 1$。$\sin\delta < 0$ ゆえ右回り（右旋）円偏波。③ $\delta = \pi/4 > 0$，式 (3.26) より $\tan 2\theta = \infty$，$2\theta = \pi/2$，$\theta = \pi/4$，$a^2 = A^2(1 + \sin 2\theta\cos\delta) = [(2 + \sqrt{2})/2]A^2$，$b^2 = A^2(1 - \sin 2\theta\cos\delta) = [(2 - \sqrt{2})/2]A^2$，$\tan\chi = b/a = \sqrt{2} - 1$，$\chi = \pi/8$。$\sin\delta > 0$ ゆえ，これは主軸が x 軸と角度 $45°$ をなす，偏波楕円率が $\chi = \pi/8$ の左回り（左旋）楕円偏波。

【第 4 章】

4.1 式 (4.7) の両辺を平方して式 (4.6b) と等値し，実・虚部を比較すると，
$\beta^2 - \alpha^2 = \omega^2 \varepsilon \varepsilon_0 \mu \mu_0$, $2\alpha\beta = \omega \mu \mu_0 \sigma \cdots (1)$ が得られる。式 (1) 第 2 式より得られる β を第 1 式に代入して整理すると，$\alpha^4 + \omega^2 \varepsilon \varepsilon_0 \mu \mu_0 \alpha^2 - (1/4)(\omega \mu \mu_0 \sigma)^2 = 0 \cdots$ (2) を得る。これを $\alpha^2 (\geqq 0)$ に関する 2 次方程式とみなして，根の公式で解くと，$\alpha^2 = (\omega^2 \varepsilon \varepsilon_0 \mu \mu_0 / 2)[\sqrt{1 + (\sigma/\omega \varepsilon \varepsilon_0)^2} - 1] \cdots (3)$ を得る。$\alpha \geqq 0$ とし，$c = 1/\sqrt{\varepsilon_0 \mu_0}$ を用いると，本文の式 (4.8a) が得られる。これを上の式 (1) 第 2 式から得られる β に代入した結果で分母を有理化すると，本文の式 (4.8b) が得られる。

4.2 ① $2\pi f \varepsilon \varepsilon_0 = \sigma$ より $f = \sigma / 2\pi \varepsilon \varepsilon_0 = 5.92 \times 10^7 / (2\pi \cdot 8.854 \times 10^{-12}) = 1.06 \times 10^{18}$ Hz $= 1.06$ EHz [エクサヘルツ]。よって，良導体はマイクロ波領域では伝導電流の効果が圧倒的に大きいと考えてよい。② $f = \sigma / 2\pi \varepsilon \varepsilon_0 = 10^{-3} / (2\pi \cdot 10 \cdot 8.854 \times 10^{-12}) = 1.80 \times 10^6$ Hz $= 1.80$ MHz。③ $f = \sigma / 2\pi \varepsilon \varepsilon_0 = 10^{-5} / (2\pi \cdot 4 \cdot 8.854 \times 10^{-12}) = 4.49 \times 10^4$ Hz $= 44.9$ kHz。

4.3 4.1.2 項参照。

4.4 ① 湿土は 10 MHz で $\mathrm{Re}\{Z_\mathrm{w}\} = 119.2\,\Omega$, $\mathrm{Im}\{Z_\mathrm{w}\} = 10.7\,\Omega$, 100 MHz で $\mathrm{Re}\{Z_\mathrm{w}\} = 119.2\,\Omega$, $\mathrm{Im}\{Z_\mathrm{w}\} = 1.07\,\Omega$ である。乾土は $f = 10$ MHz で $\mathrm{Re}\{Z_\mathrm{w}\} = 188.5\,\Omega$, $\mathrm{Im}\{Z_\mathrm{w}\} = 0.424\,\Omega$, $f = 100$ MHz で $\mathrm{Re}\{Z_\mathrm{w}\} = 188.5\,\Omega$, $\mathrm{Im}\{Z_\mathrm{w}\} = 4.24 \times 10^{-2}\,\Omega$ である。② 湿土の 10 MHz での相対誤差が約 1% であることを除くと，残りは厳密解と近似解がほとんど一致している。演習問題 4.2 で求めた周波数より十分高い場合には，近似式 (4.23) の精度がよい。

4.5 1.2.1 項，§4.1，§5.2 等を参照。

【第 5 章】

5.1 式 (4.13a)，(4.17a) を用いて，空気中での波数が $k_1 = k_0$，インピーダンスが $Z_\mathrm{w1} = Z_0$，完全導体での波数が $k_2 = (1 + j)k_0 \sqrt{\sigma_2 / 2\omega \varepsilon_0}$，固有インピーダンスが $Z_\mathrm{w2} = (1 + j)Z_0 \sqrt{\omega \varepsilon_0 / 2\sigma_2} = 0$ で書ける。これらをスネルの法則の式 (5.7) に代入して，$\sin \theta_\mathrm{t} = [1/(1 + j)] \sqrt{2\omega \varepsilon_0 / \sigma_2} \sin \theta_\mathrm{i} = 0$, $\cos \theta_\mathrm{t} = 1$ を得る。これらの結果を式 (5.13a) 等に代入して，$r_\perp = (0 \cdot \cos \theta_\mathrm{i} - Z_0)/(0 \cdot \cos \theta_\mathrm{i} + Z_0) = -1$, $t_\perp = (2 \cdot 0 \cdot \cos \theta_\mathrm{i})/(0 \cdot \cos \theta_\mathrm{i} + Z_0 \cdot 1) = 0$, $r_\parallel = (Z_0 \cos \theta_\mathrm{i} - 0 \cdot 1)/(Z_0 \cos \theta_\mathrm{i} + 0 \cdot 1) = 1$,

$t_\parallel = (2 \cdot 0 \cdot \cos\theta_\mathrm{i})/(Z_0 \cos\theta_\mathrm{i} + 0 \cdot 1) = 0$ を得る。

5.2 TM 波の振幅反射係数 $r_\parallel$ の式 (5.17a) で，$Z_\mathrm{w1} = Z_0 = 120\pi$，$Z_\mathrm{w2}$ には式 (4.17b) を利用して $Z_\mathrm{w2} = Z_0(\cos\theta_\mathrm{m} + j\sin\theta_\mathrm{m})/[\sqrt{\varepsilon_2}\sqrt[4]{1+(\sigma_2/\omega\varepsilon_2\varepsilon_0)^2}]$ を得る。次に，スネルの法則の式 (5.7) より得られる $\sin\theta_\mathrm{t} = (k_1/k_2)\sin\theta_\mathrm{i} = \sin\theta_\mathrm{i}/(\sqrt{\varepsilon_2}\sqrt{1-j\sigma_2/\omega\varepsilon_2\varepsilon_0})$ に極形式 $\sqrt{A+jB} = \sqrt[4]{A^2+B^2}(\cos\theta_0 + j\sin\theta_0)$，$(A, B : 実数)$，$\theta_0 = (1/2)\tan^{-1}(B/A)$ を用いて，$\sin\theta_\mathrm{t} = \sin\theta_\mathrm{i}(\cos\theta_\mathrm{m} + j\sin\theta_\mathrm{m})/[\sqrt{\varepsilon_2}\sqrt[4]{1+(\sigma_2/\omega\varepsilon_2\varepsilon_0)^2}]$ と書ける。これを $\cos\theta_\mathrm{t} = \sqrt{1-\sin^2\theta_\mathrm{t}}$ に代入して $\cos\theta_\mathrm{t} = \sqrt{A_\mathrm{R}+jB_\mathrm{I}} = \sqrt[4]{A_\mathrm{R}^2+B_\mathrm{I}^2}(\cos\theta_2 + j\sin\theta_2)$ を得る。これらを式 (5.17a) に代入し，三角関数に関する公式を用いて整理すると，式 (5.28) を得る。TE 波の振幅反射係数 $r_\perp$ も同様にして求められる。

5.3 TE 波について，式 (5.38a,b) の和をとると，

$$\mathcal{R}_\perp + \mathcal{T}_\perp = \left(\frac{-\mu_1\sin\theta_\mathrm{i}\cos\theta_\mathrm{t} + \mu_2\sin\theta_\mathrm{t}\cos\theta_\mathrm{i}}{\mu_1\sin\theta_\mathrm{i}\cos\theta_\mathrm{t} + \mu_2\sin\theta_\mathrm{t}\cos\theta_\mathrm{i}}\right)^2 + \frac{\mu_1\mu_2\sin 2\theta_\mathrm{i}\sin 2\theta_\mathrm{t}}{(\mu_1\sin\theta_\mathrm{i}\cos\theta_\mathrm{t} + \mu_2\sin\theta_\mathrm{t}\cos\theta_\mathrm{i})^2}$$

となる。上式の分母が同じなので，分子のみを計算すると，

$$分子 = \mu_1^2\sin^2\theta_\mathrm{i}\cos^2\theta_\mathrm{t} + \mu_2^2\sin^2\theta_\mathrm{t}\cos^2\theta_\mathrm{i} - 2\mu_1\mu_2\sin\theta_\mathrm{i}\cos\theta_\mathrm{t}\sin\theta_\mathrm{t}\cos\theta_\mathrm{i}$$
$$+ 4\mu_1\mu_2\sin\theta_\mathrm{i}\cos\theta_\mathrm{i}\sin\theta_\mathrm{t}\cos\theta_\mathrm{t}$$
$$= (\mu_1\sin\theta_\mathrm{i}\cos\theta_\mathrm{t} + \mu_2\sin\theta_\mathrm{t}\cos\theta_\mathrm{i})^2$$

これは上式の分母に一致するから，式 (5.40) が示せた。TM 波についても同様にして，式 (5.39a,b) の和から式 (5.40) が示せる。

5.4 式 (5.17a) より，振幅反射係数が $r_\parallel = 0$ となる条件は $Z_\mathrm{w1}\cos\theta_\mathrm{i} - Z_\mathrm{w2}\cos\theta_\mathrm{t} = 0$ であり，これより $\cos\theta_\mathrm{t} = (Z_\mathrm{w1}/Z_\mathrm{w2})\cos\theta_\mathrm{i}$ を得る。スネルの法則の式 (5.8a) より $\sin\theta_\mathrm{t} = (\mu_1 Z_\mathrm{w2}/\mu_2 Z_\mathrm{w1})\sin\theta_\mathrm{i}$ を得る。両式を電力透過率の式 (5.39b) に倍角の公式を適用した式 $\mathcal{T}_\parallel = 4\mu_1\mu_2\sin\theta_\mathrm{i}\cos\theta_\mathrm{i}\sin\theta_\mathrm{t}\cos\theta_\mathrm{t}/(\mu_1\sin\theta_\mathrm{i}\cos\theta_\mathrm{i} + \mu_2\sin\theta_\mathrm{t}\cos\theta_\mathrm{t})^2$ に代入して整理すると，$\mathcal{T}_\parallel = 1$ を得る。

5.5 ① 式 (5.45) に $\mu = 1$ を代入した結果に式 (2.37) を代入すると，$\theta_\mathrm{B}^\parallel = \tan^{-1}\sqrt{\varepsilon_2/\varepsilon_1} = \tan^{-1}(Z_\mathrm{w1}/Z_\mathrm{w2})$ が導ける。② 式 (4.23) の第 1 項より $Z_\mathrm{w} \fallingdotseq Z_0/\sqrt{\varepsilon}$ を得る。これを ① の結果に用いると，$\theta_\mathrm{B}^\parallel = \tan^{-1}\sqrt{\varepsilon_2} = \tan^{-1}\sqrt{10} = 72.5°$ となる。③ 100 kHz では $|Z_\mathrm{w2}| = \sqrt{20.4^2+19.3^2} = 28.1\,\Omega$ で準偏光角が $85.7°$，10 MHz では $|Z_\mathrm{w2}| = \sqrt{117.8^2+10.5^2} = 118.3\,\Omega$ で準偏光角が $72.6°$ となる。図

5.3 で $\mathrm{Re}\{r_\parallel\} = 0$ となる入射角とよく一致していることが確認できる。また，固有インピーダンスの実部が優勢なときは，② の結果の精度が高い。

5.6　式 (5.13a) で $r_\perp = 1$ とおくと $Z_{\mathrm{w1}} \cos \theta_{\mathrm{t}} = 0$ が導け，$Z_{\mathrm{w1}} \neq 0$ より $\theta_{\mathrm{t}} = \pi/2$ を得る。この結果をスネルの法則の式 (5.7) に代入すると，入射角が $\theta_{\mathrm{i}} = \sin^{-1}(\sqrt{\varepsilon_2\mu_2}/\sqrt{\varepsilon_1\mu_1})$ で書け，これは臨界角の式 (5.52) に一致する。式 (5.17a) で $r_\parallel = 1.0$ とおいた式からも，入射角が臨界角に一致することが導ける。

【第 6 章】

6.1　① 式 (6.11) より $Z_{\mathrm{c}} = 673\,\Omega$，② 式 (6.8) より $\beta = 6.35\,\mathrm{rad/m}$，③ 式 (6.15) より $v_{\mathrm{p}} = v_{\mathrm{g}} = 1.98 \times 10^8\,\mathrm{m/s}$，④ 式 (6.12) より $\lambda_{\mathrm{g}} = 0.990\,\mathrm{m}$，⑤ 式 (2.27) より $\sqrt{\varepsilon} = c/v_{\mathrm{p}} = 1.52$，$\varepsilon = 2.30$ を得る。

6.2　受端間の開放では式 (6.19) より反射係数が $r = 1$ となる。これより式 (6.23) を参照すると $\theta = 2\pi m'$（m'：整数）と書ける。これを式 (6.26a) に代入すると $l - z = (\lambda_{\mathrm{g}}/2)(m' - m)$ となり，受端（$z = l$）で腹となる。一方，受端間の短絡では，$r = -1$ で $\theta = (2m' + 1)\pi$（m'：整数）と書ける。これを式 (6.27a) に代入して，$l - z = (\lambda_{\mathrm{g}}/2)(m' - m)$ となり，受端（$z = l$）で節となる。

6.3　① 波長は式 (2.12) より $\lambda_{\mathrm{g}} = c/f = 3.0 \times 10^8/(0.5 \times 10^9) = 0.6\,\mathrm{m}$。② 反射係数 r の絶対値は，式 (6.29) より $|r| = (3.0 - 1)/(3.0 + 1) = 0.5$ となる。最小値の位置は受端から $17.5 - 60/4 = 2.5\,\mathrm{cm}$ である。反射係数の位相角は，式 (6.30b) より，$\theta = (2\pi \cdot 0.025)/0.3 \pm \pi = \pi/6 \pm \pi = 7\pi/6, -5\pi/6$ で＋側をとると $\theta = 7\pi/6$ で，反射係数が $r = 0.5 \exp{(j7\pi/6)} = -0.433 - j0.25$ となる。③ 未知インピーダンスは，式 (6.31) に上記値を代入して $Z_{\mathrm{L}} = 26.6 - j17.7\,\Omega$ を得る。

6.4　① 無損失だから，伝搬定数を $\gamma = j\beta$（β：位相定数）とおくと，$\cosh \gamma l = \cosh j\beta l = \cos \beta l$，$\sinh \gamma l = \sinh j\beta l = j \sin \beta l$ を得る。これらを式 (6.36) に代入して与式が導かれる。② 4 分の 1 波長の場合，式 (6.38) を用いて，$Z_{\mathrm{in}} = Z_{\mathrm{c}}^2/Z_{\mathrm{L}} = 50^2/100 = 25\,\Omega$ を得る。半波長の場合，式 (6.37) を用いて，$Z_{\mathrm{in}} = Z_{\mathrm{L}} = 100\,\Omega$ を得る。③ 式 (6.38) を用いて，$Z_{\mathrm{in}} = Z_{\mathrm{c}}^2/(1/j\omega C) = j2500\omega C\,\Omega$ となり，インピーダンスが容量性から誘導性に変換される。

6.5　これらの諸量は $R \ll \omega L$, $G \ll \omega C$ を満たしている。無損失時の特性インピーダンスは式 (6.11) より $Z_{\mathrm{c}} = \sqrt{3.4 \times 10^{-6}/(7.5 \times 10^{-12})} = 673\,\Omega$。① 位相定数は微小な損失があっても無損失時と同じで，式 (6.8) より $\beta = \omega\sqrt{LC} = 3.17 \times 10^{-2}\,\mathrm{rad/m}$，

② 位相速度も無損失時と同じで，式 (6.13) より $v_{\mathrm{p}} = 1/\sqrt{LC} = 1.98 \times 10^8\,\mathrm{m/s}$．③ 特性インピーダンスは式 (6.53) より，次式となる。

$$Z_{\mathrm{c}}' = 673\left[1 + \frac{j}{2 \cdot 2\pi \cdot 10^9}\left(\frac{1.9 \times 10^{-6}}{7.5 \times 10^{-12}} - \frac{1.1}{3.4 \times 10^{-6}}\right)\right] = (673 - j3.7)\,\Omega$$

④ 減衰定数は，式 (6.51a) より $\alpha = (1/2)(1.9 \times 10^{-6} \cdot 673 + 1.1/673) = 1.46 \times 10^{-3}\,\mathrm{Np/m}$．⑤ $L\,[\mathrm{dB/km}] = 8.686 \times 10^3 \cdot 1.46 \times 10^{-3} = 12.7\,\mathrm{dB/km}$。

【第 7 章】

7.1　§7.2，§7.5 参照。

7.2　時間変動因子 $\exp(j\omega t)$ をローレンス条件 (7.6) に代入すると，$\mathrm{div}\,\boldsymbol{A} = (-jk^2/\omega)\phi$ を得る。これを式 (7.3) に代入し，その結果に付録の式 (A.6) を適用すると，与式を得る。

7.3　① 式 (7.10b) を用いて，$\phi_{\pm}$ が $\phi_{\pm} = \pm(q/4\pi\varepsilon\varepsilon_0)[x^2+y^2+(z\mp z')^2]^{-1/2}$（複号同順）で，$\phi$ が $\phi = \phi_+ + \phi_- = (q/4\pi\varepsilon\varepsilon_0)\{[x^2+y^2+(z-z')^2]^{-1/2} - [x^2+y^2+(z+z')^2]^{-1/2}\}$ で得られる。② 電流がないから，電界は式 (7.3) を用いて求められる。その結果は $E_x = -\partial\phi/\partial x = (qx/4\pi\varepsilon\varepsilon_0)(R_+ - R_-)$，$E_y = -\partial\phi/\partial y = (qy/4\pi\varepsilon\varepsilon_0)(R_+ - R_-)$，$E_z = -\partial\phi/\partial z = (q/4\pi\varepsilon\varepsilon_0)[(z-z')R_+ - (z+z')R_-]$ となる。ただし，$R_{\pm} \equiv [x^2+y^2+(z\mp z')^2]^{-3/2}$。③ 高次の微小量を無視すると，付録の式 (A.16e) を利用して，$R_{\pm} \fallingdotseq [r^2(1\mp 2zz'/r^2)]^{-3/2} \fallingdotseq r^{-3}(1\pm 3zz'/r^2) = (1/r^3)[1\pm 3(z'/r)\cos\theta]$ と近似できる。これを前問に代入し，再び式 (A.16e) を用いて整理すると，次式を得る。$E_x = (6qz'/4\pi\varepsilon\varepsilon_0 r^3)\sin\theta\cos\theta\cos\varphi$，$E_y = (6qz'/4\pi\varepsilon\varepsilon_0 r^3)\sin\theta\cos\theta\sin\varphi$，$E_z = (2qz'/4\pi\varepsilon\varepsilon_0 r^3)(-1+3\cos^2\theta)$。④ 上記結果を，式 (A.16d) を用いて極座標成分に変換すると，$E_r = qdl\cos\theta/2\pi\varepsilon\varepsilon_0 r^3$，$E_\theta = qdl\sin\theta/4\pi\varepsilon\varepsilon_0 r^3$，$E_\varphi = 0$ となる。この r^3 に反比例する結果は，微小ダイポールでの式 (8.34a,b) で $kr \ll 1$ とし，式 (2.37) を用いると，静電界での結果と一致する。

7.4　① 式 (A.16e) を利用して $r' = \sqrt{x^2+y^2+(z-z')^2} \fallingdotseq r(1-2zz'/r^2)^{1/2} \fallingdotseq r - zz'/r = r - z'\cos\theta$。② 式 (7.17) における r に上記 r' を用い，$1/r' = 1/r + (z'\cos\theta)/r^2$ として，ベクトルポテンシャル $\boldsymbol{A}$ は $A_z = (\mu\mu_0/4\pi)\int_{-dl/2}^{dl/2} I_0[1/r + (z'\cos\theta)/r^2]\,dz' = \mu\mu_0 I_0 dl/4\pi r$。③ 式 (7.2) に前問の結果と $(\partial/\partial y)(1/r) = -y/r^3$，式 (A.16e) を用いて，次式を得る。$H_x = -(I_0 dl/4\pi r^2)\sin\theta\sin\varphi$，$H_y = (I_0 dl/4\pi r^2)\sin\theta\cos\varphi$，$H_z = 0$。④ 式 (A.16d)

を用いて,$H_r = 0$,$H_\theta = 0$,$H_\varphi = (I_0 dl/4\pi r^2)\sin\theta$ を得る。この結果は誘導電磁界と呼ばれ,微小ダイポールによる磁界の式 (8.33b) における r^{-2} の比例項で指数関数部分を省いた結果と一致している。

【第 8 章】

8.1 §8.1,図 8.3,9.5.1 項等を参照。

8.2 ① 式 (2.8) より,波長は $\lambda = 3.0 \times 10^8/(20 \times 10^9) = 0.015\,\mathrm{m} = 15.0\,\mathrm{mm}$。これを式 (8.21) に代入して $\sin\theta = 0.849$,$\theta = 58.1°$。② $\sin\theta = 2.83 \times 10^{-5}$,$\theta \fallingdotseq 2.83 \times 10^{-5}\,\mathrm{rad} = 1.62 \times 10^{-3°}$。つまり,光波領域では波長が短いので,回折角は電波に比べると極度に微小である。

8.3 ① 極座標表示のもとで,点電荷と観測点との距離を r',原点 O と観測点との距離を r とするとき,$r' \fallingdotseq r - z'\cos\theta$,$1/r' \fallingdotseq 1/r + (z'/r^2)\cos\theta$,$\exp{(-jkr')} = \exp{(-jkr)}\exp{(jkz'\cos\theta)} \fallingdotseq \exp{(-jkr)}(1 + jkz'\cos\theta)$ と近似できる。これらを式 (7.18) に代入して,両点電荷によるスカラーポテンシャルが

$$\phi(r',t) = \pm\frac{I_0\exp{(j\omega t)}\exp{(-jkr)}}{j4\pi\omega\varepsilon\varepsilon_0}\sum_{z'=-dl/2}^{dl/2}\left(\frac{1}{r} + \frac{z'}{r^2}\cos\theta\right)(1 + jkz'\cos\theta)$$

で得られる。これを 1 次の微小量の範囲内で近似すると,

$$\phi(r',t) = \frac{I_0 dl}{j4\pi\omega\varepsilon\varepsilon_0}\left[\frac{j}{kr} + \frac{1}{(kr)^2}\right]k^2\cos\theta\exp{[j(\omega t - kr)]}$$

を得,式 (2.37) を利用すると標記結果が得られる。

② 電界 $\boldsymbol{E}$ は式 (7.3) から求められ,$\mathrm{grad}\,\phi(\boldsymbol{r},t)$ の計算に付録の式 (A.16a) を利用する。E_r の計算は,

$$E_r = -\partial A_r/\partial t - \partial\phi/\partial r = -j\omega(\mu\mu_0 I_0 dl/4\pi r)\cos\theta\exp{[j(\omega t - kr)]}$$
$$- (I_0 dl/j4\pi\omega\varepsilon\varepsilon_0)k^2\cos\theta\exp{(j\omega t)}(\partial/\partial r)\{[j/kr + 1/(kr)^2]\exp{(-jkr)}\}$$

で,右辺第 1 項に $k^2 = \omega^2\varepsilon\varepsilon_0\mu\mu_0$ を適用して計算を進めると,式 (8.34a) と同じ結果が得られる。同様にして,E_θ,E_φ が式 (8.34b,c) で得られる。

8.4 ① 磁界 $\boldsymbol{H}$ は式 (7.2),(2.19b) より $\boldsymbol{H} = (1/\mu_0)\mathrm{rot}\,\boldsymbol{A}$ となり,これに $\boldsymbol{A}$ を代入すると問題文の表現を得る。式 (2.13b) で $\partial/\partial t = j\omega$ とおくと $\boldsymbol{E} = (1/j\omega\varepsilon_0)\nabla\times\boldsymbol{H}$ を得,これに $\boldsymbol{H}$ を代入すると問題文の表現を得る。② $\boldsymbol{J}_{\mathrm{ex}} = \partial\boldsymbol{P}/\partial t = j\omega\boldsymbol{P}$ より得られる

$P = J_{\mathrm{ex}}/j\omega$ を式 (7.34) に代入すると,問題文の表現が得られる。③ $\boldsymbol{\Pi}$ を式 (7.37) に代入すると,磁界が $H = \varepsilon_0\mathrm{rot}\,(\partial\boldsymbol{\Pi}/\partial t) = j\omega\varepsilon_0\,\mathrm{rot}\,\boldsymbol{\Pi}$ より容易に導ける。$\boldsymbol{\Pi}$ を式 (7.38) に代入し,付録の式 (A.6) を用いると,$E = \mathrm{grad}\,\mathrm{div}\,\boldsymbol{\Pi} + k_0^2\boldsymbol{\Pi} = (\mathrm{rot}\,\mathrm{rot} + \nabla^2 + k_0^2)\boldsymbol{\Pi}$ を得る。$\nabla^2 = -k_0^2$ を適用し,$E = \mathrm{rot}\,\mathrm{rot}\,\boldsymbol{\Pi}$ より,問題文 ① の表現が得られる。

【第 9 章】

9.1 ① ダイポールアンテナの電界の絶対値は式 (9.7a) より

$$|E| = |j30I_0dl(k/r)\exp\left[j(\omega t - kr)\right]| = 30I_0dl(2\pi/\lambda r) = (60\pi/\lambda r)I_0dl\cdots(1)$$

を得る。式 (9.8) で与えられている放射電力 P_{r} を次式の中辺に代入すると,

$$|E| = \sqrt{60P_{\mathrm{r}}G}/r = (10\pi\sqrt{24G}/\lambda r)I_0dl\cdots(2)$$

を得る。式 (1), (2) の値が等しいとすると,電力利得 $G = 1.5$ が得られ,これは式 (9.10) に一致する。
② 半波長アンテナの電界の絶対値は式 (9.18) より

$$|E| = |j60\,I_0\exp\left(j\omega t\right)\exp\left(-jkr\right)D(\theta)/r| = 60I_0/r\cdots(3)$$

式 (9.22) で与えられている放射電力を次式に代入して

$$|E| = \sqrt{60P_{\mathrm{r}}G}/r = (\sqrt{60\cdot36.56G}I_0/r)\cdots(4)$$

となり,式 (3), (4) を等値して電力利得 $G = 1.64$ が得られ,これは式 (9.27) に一致している。
9.2 開口面での全放射電力 P_{r} は,式 (3.19), (8.17) で開口面積 ab を掛けて,$P_{\mathrm{r}} = |E_x(0)|^2ab/2\eta = E_{\mathrm{i}}^2ab/2\eta$ で得られる。ただし,η は波動インピーダンスである。極座標系で指向性が最大値を示す $\theta = 0$ 方向の観測点での放射電力密度は,同様にして,$P_{\mathrm{d}}' = |E_x(\mathrm{Q})|^2/2\eta = (E_{\mathrm{i}}ab/\lambda r)^2/2\eta$ で求められる。ただし,r は開口面の中心と観測点との距離である。上記 2 式を式 (9.1) に代入して,電力利得を $G = P_{\mathrm{d}}'/(P_{\mathrm{r}}/4\pi r^2) = 4\pi ab/\lambda^2$ で得る。この G を式 (9.6) に代入して,実効面積を $A_{\mathrm{e}} = G\lambda^2/4\pi = ab$ で得る。
9.3 アンテナの放射電力密度は,式 (9.1), (9.2) を用いて $P_{\mathrm{d}}G = P_{\mathrm{r}}G/4\pi r^2$ で表せる。アンテナの放射電力密度は式 (9.3) でも表される。両結果を等値して,電界が

$|\boldsymbol{E}| = \sqrt{60 P_{\mathrm{r}} G \sqrt{\mu/\varepsilon}}/r$ で求められる．電力利得の $20\,\mathrm{dBi}$ は $G = 100$ に相当する．$\varepsilon = 1$, $\mu = 1$, $P_{\mathrm{r}} = 10\,\mathrm{W}$ 等を上記結果に代入して，$|\boldsymbol{E}| = \sqrt{60 \cdot 10 \cdot 100}/(36000 \times 10^3)\,\mathrm{V/m} = 6.8\,\mu\mathrm{V/m}$ を得る．

9.4 観測点での電界 E_φ を表す式 (9.13a) は瞬時値で，指向性が最大値になる $\theta = \pi/2$ 方向の電力密度は $P_{\mathrm{d}}' = (1/2)|E_\varphi|^2/\eta = 60\pi^3 \sqrt{\mu/\varepsilon}(I_0 S/\lambda^2 r)^2$ となる．電力利得 G は，この式と放射電力 P_{r} の式 (9.14) より $G = P_{\mathrm{d}}'/(P_{\mathrm{r}}/4\pi r^2) = 1.5$ となる．放射抵抗 R_{r} は，$R_{\mathrm{r}} = 2P_{\mathrm{r}}/I_0^2$ に式 (9.14) を代入して，$R_{\mathrm{r}} = 320\pi^4 \sqrt{\mu/\varepsilon}(S/\lambda^2)^2\,[\Omega]$ となる．

9.5 線状アンテナでの共振条件は式 (9.20) で，周波数 f と波長 λ の関係は式 (2.8) で与えられるから，共振周波数は $f = c/\lambda = m_1 c/2l = 1.5 \times 10^8 m_1\,[\mathrm{Hz}]$（$m_1$：自然数）で得られる．電波が強く発生するのは m_1 が奇数のときで，$m_1 = 1$ のとき $150\,\mathrm{MHz}$，$m_1 = 3$ のとき $450\,\mathrm{MHz}$ となる．ループアンテナの共振条件は，ループ長を l として，l が波長 λ の整数倍のときで，$f = m_2 c/l = 3.0 \times 10^8 m_2\,[\mathrm{Hz}]$（$m_2$：自然数）で得られる．電波が強く発生するのは，$m_2 = 1$ のとき $300\,\mathrm{MHz}$，$m_2 = 2$ のとき $600\,\mathrm{MHz}$ となる．

9.6 ダイポールアンテナおよびループアンテナ（$S = ab$）からの放射電界が，極座標系の動径 r 方向に伝搬するから，前者の放射電界 E_θ に式 (9.7a) を，後者の放射電界 E_φ に式 (9.13a) を使う．ただし，式 (9.7a) では $dl = l$ とする．振幅を等しくする条件は，$I_0 l \eta \sin\theta/2\lambda r = I_0 ab\eta k \sin\theta/2r$ より，$l = kab = 2\pi ab/\lambda$ となる．これは a, b, l がともに波長 λ 程度の大きさのときに成立する．

9.7 ① $D/\lambda \geq 20$ を満たす波長は $\lambda \leq D/20 = 1.0/20 = 5.0 \times 10^{-2}\,\mathrm{m}$，式 (2.12) を用いて $f \geq c/\lambda = 3.0 \times 10^8/(5.0 \times 10^{-2}) = 6.0 \times 10^9\,\mathrm{Hz} = 6.0\,\mathrm{GHz}$ となる．② いま求めた値を式 (9.50) に代入して，電力利得が $G = 9.87(D/\lambda)^2 \geq 9.87 \cdot 20^2 = 3.95 \times 10^3$，$10\log(3.95 \times 10^3) = 36.0\,\mathrm{dBi}$ となる．③ 以上の結果より $f \geq c/\lambda \geq 20c/D$ を得る．開口面直径 D が大きくなると，より低周波まで動作するようになる．

【第 10 章】

10.1 ① 5C-2V：式 (10.20) より $Z_{\mathrm{c}} = 60\sqrt{1/2.3}\,\ln(5.0/0.8) = 72.5\,\Omega$。5D-2V：$Z_{\mathrm{c}} = 60\sqrt{1/2.3}\,\ln(4.8/1.4) = 48.7\,\Omega$。② 位相速度は，式 (10.21) より $v_{\mathrm{p}} = 3.0 \times 10^8/\sqrt{2.3 \cdot 1} = 1.98 \times 10^8\,\mathrm{m/s}$ となる．TEM 波伝送路である同軸線

路では，一様媒質中での位相速度（例題 2.2 参照）と一致している。

10.2 ① $r(\partial\phi/\partial r) = C_1$, $\partial\phi/\partial r = C_1/r$, $\phi = C_1\ln r + C_2$ となる。② 境界条件より，$C_1\ln b + C_2 = 0$, $C_1\ln a + C_2 = \phi_0$ を得る。これを解いて $C_1 = \phi_0/\ln(a/b)$, $C_2 = -\phi_0\ln b/\ln(a/b)$ を得，電位が $\phi = [\phi_0\ln(r/b)]/\ln(a/b)$ で書ける。③ 電界の z 方向依存性は，式 (10.9) を導く際に用いた $\partial/\partial z = -j\beta$ より $\exp(-j\beta z)$ で書ける。r 方向の電界成分は式 (7.3) と付録の式 (A.15a) を利用して，

$$E_r = -\frac{\partial}{\partial r}\left[\phi_0\frac{\ln(r/b)}{\ln(a/b)}\right] = \frac{\phi_0}{\ln(b/a)}\frac{1}{r} \text{ より } E_r(r,z) = \frac{\phi_0}{\ln(b/a)}\frac{\exp(-j\beta z)}{r}$$

で書け，式 (10.19a) と一致する。

10.3 ① 基本モードである TE$_{10}$ モードの遮断周波数は，式 (10.40) より $f_c = 1.74\times10^9$ Hz $= 1.74$ GHz で得られる。内径寸法が $a = 2b$ だから，次の低次モードの遮断周波数は，TE$_{01}$ モードが $f_c = 3.47$ GHz，TE$_{20}$ モードが $f_c = 3.47$ GHz となる。よって，単一モード伝送は $1.74\sim3.47$ GHz で可能である。② 単一モード伝送が可能な周波数帯の中央値は $f = 2.61$ GHz である。位相速度は式 (10.44) を用いて $v_p = 4.02\times10^8$ m/s，管内波長は式 (10.43) を用いて $\lambda_g = 1.54\times10^{-1}$ m $= 15.4$ cm，群速度は式 (10.45) または式 (10.46) を用いて $v_g = 2.24\times10^8$ m/s となる。③ TE$_{10}$ モードの波動インピーダンスは式 (10.37), (2.11) より $\eta = 4.02\times10^8\cdot1.257\times10^{-6} = 505\,\Omega$ となる。

10.4 最低次モードは TE$_{10}$ モードであり，このモードについて遮断周波数の式 (10.40) を径 a で表すと，$a = c/2\sqrt{\varepsilon\mu}f_c$ を得る。この式に所与の値を代入すると，$a = 15$ mm を得る。第 1 高次モードである TE$_{01}$・TE$_{20}$ モードの遮断周波数は $f_c = c/a\sqrt{\varepsilon\mu} = 2.0\times10^{10}$ Hz $= 20$ GHz となり，これが上限周波数となる。

10.5 ① 電磁波エネルギー W は，式 (3.11a-c) を断面で積分して求められる。$W = W_e + W_{m1} + W_{m2}$, $W_e \equiv (\varepsilon\varepsilon_0/4)\int_0^b\int_0^a|E_y|^2dxdy$, $W_{m1} \equiv (\mu\mu_0/4)\int_0^b\int_0^a|H_x|^2dxdy$, $W_{m2} \equiv (\mu\mu_0/4)\int_0^b\int_0^a|H_z|^2dxdy$ に式 (10.34), (10.35b), (10.31) を代入した後，式 (2.37), (10.32) を利用して，与式の結果を得る。② 式 (2.37), (10.44) (10.46) を用いて，$P/W = \beta\omega\mu\mu_0/\mu\mu_0 k^2 = \beta\omega/\omega^2\varepsilon\varepsilon_0\mu\mu_0 = \beta/[\omega(1/v^2)] = v^2/v_p = v_g$ となる。

10.6 式 (4.34) における周回積分で，$H_{\tan}$ として x 軸方向の積分では $H_x\cdot H_z$ を，y 軸方向の積分では $H_y = 0$, H_z を用いると，$\oint|H_{\tan}|^2ds = |C_{10}|^2[a(1+\beta^2/k_c^2)+2b]$ を得る。伝送電力 P には式 (10.47a) を用いる。これらに $k_c^2 = (\pi/a)^2$ および式 (10.42), (10.43) より得られる $\beta = 2\pi/\lambda_g = (2\pi/\lambda)\sqrt{1-(\lambda/\lambda_c)^2}$, $\lambda_c = 2a$, 式 (2.37) を利用して式 (10.48) を得る。

10.7 ① 式 (10.66), 式 (10.65) と表 10.2 を用いる。TE$_{11}$ モード：$f_c = 2.55$ GHz,

TM$_{01}$ モード：$f_c = 3.33\,\mathrm{GHz}$, TE$_{21}$ モード：$f_c = 4.23\,\mathrm{GHz}$, TE$_{01}$ モード：$f_c = 5.30\,\mathrm{GHz}$, TM$_{11}$ モード：$f_c = 5.30\,\mathrm{GHz}$。② $2.55\sim3.33\,\mathrm{GHz}$。

10.8　① スネルの法則の式 (5.7) で $\theta_t = \pi/2$ となるときの入射角は $\sin\theta_c = 1 + \delta n/n_1$。これを $\vartheta_c = \pi/2 - \theta$ で表すと, ϑ_c は微小量だから $\cos\vartheta_c \fallingdotseq 1 - \vartheta_c^2/2 = 1 + \delta n/n_1$ より, $\vartheta_c = \sqrt{2|\delta n|/n_1}$ を得る。② $n_1 = 1.5$, $\delta n = -0.01$ を代入すると $\vartheta_c = \sqrt{2\cdot0.01/1.45}\,\mathrm{rad} = 0.117\,\mathrm{rad} = 6.7°$, $\delta n = -0.002$ のとき $\vartheta_c = 0.0525\,\mathrm{rad} = 3.0°$。

10.9　同軸線路：原理的にすべての周波数で使用できるが, 導体損失や誘電損失で高周波限界が決まる。導波管：各モードの遮断周波数で制限される。光ファイバ：光ファイバの損失波長特性, 分散特性と各モードのカットオフ V 値で決まる。

10.10　高（低）周波側の周波数を f_1 (f_2) とする。① $(f_1 - f_2)/(6 \times 10^6) = 288$ 枚。② 式 (2.12) を用いて波長を周波数に換算すると, $f_1 = 3.0 \times 10^8/(1530 \times 10^{-9}) = 1.961 \times 10^{14}\,\mathrm{Hz}$, $f_2 = 3.0 \times 10^8/(1565 \times 10^{-9}) = 1.917 \times 10^{14}\,\mathrm{Hz}$。$(f_1 - f_2)/(6 \times 10^6) = 7.33 \times 10^5$ 枚。3 桁以上の違いがある。

参考書および参考文献

本書の執筆に際し参考にした書籍および学習に役立つ書籍を以下に示す。

【電磁波工学】

- 電子情報通信学会編，安達三郎著：電磁波工学，コロナ社 (1983).
- 早川正士：波動工学，コロナ社 (1992).
- 電子情報通信学会編，鹿子嶋憲一著：光・電磁波工学，コロナ社 (2003).
- 小塚洋司編，村野公俊著：基礎電磁波工学，数理工学社 (2013).
- 中野義昭：電磁波工学の基礎，数理工学社 (2015).
- 新井宏之監修・著，木村雄一・広川二郎著：電磁波工学，朝倉書店 (2018).

【電磁波・電磁気学関係】

- 三好旦六：光・電磁波論，培風館 (1987).
- 電子情報通信学会編，熊谷信昭著：改訂 電磁理論，コロナ社 (2001).
- R. E. Collin（石井正博・角田稔・山下栄吉訳）：マイクロ波工学［上・下巻］，近代科学社 (1969). （原著タイトルは "*Foundations for microwave engineering*"）
- ファインマン（戸田盛和訳）：ファインマン物理学 Ⅳ 電磁波と物性，岩波書店 (1971).

【アンテナ関係】

- F. R. コナー（関口利男・辻井重男監訳，安藤真訳）：アンテナ入門，森北出版 (1990).
- 谷口慶治：アンテナと電波伝搬，共立出版 (2006).

【伝送線路関係】

- 西巻正郎・下川博文・奥村万規子：続電気回路の基礎，森北出版 (2014).

【光学関係】

- M. Born and E. Wolf: *Principles of Optics*, Pergamon press (1970).
- ボルン，ウォルフ（草川徹・横田英嗣訳）：光学の原理 I～III, 東海大学出版会 (1974).
- ゾンマーフェルト（瀬谷正雄訳）：ゾンマーフェルト理論物理学講座 (4) 光学，講談社 (1982).

索　引

Memorandum

Memorandum

Memorandum

Memorandum

【著者略歴】

左貝潤一（さかい じゅんいち）

現　在　立命館大学名誉教授・工学博士
著　書　『光学の基礎』，コロナ社（1997）
　　　　『光通信工学』，共立出版（2000）
　　　　『通信ネットワーク概論』，森北出版（2018）
　　　　他

電磁波工学エッセンシャルズ
―基礎からアンテナ・伝送線路まで―

*Electromagnetic Wave Engineering
Essentials
―From fundamentals to antenna
and transmission lines―*

2020年8月20日　初　版　第1刷発行

著　者　左貝潤一　© 2020

発行者　**共立出版株式会社**/南條光章

東京都文京区小日向 4-6-19
電話 東京(03)3947 局 2511 番
〒 112-0006/振替 00110-2-57035 番
www.kyoritsu-pub.co.jp

印　刷
製　本　藤原印刷

検印廃止
NDC 547.5
ISBN978-4-320-08650-0

一般社団法人
自然科学書協会
会員

Printed in Japan